土木工程科技创新与发展研究前沿丛书
国家自然科学基金（41502294）、北京市自然科学基金（8164070）等
联合资助

滑坡渐进破坏模糊随机可靠性
——以土石混合体滑坡为例

王　宇　著

中国建筑工业出版社

图书在版编目（CIP）数据

滑坡渐进破坏模糊随机可靠性——以土石混合体滑坡为例/王宇著.—北京：中国建筑工业出版社，2019.1
（土木工程科技创新与发展研究前沿丛书）
ISBN 978-7-112-23031-0

Ⅰ.①滑…　Ⅱ.①王…　Ⅲ.①滑坡-研究　Ⅳ.①P642.22

中国版本图书馆CIP数据核字（2018）第275580号

本书以一典型土石混合体滑坡为例，系统分析了滑坡推移式渐进破坏的力学特征及表现形式，将可靠性理论与模糊数学有机结合，同时考虑了滑坡物理力学参数和失稳事件的模糊随机性，建立了具有渐进破坏面的滑坡模糊随机可靠度模型；在此基础上，详细研究了滑坡局部破坏的产生、扩展至破坏的渐进过程；并结合颗粒流离散元数值模拟手段印证了渐进破坏模糊随机可靠性分析的合理性，再现了滑坡渐进失稳过程。

本书可供工程地质、岩土工程、采矿工程及相关领域的科研人员、工程技术人员、研究生和高年级本科生参考使用。

责任编辑：聂　伟　王　跃
责任校对：焦　乐

土木工程科技创新与发展研究前沿丛书
滑坡渐进破坏模糊随机可靠性——以土石混合体滑坡为例
王　宇　著
*
中国建筑工业出版社出版、发行（北京海淀三里河路9号）
各地新华书店、建筑书店经销
北京佳捷真科技发展有限公司制版
北京京华铭诚工贸有限公司印刷
*
开本：787×960毫米　1/16　印张：11¼　字数：222千字
2019年1月第一版　2019年1月第一次印刷
定价：**49.00**元
ISBN 978-7-112-23031-0
（33115）

前　言

滑坡不仅是一种自然灾害，同时也是一种严重的工程地质灾害，其发生和发展受限于地质条件和自然营力的作用，同时也受到人类工程活动的显著影响。大型滑坡规模大、机理复杂，脱离母岩滑移过程中形成较大的势能差，常常造成一系列的复合地质灾害，产生链式反应，典型的灾害链为崩→滑→流一体的链式反应地质灾害。由此看来，滑坡地质灾害严重影响了人民的生命安全和财产安全，给整个社会带来重大的伤亡和损失。因此，滑坡工程的稳定可靠性问题一直是，也将必定是岩土工程领域的重点研究课题。

在滑坡的稳定可靠性分析领域，存在的问题主要有：①基于滑坡瞬间破坏机理的稳定性分析方法（如单值稳定系数法、传统可靠性分析法等）都建立在传统的极限平衡基础上，在进行滑坡稳定性计算时，强调的是滑坡稳定性单值整体指标的求解，常用的评价滑坡稳定性的指标有整体稳定系数 F_S、整体破坏概率 P_f 及滑坡整体的可靠度指标 β 等。在这些指标的求解过程中，假设破坏沿着假定滑动面发生连续的整体滑动，认为稳定性局部指标与整体指标相同，沿整个滑面没有变化，这种分体思路实质上割裂了滑坡的孕育→变形→失稳破坏的内在演化规律，即滑坡的渐进破坏演化模式。②传统方法在对滑坡稳定性进行评价时，忽略了滑坡系统的模糊性，总是基于人为主观判断进行计算模型的简化。在建立稳定可靠性函数关系时，函数中仅涉及对稳定性起控制性的主要参变量。通过计算稳定系数功能函数，当功能函数为零时得到相应的数值解，用它们来对滑坡进行稳定性评价。这种做法，显然是不妥当的，其评价结果的人为因素较大，不同人的评价结果差别很大，所以采用这些精确的计算方法一般情况下是不恰当的。深入研究证明：模糊性所体现的不确定性比其随机性更深刻、更具有普遍意义。③可靠性观念基于二值逻辑基础，它反映了人们的精确思维模式，将复杂的、模糊的系统可靠性问题简单地视为精确的数学问题并不能真实地反映客观实际，特别是在岩土工程中，不是所有的不确定性都是随机的，基于认知的不完全信息导致的不确定性就不能用概率理论来处理。精确性与复杂性互克原理表明，随着滑坡系统复杂程度的不断加大，人们对其稳定性作出精确而有意义的能力也相应降低，直到趋于某一阀值，一旦超过该值，我们作出的精确而有意义的判断呈现出很大程度的相斥特性。因此，对于滑坡这样一个复杂的系统，单纯用可靠性理论评价是不够的，有必要发展既考虑随机性又考虑模糊的评价方法，即模糊随机可靠性分析方法。

鉴于上述问题，本书研究土石混合体滑坡（又称“堆积体滑坡”）渐进破坏的时空发展特点，采用区别于可靠性理论的模糊随机理论，以河南省嵩县白河土石混合体滑坡为例，通过建立滑坡变形演化阶段地表裂隙的发育特征，研究白河滑坡分区变形特征，判别其渐进破坏模式；分析滑坡基本特征、滑带土特征及滑坡渐进破坏影响因素，阐述其渐进破坏机理；采用随机-模糊处理方法确定计算模型的模糊随机变量；基于岩土体的空间变异性，考虑参数的相关性，以模糊随机变量为基本变量建立滑坡渐进破坏的模糊极限状态方程；通过对岩土工程隶属函数选取原则、不同类型隶属函数的应用进行讨论，选取符合滑坡变形特征的隶属函数，对渐进破坏极限状态方程进行模糊化处理，建立具有二维渐进破坏面的滑坡模糊随机可靠度模型；在此基础上，研究滑坡局部破坏的产生、扩展至破坏的渐进过程；结合颗粒流离散元数值模拟手段印证渐进破坏模糊随机可靠性分析的合理性，再现滑坡渐进破坏过程。本书的研究成果和结论为滑坡风险评价理论提供了一些新的思路和方法。通过对滑坡孕育→发生→发展→破坏全过程的合理把控，不仅对滑坡防灾减灾具有非常重要的现实意义，同时也为滑坡的预测预报提供了理论依据与技术支持。

本书共 7 章。第 1 章介绍了本书的研究背景、学科进展及主要内容，第 2 章论述了滑坡渐进破坏特征及力学成因机制，第 3 章论述了可靠性理论及模糊数学基本理论，第 4 章论述了模糊随机可靠性分析方法，第 5 章论述了降雨作用下滑坡渐进破坏演化机制，第 6 章采用细观数值计算方法再现了土石混合体滑坡渐进破坏运动全过程，第 7 章为结论与展望。

本书得到了国家自然科学基金项目（41502294）、北京市自然科学基金项目（8164070）、博士后面上基金项目（2015M571118）、博士后特别资助基金项目（2016T90134）、北京科技大学人才基金项目和中央高校基本科研业务项目（2302017FRF-TP-17-027A1）的资助，并得到中国建筑工业出版社的大力支持，在此一并致谢！

限于作者水平，书中难免有欠妥之处，恳请读者不吝指正。

王　宇

2018 年 8 月于北京

目　录

第1章 绪论

1.1 研究背景及意义

滑坡是山区及丘陵地区常见的地质灾害，是与地震、火山并列的全球性三大地质灾害之一。滑坡作为一种严重的自然灾害，它常中断交通、堵塞河流、摧毁厂矿、掩埋村庄；同时，滑坡又是一种工程地质灾害，其发生和发展受限于地质条件和自然营力的作用，也受到人类工程活动的显著影响。大型滑坡规模大、突发迅速，脱离母岩滑移过程中形成较大的势能差，常造成一系列的复合地质灾害，产生链式反应，典型的灾害链为崩→滑→流一体的链式反应地质灾害，给社会带来重大的伤亡和损失。

我国是世界上滑坡灾害最为严重的国家之一。20 世纪以来，灾难性滑坡频繁发生，其中比较典型的有宁夏海原地震滑坡（1920.12.16）、四川岷江叠溪滑坡（1933.8.25）、云南禄劝滑坡（1965.11.22）、四川唐古栋滑坡（1967.6.8）等。进入 20 世纪 80 年代，我国大型滑坡进入了一个新的活跃期，相继发生了长江鸡趴子滑坡（1982.7.18）、甘肃洒勒山滑坡（1983.3.17）、长江新滩滑坡（1985.6.12）、重庆中阳村滑坡（1988.1.1）、四川华蓥溪口滑坡（1989.7.10）、云南昭通头寨沟滑坡（1991.9.23）、云南元阳老金山滑坡（1996.6.1）、贵州岩口滑坡（1996.7.18）、西藏波密易贡滑坡（2000.4.9）、云南兰坪滑坡（2000.9.3）、长江三峡千将坪滑坡（2003.7.13）、四川丹巴滑坡（2005.2.18）、四川“5·12”汶川大地震特大型滑坡（2008.5.12）及青海“4·14”玉树地震（2011.4.14）特大型滑坡等。这些滑坡以其规模大、危害大等特点著称。正是因为滑坡灾害的严重性及机理复杂性，滑坡问题研究已经成为岩土工程与地质工程领域的热点问题，它推动了滑坡稳定性分析与评价理论及其治理方法不断向前发展。对滑坡的稳定性进行准确评价是治理滑坡和防灾减灾的重要前提，因此，滑坡稳定性分析与评价一直是岩土工程领域的重点研究课题。

在滑坡风险性评价中，大致经历了三个阶段。第一阶段是传统单值分析方法即稳定系数法，这种方法基于刚体极限平衡法，属于确定性计算方法，具有较长的工程应用历史和广阔的工程应用领域，基于这种方法岩土工程师积累了大量的工程经验，然而这种确定性方法最大的不足是忽略了滑坡的随机不确定性和相关性。第二阶段是将可靠性理论引入到滑坡的稳定性评价中去，这样做可有效地解决滑坡系统内的不确定性和相关性，可以有效地给出边坡的失稳程度、工程风险等级，为边坡工程防治提供技术支持，针对不同的边坡治理方案进行比对寻优，支护设计时不同的设计方法直接关系着工程的损失及效益，这时候就有一个最优化设计，即寻找一种将损失减少到最小，但可以创造最大效益的支护方案，然而传统的单值稳定系数法，基于极限平衡法，则不能给出边坡的风险效益评估。第三阶段是将模糊数学与可靠性理论相结合来研究滑坡的稳定可靠性，将滑坡事件作为一种模糊事件，通过模糊概率分析来评价滑坡的稳定性。这些方法大多建立在传统的极限平衡基础上，关注衡量滑坡可靠性的整体指标，假设破坏沿着假定滑动面发生连续的整体滑动，沿滑动面的稳定可靠性指标（如稳定系数、可靠性指标、破坏概率等）为一个常值。然而，大量滑坡失稳工程实例表明，在剪切滑移过程中，滑坡上不同条块间的岩土强度、法向应力、切向应力、孔隙水压力等以差异荷载分布在滑面上，由此可以判断，滑动面上不同点处的可靠性指标是变化的，并不是一个定值。

然而，大量理论研究和工程实践都表明，滑坡失稳现象并不是滑动面上各点在同一时间一起达到极限状态的，斜坡的破坏是由局部到整体不断蠕变、扩展的过程，以至于形成整个贯通的滑动面。滑坡渐进性变形的现象，在野外滑坡长期监测及室内模型试验的对比研究中都可以得到证实，坡体的破坏存在一个由发生、发展到失稳的过渡过程，不可能是一次性突变而成的。不同的阶段，滑坡渐进破坏的表现形式有所差异，破坏初期发生于滑坡后缘较早出现的拉张裂缝，并形成向下错动的陡坎，随着坡体蠕动的进一步发展，坡体上不同点下滑速度不同，导致两侧羽状裂缝的形成，滑坡体局部破坏逐渐向整体方向扩展。局部破坏发生后，如果不能采取及时有效的支护措施，随着裂缝进一步扩展，最终将导致整体滑面的贯通；若在裂缝出现的初期采用一些抗滑结构物对坡体进行支挡，可以终止破坏发展的趋势，使坡体达到长期的稳定状态。通常情况下，局部破坏产生的拉张裂缝等迹象很明显，任其自然发展将导致滑坡变形失稳。然而，少数情况下，局部破坏宏观迹象并不明显，没有宏观的表现形式，这时由于降雨、开挖坡脚等原因，坡体内产生应力集中或应力分异现象，扩展破坏在坡体内已慢慢发展，渐进失稳已经开始了。因此，以往的相关分析理论忽略了滑坡破坏的渐进过程[1]，单单认为是滑坡是瞬间一次性破坏，往往与实际情况不符。

在滑坡瞬间破坏分析中，基于经典可靠性理论研究滑坡的方法大多建立在传统的极限平衡基础上，在进行滑坡稳定性评价时，强调的是滑坡稳定性单值整体指标的求解，常用的指标有滑坡整体的稳定系数 F_{S}、整体破坏概率 P_{f} 及滑坡整体的可靠度指标 β 等。在这些指标的求解过程中，假设破坏沿着假定滑动面发生连续的整体滑动，认为局部指标与整体指标相同，沿整个滑面没有变化。事实上，滑面上各点应力及岩体强度等并非均匀分布，外界作用如水渗透等也是非均匀的，因此滑面上各点的破坏概率（可靠指标）是不同的。极限平衡法，无论是定值的或是概率的，都将土体视为一整体，破坏面上每个土条的安全系数或破坏概率都相等，都等于整个土坡的安全系数或破坏概率，这种分析思路实质上割裂了滑坡的孕育→变形→失稳破坏的内在演化规律。

滑坡的稳定性分析是研究滑坡机理、滑坡预测预报及防治的基础。滑坡的稳定性受多种因素的影响，实际工程中，影响滑坡稳定性的不确定性因素不可避免地掺杂进去，这些因素包括滑坡的破坏机理、分布荷载、岩土体的性质等。按因素的诱因可将这些不确定性因素分为如下几种：数理统计分析的随机性，地质力学模型抽象的随机差异性，岩土体物理力学参数及因经验判断不足所引起的不确定性。一般来说，不确定因素包括岩土体物理力学性质本身所固有的自然变异性、原位试验及室内试验误差带来的不确定性、土层（岩层）地质剖面及与岩性分界线的不确定性、作用荷载大小和方向的不确定性、模型函数选取的不确定性、土工试验样本数量不足引发的不确定性等。我们可以将这些不确定性因素归纳为两种，一种是随机不确定性，主要体现在荷载条件、地质环境、不同的施工环境与条件等；另一种是模糊不确定性，主要体现在岩土体分类、边坡的变形破坏特征、岩土的物理力学参数等。应用传统方法对滑坡稳定性进行评价时，忽略滑坡系统的模糊性，总是基于人为主观判断进行模型简化。建立稳定可靠性函数关系时，函数中仅涉及对稳定性起控制作用的主要参变量，通过计算稳定系数功能函数，当功能函数等于零时得到相应的数值解，用它们来对滑坡进行稳定性评价，这种做法，显然不妥，评价结果人为因素较大，不同人的评价结果差别很大，所以基于精确计算方法的滑坡可靠性评价是不准确的。深入研究证明：模糊性所体现的不确定性比其随机性更深刻、更具有普遍意义。

另外，可靠性观念基于二值逻辑基础，它反映了人们的精确思维模式，将复杂的、模糊的系统可靠性问题简单地视为精确的数学问题并不能真实地反映客观实际，特别是在岩土工程中，不是所有的不确定性都是随机的，基于认知的不完全信息导致的不确定性就不能用概率理论来处理。滑坡工程中，首先，由于斜坡岩土体的分类具有模糊性，地层之间的界限并不是绝对的；其次，滑坡的变形破坏特征也具有模糊性（滑坡岩土体从弹性变形到塑性变形无明显的标志，坡体从完好到受损，到破坏，都是渐进的过程）；最后，斜坡岩土体的力学参数具有模糊性。由模糊数学创始人 Zaheh 提出的精确性与复杂性互克原理告诉我们，随着滑坡系统复杂程度的不断加大，人们对其稳定性作出精确而有意义的能力也相应降低，直到趋于某一阀值，一旦超过该值，我们作出的精确而有意义的判断呈现出很大程度的相斥特性[2]。因此，对于滑坡这样一个复杂的系统，单纯用可靠性理论评价是不够的，有必要发展既考虑随机性又考虑模糊的评价方法，即模糊随机可靠性分析方法。

鉴于上述问题，本书从滑坡渐进破坏的时空发展特点出发，采用区别于可靠性理论的模糊随机理论探讨研究，以河南省嵩县一土石混合体滑坡为例，分析滑坡区工程地质条件、滑带土特征及滑坡渐进破坏影响因素，阐述其渐进破坏机理；采用随机-模糊处理方法确定模型随机变量；基于岩土体的空间变异性，考虑参数的相关性，以模糊随机变量为基本变量建立了滑坡渐进破坏的模糊极限状态方程；选取隶属函数对渐进破坏极限状态方程进行模糊化处理，建立具有二维渐进破坏面的滑坡模糊随机可靠度模型。在此基础上，研究滑坡局部破坏的产生、扩展至破坏的渐进过程；结合颗粒流离散元数值模拟手段印证渐进破坏模糊随机可靠性分析的合理性，再现滑坡渐进破坏过程。

通过这一研究，可较系统地分析坡体内局部破坏的产生、扩展以及整体滑动破坏的过程，对如何预防滑坡的发生，滑坡发生后如何进行处治以保证滑坡稳定，具有非常重要的现实意义。如果掌握了滑坡渐进破坏的规律，在滑坡变形的某个阶段采取相应的加固或安全措施，就可以避免或者减少灾害的发生。

1.2 滑坡渐进破坏机理国内外研究现状

Terzaghi[3]（1936）在研究土质边坡稳定问题时首次提出土体渐进破坏的概念。他应用应力分异性理论和抗剪强度的重新分布理论，阐述土体材料由初始强度向塑性流动转变的渐进破坏状态。Skempton[4]（1964）指出土体发生破坏时并非在整个滑面同时出现塑性区，而是变形始于局部，并逐渐贯穿形成整个滑裂面。Skempton（1966）、Bishops（1966）、Bjerrum（1966）和 Romani（1972）等针对边坡渐进破坏的机理进行了研究探讨，首先将边坡稳定性计算与渐进性破坏机理结合起来[5-7]。Skempton（1966）基于超固结黏土裂缝的模拟研究，分析了该类边坡长期稳定的特征，并指出超固结黏土裂缝边坡的破坏始于局部，滑动面的形成不是一蹴而就的，而是具有渐进扩展的特征。边坡破坏部分的抗剪强度由峰值快速下降至残余强度，他指出造成这一结果的原因是裂缝黏土的应变软化特性。Bjerrum（1967）指出滑体在疲劳荷载作用下，表现出一定的应变软化特征，他深入研究了边坡渐进破坏发生的机制，建立了开挖边坡渐进破坏的力学模型，提出用“转移概率”来研究边坡渐进破坏稳定性。澳大利亚的 Chowdhurry 教授做了不少研究工作，他从 1978 年陆续发表了一系列的文章研究边坡渐进破坏过程，1982 年他将黏聚力和摩擦系数假定为独立的随机变量，建立了从坡脚开始，破坏向上发展在空间上连续的渐进性破坏简单的计算模型，之后对边坡渐进破坏的机理作了相关阐述[8-10]。

渐进破坏机理研究主要是指从材料的强度特征（如应变软化和蠕变软化等），岩土介质的空间变异特性，坡体应力分布不均匀以及外荷载作用的局部性等方面分析斜坡的渐进破坏。滑坡渐进破坏力学机制的研究可以总结为以下几点：①当前的渐进破坏研究已经不仅仅局限于传统应变软化特征的黏土，而是拓展至几乎所有岩土介质（边（滑）坡，坝肩岩体[11-13]，破裂岩体[14-16]，黄土斜坡[17]，砂土[18]，接触面[19-25] 等）。②引起渐进破坏的扰动因素十分复杂，主要包括：应力应变场的不均匀分布、岩土材料的强度软化（应变软化、饱水软化、蠕变软化及损伤软化等）；岩土介质的空间变异性及软弱夹层[26,27]、裂隙[28]、结构面的存在；外荷载作用（如水的作用[29,30]、开挖爆破等[31,32] ）及动态性边界条件的限制及改变、局部应力释放及转移等。③滑坡渐进破坏实质上已经演变成具有时间和空间两层含义的复杂概念。时间尺度上认为滑坡破坏并不是瞬间发生的，而是经历了起始变形、变形发展直至整体破坏的持续过程。空间上认为滑坡破坏不是整体同时发生的，虽然有时从外观看起来如此，而是经历了局部变形破坏，应力转移，破坏扩展传递，破裂面贯通，滑坡整体失稳的空间过程。

在几十年的工程实践分析及室内滑坡机理的研究、野外滑坡的长期监测过程中，边坡渐进破坏的理念逐渐被国内外广大学者所认可，渐进破坏模式是滑坡失稳破坏的真实过程，反映了滑坡渐进破坏现象的客观性和普遍性。大量专家学者对滑坡渐进破坏机理已经做了较深入的研究，并得出了一系列非常有学术价值的成果。目前基于滑坡渐进破坏的研究现状可以总结为以下三个方面：一是借助刚体极限平衡法，研发可用于分析渐进破坏特性的理论方法及判据，并由此拓展到滑坡工程的随机分析、稳定概率及可靠性分析等方面；二是综合地质调查、室内滑坡机理试验、数值模拟手段、物理模拟以及解析力学等手段研究滑坡的渐进破坏过程，从滑坡渐进破坏的物理力学机制方面进行研究；三是将滑坡渐进性破坏机制与滑坡预测预报理论相结合，研究滑坡发生的时间空间规律，并作出正确合理的预测。

1.2.1 滑坡渐进破坏研究与稳定可靠性分析理论的结合

Bjerrum（1967）最早提出边坡的整体稳定分析的条块破坏转移概率的观点。Chowdhurry（1982）将黏聚力和摩擦系数假定为独立的随机变量，建立了从坡脚开始，破坏向上发展在空间上连续的渐进性破坏简单的计算模型，计算了边坡渐进破坏的可靠度。王家臣[33] （1992）从三维观点出发，对边坡的渐进破坏进行了系统研究，他提出渐进破坏是沿着临界滑面在空间上连续发展的过程，以抗剪力与剪力之差定义安全余量，用破坏转移概率判别破坏区的渐进扩展，对某露天煤矿的滑坡实例进行了计算分析，其结果与实际观测及边坡破坏的机理试验有很好的一致性。刘爱华[34] （1994）将渐进破坏概念引入到边坡稳定可靠性评价中，从渐进破坏的力学机制出发，归纳出边坡渐进破坏模式的二维方程，较为合理地解释了边坡破坏后，力学参数由峰值强度降低至残余强度的原因，通过该模型同时用一次性破坏分析方法以及有限元数值模手段对比分析，模拟结果表明，渐进破坏模型可用于界定边坡的破坏范围并进行稳定性较核。周前祥[35]（1996）基于岩体的空间变异性，采用刚体极限平衡法，通过构造安全余量隶属度函数，得到了边坡渐进破坏形式的二维计算模型，对边坡稳定性随机可靠性公式进行了相应推导。谭文辉[36]（1997）提出边坡破坏的特性，并基于这一观点，将岩土的空间变异性应用到计算模型中，构造了边坡渐进破坏的三维计算函数，通过对某一工程实际的计算分析，并与二维渐进破坏计算模型的计算结果对比，表明三维分析能够很好地描述边坡破坏的过程，三维模型计算结果更能反映边坡渐进破坏的特征。余清仔等[37]（1998）对水的侵蚀、硫化矿物的氧化性等对边坡渐进破坏的不同程度的影响作了详细分析，并对德兴铜矿岩体边坡渐进破坏模式进行了分析。Miao&Ma[38]（1999）基于 Maxwell 流变模型，考虑岩土介质的流变特性，对常规的简 Janbu 法进行了改进，系统探讨了具有渐进破坏特征边坡的影响因素。王庚荪[39]（2000）基于边坡渐进破坏特征，引入一种新的接触单元对滑动面上接触摩擦状态进行模拟，分析了边坡的渐进破坏过程及稳定性，为了克服模拟过程迭代时间长、耗费机时等缺点，运用紧缩技术进行模拟分析，结果表明，常规的不考虑破坏渐进性的计算模拟得出的稳定系数较考虑渐进特性的模拟方法大 5%～10%。杨庆等[40]（2000）以白云鄂博铁矿的主矿边坡为例，引入经济决策理论，采用渐进可靠性计算方法，对边坡的主要影响因素进行了系统的研究，并考虑到该主矿边坡的特点对其收效进行了评价。李伟[41]（2000）通过分析膨胀土地区路基出现的病害，包括路基下沉、坍肩、纵裂、溜坍以及边坡滑动等，提出了一种边坡渐进破坏的极限分析方法。刘忠玉[42]（2002）考虑了土体的流变效应，采用 Maxwell 松弛模型，考虑到了土质边坡渐进破坏的应变软化性，提出时间安全系数概念，并用它来评价边坡的稳定性。李杰[43]（2002）基于边坡稳定性分析剩余推力法，考虑了滑带土的流变特性，建立了滑坡的地质力学模型，为形象地描述滑坡渐进破坏发展的力学过程，通过数值手段进行破坏机理的研究，并指出一个可靠的边坡稳定性分析方法应该考虑到渐进性破坏的影响。吴小将等[44]（2003）认为黏土土坡渐进破坏主要与硬黏土强度的逐步丧失有关，强度丧失的机理可以分减胀软化、损伤软化和减压软化三种。谢支钢[45]（2003）为有效地模拟边坡渐进破坏的力学过程，采用接触摩擦弹簧计算单元。数值模拟结果表明，把土体视为应变软件材料，土体破坏后仍有一定的残余强度，比将土体当成脆性材料，破坏后土体抗剪强度降为 0，所得到的稳定系数要小 5%～10%，在考虑材料的变异性时，稳定系数对残余强度影响较为敏感。涂帆等[46]（2004）、吉锋[47]（2004）也进行了大致相同的研究，它们使用的方法基本相同，在土的抗剪强度参数的变异性及相关性的基础上，用传统可靠性分析方法研究土坡渐进破坏问题。杨庆[48]（2005）详细阐述了土工格栅加筋边坡渐进破坏二维可靠性分析的基本原理和分析方法，并采用 Monte-Carlo 随机模拟方法对三种不同的均质黏性土加筋边坡进行了渐进破坏可靠性计算。吴晓明[49]（2006）结合可靠性双指标准则，分别研究了均质土坡的脆性渐进破坏，应变软化渐进破坏问题。昭江[50]（2007）基于降雨作用影响的边坡破坏特征，推导了工程中应用的降雨入渗深度计算公式，并通过工程实例，证明了公式的合理性，在此基础上，给出了考虑降雨入渗作用下边坡渐进性破坏的变形特点与成因机理。Zhang 等[51]（2007）在传统条分法的基础上，提出了一个能考虑土体的应变协调平衡的简化模型来评价应变软化边坡的稳定性，认为不仅土的抗剪强度（如黏聚力 c、内摩擦角 φ）制约了边坡的稳定性，而且土的应力应变在一定程度上也对土坡的稳定性造成一定的影响。江学平等[52]（2007）运用概率分析的方法求解局部破坏概率，论证了渐进破坏概率分析的可行性，最后提出了治理边坡渐进失稳的主要措施。肖莉丽等[53]（2011）采用渐进破坏力学模型和 Monte-Carlo 概率原理，以巴东县枣子树坪滑坡为例，对库水位变动和降雨两种工况下的滑坡局部稳定性进行了分析研究。

1.2.2 滑坡渐进破坏的物理力学机制研究

室内滑坡机理试验研究及大量滑坡实例的长期观测都证明了边坡破坏的真实过程，国内外许多学者在这方面进行了相关研究。Palmer&Rice[54]（1972）在室内分析试验的基础上，基于力学模型法研究了边坡滑动面的形成过程，通过模型试验证明，超固结黏性土坡在长期的地应力作用下安息固结，边坡局部破坏出现裂缝后，因为土体间胶结性强，经过若干年后边坡才会发生整体失稳，反映了黏性土坡渐进破坏的力学过程。刘祖典等[55]（2004）研究了黏性土在不同固结状态下的强度指标变化规律，解释了滑坡渐进破坏的影响因素，认为当坡体中的局部剪应力大于土的局部抗剪强度时，渐进破坏力学模式才逐渐表现出来，土体的 σ-ε 具有很大的峰残强度比（峰值强度比残余强度），应力-应变曲线为软化型，并指出由于土体软化性和渐进失稳的影响，在有结构强度的黄土或超固结黏性土中在土体滑动的瞬时，具有较低的强度，该强度值才是滑坡发生破坏的实际强度值，位于峰值强度和残余强度之间。卢肇均[56]（1999）总结了黏性土抗剪强度研究的现状，综合论述了抗剪强度方面的四个重要问题，指出滑面上土体的强度值由峰值强度降为残余强度时滑坡发生渐进性破坏，对于这一类受应变软化材料制约的边坡，应重点分析材料峰值后阶段的强度特性。Bedoui[57]（2009），运用^{10}Be 测年技术，对法国阿尔卑斯山区的深层岩质滑坡进行了系统调查，发现该滑坡的渐进变形已持续了超过 1 万年，滑坡存在明显的三个阶段蠕变变形。

Domfest 等[58]（2008）通过深部位移原位试验、监测数据、地质勘查以及反演分析等手段深入研究了美国科罗拉多河南岸一缓倾基岩岸坡的分块渐进破坏特征，发现该地区滑坡分块渐进破坏已持续了 20 余年，并揭示了滑面的抗剪强度随时间而衰减的规律。秦四清[59]（1993）、刘汉东[60]（1996）、黄润秋[61]（1997）、金小萍[62] 分别通过物理模型试验研究滑坡的渐进破坏过程，将其应用于边坡失稳定时预报理论与方法中。马崇武[63]（1999）基于流变学中土体流变理论，建立了滑坡分析过程中的流变力学模型，然而由于计算模拟时需提前指定滑坡的初始破坏部位（坡脚或坡顶），该模型的推广受到一定的限制。Leroueil[64]（2001）构造了边坡物理模型，对边坡不同破坏部位的力学机制进行了较为系统的研究，对具有应变软化土体材料边坡的渐进破坏过程进行了数值模拟，再现了边坡局部破坏、发展、失稳的全过程。芮勇勤[65]（2002）借助基于岩石破裂与失稳过程仿真的 RFPA2D 程序，通过对一发育软弱夹层的边坡渐进破坏力学过程进行仿真模拟，再现了该类边坡局部破坏→发展→破坏的全过程，分析了滑坡渐进破坏的变形特点及形成机制，并对边坡的防治规律进行了探讨，同时得出具有复杂结构边坡的变形破坏是一些简单机理演化的结果这一结论。胡启军[66]（2005）结合理论研究、数值模拟和模型实验分析了长大顺层边坡的渐进滑移失稳机理，针对不同的防治措施，通过对渐进破坏的数值分析，并提出了有效的治理措施。王永刚[67]（2006）对双层反翘滑坡渐进破坏的力学模糊及时效特点进行分析，根据滑坡渐进破坏过程的定量分析，建立了“叠合梁”、“多层薄板”的渐进破坏力学模型，基于渐进破坏力学机制，研究了滑坡的蠕滑时效效应。Urciuoh[68]（2007）认为滑坡岩土体通常表现出应力集中或应力分异状态，因为降雨作用等触发的外滑坡外边界条件的改变加速了坡内岩土体应力集中，从这一点可以说明，所有边坡的变形失稳最初都是产生于局部，随着岩土塑性区的发展转移而形成贯通的滑面。唐芬等[69]（2008）认为边坡的破坏是一个累积破坏过程，由于含水量变化以及应变的累积，土体的强度参数 c、φ 以不同速度发生衰减，从而形成剪切带，随着剪切带的不断延伸，最终导致边坡破坏，采用后勤工程学院研制的石结构面直剪仪，着重对土的强度特性及 c、φ 作用机理进行了深入探讨。Liu[70]（2009）构造了一个既能满足应力平衡条件，同时也能满足应变协调条件的一维力学模型，解释了材料应变软化特性对边坡的渐进破坏力学行为的影响，该模型可给出边坡渐进破坏时作用于滑动面上的应力-应变曲线，求解边坡破坏时的应力解析解。邹宗兴等[71]（2012）提出了大型顺层岩质滑坡渐进破坏地质力学模型，通过应用于重庆武隆县鸡尾山滑坡中，模型能很好地体现滑坡渐进破坏过程中滑带力学参数的时效性及空间变异性特点。马俊伟[72]（2016）从滑坡变形演化的角度，采用室内模型试验、野外监测和理论分析相结合的手段，收集了滑坡演化过程中的力学、物理状态参量，揭示出滑坡地质系统演化过程的多场信息演化、迁移规律；引入经典数据挖掘算法，建立了多场耦合作用模式下，滑坡变形演化与外部诱发因素多维关联规则，构建了滑坡变形演化多场信息阀值判据。为考虑位移因素对滑坡渐进性发育的影响，王振[73]（2016）在传统 Janbu 法的基础上，提出了滑坡稳定性简化评价方法，初步考虑了滑带岩土体的抗剪能力与剪切位移的关系，针对推移式滑坡，所提出的方法可有效模拟边坡从开始破坏到最终滑动面贯通的发育过程。

正是因为滑坡渐进破坏力学机制的复杂性，较真实的反演边坡渐进从局部发生到贯穿整个边坡的过程比较困难。然而，通过与数值模拟技术相结合，利用工程中常用的数值仿真模拟软件（如 FLAC 2D/3D、DDA、UDEC、3DEC、RF-PA 等）可达到较为理想的效果，研究成果十分丰富。鲁群志[74]（1999）采用 DDA 软件，基于非连续变形分析方法模拟分析了矿山边坡变形破坏的渐进破坏过程，DDA 方法可真实地反映出边坡的运动破坏过程，采用该方法研究边坡渐进性失稳破坏力学模式具有一定的学术参考意义。程谦恭等[75]（2000）基于有限元数值模拟方法，建立了与边坡实际情况相符的力学地质模型，采用弹塑性与黏弹-黏塑性本构方程，模拟再现了高边坡岩体破裂、变形、破坏及失稳前后锁固段岩体渐进性破坏的机制和过程，探讨了高压水流作用下滑坡启程剧动的破坏机理。谭文辉[76]（2000）同时进行了岩质边坡渐进破坏的物理模拟和数值模拟，数值模拟分析借助于 FLAC 有限差分软件，两种计算方法得到了较好的一致结果，再现了边坡由坡脚和坡顶开始向中间贯通的过程。张鹏等[77]（2003）提出了基于渐进破坏特征的边坡稳定性有限元分析方法，进行稳定性分析时，岩土强度参数在破坏前后分别采用峰值强度和残余强度，并对考虑渐进破坏特征假定时与整体极限平衡法计算结果的误差进行了对比分析。Eberhatdt[78]（2004）结合运用不连续介质模型、有限元模型及离散元模型等三种不同的数值模拟手段，对瑞士阿尔卑斯山附近的 Randa 岩质滑坡展开深入的模拟研究，阐明了滑坡的渐进破坏模式并对其启动机制进行了探讨。王志伟[79]（2005）采用应变硬化（软化）遍布型节理本构模型，综合考虑峰值强度与残余强度的共同作用，开展裂缝性黏土边坡渐进性破坏的 FLAC 数值模拟，模拟结果表明，坡脚处首先出现应力集中，然后坡顶出现沿拉裂缝的剪性屈服，进而应变集中区分别从坡底与坡顶向中间扩展，同时应变率集中区也有所加宽。陈亚军等[80]（2006）指出岩质边坡中发育大量裂缝，这些裂缝是经过不同程度损伤形成的，通过对裂缝进行数理统计分析，引入虚拟节理模型，凭借二维离散元分析程序 UDEC2D，模拟研究了节理岩质边坡仅在自重场作用下的渐进破坏规律，通过理论分析与数值计算，总结了单组节理岩体边坡渐进破坏特征。董倩等[81]（2010）在分析崩塌堆积体稳定性影响因素的基础上，采用 FLAC 内嵌 fish 程序语言对崩塌堆积体边坡的渐进性破坏过程进行仿真模拟分析，清晰地揭示了崩塌堆积体边坡渐进破坏的演化过程。杨莹等[82]（2018）采用 RFPA3D 有限元数值模拟方法，基于离心加载法研究了白鹤滩水电站左岸边坡的渐进破坏过程，结果表明离心加载法得到的边坡潜在滑移面与物理模型试验得到的裂缝扩展模式基本一致。刘欣欣等[83]（2018）采用非连续变形与位移分析方法（DDD），结合黑山铁矿西帮边坡典型剖面及要进行崩落开采的实际工况，建立了二维的含有采空区的边坡稳定性分析模型。模拟了在有无锚索作用下的含有采空区边坡的渐进滑移机理并进行了对比分析，分别分析了有无锚索作用下的含有采空区边坡由细观裂纹的演化直至宏观破坏的剪应力变化过程、安全系数、竖向及水平位移矢量的变化。

1.2.3 渐进破坏特征结合滑坡预测预报研究

Lo&Leels[84]（1989）通过对滑带土强度衰减速率进行探讨分析，提出了分析渐进破坏力学过程相对应的时间关系分析方法，从而很好地把渐进破坏过程纳入到了斜坡稳定性分析中的方法，实例计算结果表明该方法预测的边坡变形量及破坏时间与实际观测基本一致。Petley[85]（2008）认为考虑渐进破坏机制的滑坡线性预报模型才能对滑坡的失稳作出科学合理的预报，二者相互渗透，互相补充，是密不可分的，相互关联的。Bedoui 等（2009）对一巨型岩质滑坡的分析，表明该滑坡渐进变形持续超过了 1 万年，从原位监测数据可以预测滑坡变形的阶段以及预报破坏的时间。李远耀[86]（2010）考虑了地下水动力场的变动作用，系统分析了三峡库区库岸滑坡的渐进破坏模式，将滑坡的渐进破坏机制与预测预报联系起来。

从以上研究现状可以看出，渐进破坏观点广泛应用于滑坡工程中，渐进性分析观点已不仅限于具应变软化特征的黏土边坡的变形破坏，而是拓展至几乎所有岩土介质滑坡，本书将渐进破坏理论应用于土石混合体基覆型滑坡当中去，总结这类滑坡的渐进破坏发生、发展机制，以对滑坡的监测和防治工作起到指导作用。

1.3 本书研究内容

本书以具有典型基覆面特征的土石混合体滑坡为例，基于滑坡变形特征及受力特征，分析了滑坡渐进破坏失稳模式及地表裂缝的表现特征，根据滑坡渐进破坏的时间演化规律及空间演化规律，并结合各个阶段裂缝的发育特征，归纳总结两类滑坡地裂缝特征及滑坡地表裂隙的发育特点，建立滑坡渐进破坏失稳模式判据；分析白河滑坡渐进破坏变形特征、影响因素及成因，阐述其渐进破坏的机制；基于岩土体的空间变异性，考虑岩土体参数的相关性，以模糊随机变量为基本变量建立了滑坡渐进破坏的模糊极限状态方程；为考虑极限状态方程的模糊性，选取隶属函数对其功能函数进行模糊化处理，建立具有二维渐进破坏面的滑坡模糊随机可靠度模型；在以上研究的基础上，研究滑坡局部破坏的产生、扩展破坏的渐进过程；结合数值模拟手段再现滑坡渐进破坏过程，并与模糊随机分析结果进行对比分析。本书的主要研究内容如下：

（1）以嵩县白河滑坡为例，在野外资料收集、现场调查及长期监测的基础上，从滑坡区工程地质条件、坡体结构、滑带土特性、降雨等方面着手，重点对降雨作用对滑坡的稳定性开展研究，通过对滑坡渐进破坏变形特征等的分析，根据已建立的地表裂缝渐进破坏判据，总结其渐进破坏机理。

（2）开展模糊数学与可靠性理论相结合的研究，重点对隶属函数构造方法、不同类型的隶属函数的应用范围及其确定方法进行系统研究。

（3）应用随机-模糊处理方法确定滑带土的力学参数，选取隶属函数对边坡稳定极限状态方程进行模糊化处理，建立了具有二维渐进破坏面边坡的随机模糊可靠度模型，并对相关公式进行推导。

（4）对白河滑坡进行基于模糊随机可靠性理论的渐进破坏稳定性分析，并将其结果与传统的稳定系数法、可靠性计算方法以及不考虑模糊性的渐进破坏计算结果行对比研究，得出相应的结论。

（5）借用数值仿真技术，采用颗粒流离散元法，选取适合滑坡地质特征的接触本构模型，通过数值试样试验，获得相当于滑坡宏观力学参数的细观力学参数，再现滑坡的渐进破坏过程，并与模糊随机可靠性计算的结果进行对比分析。

参考文献

[1] Chowdhury R N，Grivas D A. Probabilistic model of progressive failure of slopes [J]. ASCE: Journal of the Geotechnical Engineering Division，1982，108（GT6）：803-819.

[2] Zadeh L A. Information and Control [J]. Fuzzy sets，1965，（8）：338-353.

[3] Terzaghi，K. Stability of slopes of natural clay [M]. Proc. 1st. ICSMFE，Harvad，1936，1：161-165.

[4] Skempton A. W. Long term stability of clay slopes [J]. Geotechnique，London，1964，14（1）：77-101.

[5] Bishop A. W The strength of soils as engineering materials [J]. Geotechnique，1966，16（2）：91-128.

[6] Bjerrum D L. Progressive failure in slopes of over-consolidated plastic clay and clay shales [J]. Soil Mechanics and Foundation. Div. ASCE，1967，9：33-49.

[7] Romani F，Lovell C W J，Harr M E. Influence of progressive failure on slope stabilites [J]. Journal of the Soil Mechanics and Foundations Division，1972，98（SM11）：795-806.

[8] Chowdhury R N. Slope Analysis [M]. Amsterdam：Elsevier Scientific Publishing Corpora-

tion，1978.

[9] Chowdhury R N，Tang W H，Sidi I. Reliability model of progressive slope failure [J]. Geotechnique，1987，(37)：467-481.

[10] Chowdhury R N. Simulation of risk of progressive slope failure [J]. Canadian Geotechnical Journal，1992，(29) 94-102.

[11] 周伟，常晓林，唐忠敏等. 溪洛渡高拱坝渐进破坏过程仿真分析与稳定安全度研究 [J]. 四川大学学报（工程科学版），2002，34 (4)：46-50.

[12] 周维垣，杨若琼. 拱坎坎肩岩体渐近破坏及可靠度分析 [J]. 岩石力学与工程学报，1987，6 (4)：321-336.

[13] 魏群，刘光廷，陈兴华等. 模拟坝基岩体渐近破坏全过程的散体单元法 [J]. 水电科技论文集，1990：21-36.

[14] 徐药，赵明阶. 节理裂隙岩体渐进破坏机理研究综述 [J]. 地下空间与工程学报，2008，4 (3)：554-560.

[15] 李利平，李术才，赵勇等. 超大断面隧道软弱破碎围岩渐进破坏过程三维地质力学模型试验研究 [J]. 岩石力学与工程学报，2012，31 (3)：550-560.

[16] 曾格华. 浅变质岩风化层边坡渐进破坏模式研究 [D]. 硕士学位论文. 武汉理工大学，2010.

[17] 刘祖黄，李靖. 黄土高陡边坡的失稳机理和锚固措施 [J]. 人民黄河，1994，17 (4)：38-41.

[18] 蔡正银. 砂土的渐进破坏及其数值模拟 [J]. 岩土力学，2008，29 (3)：580-585.

[19] 胡黎明，马杰，张丙印. 直剪试验中接触面渐进破坏的数值模拟 [J]. 清华大学学报：自然科学版，2008，48 (6)：943-946.

[20] 殷宗泽，朱泓，许国华. 土与结构材料接触面的变形及其数学模拟 [J]. 岩土工程学报，1994，16 (03)：14-22.

[21] 韦会强. 挡土墙土体渐进破坏试验研究与数值模拟 [D]. 硕士学位论文. 同济大学，2007.

[22] 琳春金，张乾青，梁发云等. 考虑桩-土体系渐进破坏的单桩承载特性研究 [J]. 岩土力学，2014，35 (04)：1131-1140.

[23] Zhu Hehua，Xu Qianwei，Ding Wenqi，et al. Experimental study on the progressive failure and its anchoring erect of weak-broken rock vertical slope [J]. Frontiers of Architecture and Civil Engineering in China，2011，5 (2)：208-224.

[24] Wang Li Ping，Zhang Ga. Progressive failure behavior of pile-reinforced clay slope under surface load conditions [J]. Environmental Earth Sciences，2014，71 (12)：5007-5016.

[25] Loh Kelvin. An investigation into the seismic performance and progressive failure mechanism of model geosynthetic reinforced soil walls [D]. New Zealand：University of Canterbury，2013.

[26] 郑立宁. 基于应变软化理论的顺层边坡失稳机理及局部破坏范围研究 [D]. 博士学位论文. 西南交通大学，2012.

[27] 李守义，吕生龙，张长喜. 某工程边坡蠕滑机理与监测资料分析 [J]. 岩石力学与工程学

报，1998，17（2）：133-139.

[28] 周成，蔡正银，谢和平. 天然裂隙土坡渐进变形解析 [J]. 岩土工程学报，2006，28（2）：174-178.

[29] 詹良通，吴宏伟，包承纲等. 降雨入渗条件下非饱和膨胀土边坡原位监测 [J]. 岩土力学，2003，24（2）：151-158.

[30] 卢海峰，陈从新，袁从华等. 巴东组红层软岩缓倾顺层边坡破坏机制分析 [J]. 岩石力学与工程学报，2010，29（增2）：3569-3577.

[31] 唐红梅，陈洪凯，曹卫文. 顺层岩体边坡开挖过程模型试验 [J]. 岩土力学，2011，32（2）：435-440.

[32] 刘亚群. 爆破荷载作用下岩质边坡动态响应的数值模拟研究 [D]. 硕士学位论文. 中国科学院研究生院（武汉岩土力学研究所），2003.

[33] 王家臣，骆中洲. 边坡渐进破坏三维可靠性分析 [J]. 中国矿业，1992，（2）：66-69.

[34] 刘爱华，王思敬. 平面坡体渐进破坏模型及其应用 [J]. 工程地质学报，1994，3：1-7.

[35] 周前祥. 边坡二维渐进破坏的随机模糊可靠性 [J]. 中国矿业大学学报，1996，25（2）：105-110.

[36] 王家臣，谭文辉. 边坡渐进破坏三维随机分析 [J]. 煤炭学报，1997，22（1）：27-31.

[37] 余清仔. 德兴铜矿岩体渐进破坏对边坡稳定性的影响 [J]. 金属矿山，1998，263（5）：15-18.

[38] Tiande M，Chongwu M，Shengzhi W. Evolution Model of Progressive Failure of Landslide [J]. Journal of Geotechnical and Geoenvironmental Engineering. ASCE，October，1999，827-831.

[39] 王庚荪. 边坡的渐进性破坏及稳定性分析 [J]. 岩石力学与工程学报，2001，19（1）：29-33.

[40] 杨庆，焦建奎，栾茂田等. 边坡可靠性与经济风险性分析及其应用 [J]. 工程地质学报，2000，8（1）：86-91.

[41] 李伟. 非饱和膨胀土边坡稳定性渐进破坏极限平衡分析方法 [J]. 路基工程，2000，90（3）：13-16.

[42] 刘忠玉，陈少伟. 应变软化土质边坡渐进破坏的演化模型 [J]. 郑州大学学报（工学版），2002，23（2）：37-40.

[43] 李杰. 边坡稳定性问题的理论分析及其应用研究 [D]. 硕士学位论文. 大连理工大学，2002.

[44] 吴小将. 高层建筑深基坑边坡稳定的应力-应变分析 [D]. 硕士学位论文. 西安建筑科技大学，2003.

[45] 谢支钢. 边坡稳定性分析数值解研究 [D]. 硕士学位论文. 武汉理工大学，2003.

[46] 涂帆. 土坡渐进破坏的可靠度分析 [J]. 岩土力学，2004，1：87-90.

[47] 吉峰，刘汉超. 渐进性破坏随机法在边坡稳定性分析中的应用 [J]. 工程地质学报，2004，3：62-67.

[48] 杨庆，季大雪，栾茂田. 土工格栅加筋边坡渐进破坏可靠性分析 [J]. 岩土力学，2005，1（45）：86：89.

[49] 吴晓明. 均质土坡渐进破坏可靠度分析 [D]. 硕士学位论文. 浙江大学，2006.

[50] 邵江. 开挖边坡的渐进性破坏分析及桩锚预加固措施研究 [D]. 博士学位论文. 西南交通大学，2007.

[51] ZHANG Junfeng，XU Yongjun，QI Tao&LI Zhengguo. Mechanism on progressive failure of a faulted rock slope due to slip-weakening [J]. Science in China Ser. E Engineering & Materials Science 2005，Vo1. 48 Supp. 18-26.

[52] 江学平，于远忠. 边坡渐进失稳破坏的概率分析 [J]. 西南科技大学学报，2007，22 (2)：19-23.

[53] 肖莉丽，殷坤龙，翟月等. 渐进式滑坡破坏概率的分析及应用 [J]. 安全与环境工程学报，2011，18 (5)：20-25.

[54] Palmer A C，Rice J R. The growth of slip surfaces in the progressive failure of over-consolidated clay [J]. Proc. R. Soc. Lond. A，1973，332：527-548.

[55] 刘祖典，党发宁. 强度指标对滑坡稳定性的影响 [J]. 岩土工程技术，2002，3：140-141.

[56] 卢肇钧. 黏性土抗剪强度研究的现状与展望 [J]. 土木工程学报，1998，8：3-9.

[57] Samyr EI Bedoui，Yves Guglielmi，Thomas Lebowg. Deep-seated failure propagation in a fractured rock slope over 10,000 years：The La Clapiere slope；the south-eastern French Alps [J]. Geomorphology 105 (2009)：232-238.

[58] Eileen M. Dornfest，John D. Nelson，and Daniel D. Overton Case History and Causes of a Progressive Block Failure in Gently Dipping Bedrock [J]. Proceedings of the First North American Landslide Conference. Vail，Colorado. June 3-8，2007.

[59] 秦四清，张悼元. 滑坡时间预报的突变理论与灰色突变理论 [J]. 大自然探索，1993，12 (4)：62-68.

[60] 刘汉东. 边坡失稳定时预报理论与方法 [M]. 郑州：黄河水利出版社，1996，5.

[61] 黄润秋，许强. 斜坡失稳时间的协同预测模型 [J]. 山地研究，1997，15 (1)：7-12.

[62] 金小萍. 层状岩体高陡边坡底摩擦模拟试验研究 [J]. 金属矿山，1998 (3)：7-9，12.

[63] 马崇武. 边坡稳定性与滑坡预测预报的力学研究 [D]. 博士学位论文. 兰州大学，1999.

[64] Leroueil S. Natural slopes and cuts：movement and failure mechanisms [J]. Geotechnique，2001，51 (3)：197-243.

[65] 芮勇勤，贺春宁，王惠勇等. 层状边坡渐进破裂与失稳过程数值模拟探讨 [J]. 长沙交通学院学报，2002，18 (3)：9-12.

[66] 胡启军. 长大顺层边坡渐进失稳机理及首段滑移长度确定的研究 [D]. 博士学位论文. 西南交通大学，2008.

[67] 王永刚. 双层反翘滑坡渐进破坏力学模型及时效变形分析 [D]. 博士学位论文. 中国科学院武汉岩土力学研究所，2006.

[68] Urciuoli，CzLocal. Soil failure before general slope failure [J]. Geotech Geol Eng (2007) 25：103-122.

[69] 唐芬，郑颖人. 边坡渐进破坏双折减系数法的机理分析 [J]. 地下空间与工程学报，2008，4 (3)：437-441.

[70] Chia-Nan Liu. Progressive failure mechanism in one-dimensional stability analysis of shallow slope failures [J]. Landslides (2009) 6: 129-137.

[71] 邹宗兴，唐辉明，熊承仁等. 大型顺层岩质滑坡渐进破坏地质力学模型与稳定性分析 [J]. 岩石力学与工程学报，2012，31 (11): 2222-2231.

[72] 马俊伟. 渐进式滑坡多场信息演化特征与数据挖掘研究 [D]. 博士学位论文. 中国地质大学（武汉），2012. 6.

[73] 王振. 基于位移分析的滑坡渐进破坏模型研究 [D]. 硕士学位论文. 重庆大学，2016. 5.

[74] 鲁群志. 矿山边坡稳定性的动态计算机仿真 [J]. 化工矿物与加工，1999，(7): 8-11.

[75] 程谦恭，胡厚田，彭建兵等. 高边坡岩体渐进性破坏粘弹塑性有限元数值模拟 [J]. 工程地质学报，2000，8 (1): 25-30.

[76] 谭文辉，王家臣，周汝弟. 岩体边坡渐进破坏的物理模拟和数值模拟研究明 [J]. 矿业研究与开发，2000，20 (5): 9-10.

[77] 张鹏. 岩土边坡刚体极限平衡法的误差根源与范围研究 [D]. 硕士学位论文. 西安理工大学，2003.

[78] Eberhardt E, Steal D, Coggan J S. Numerical analysis of initiation and progressive failure in natural rock slopes-the 1991 Randa rockslide [J]. International Journal of Rock Mechanics and Mining Sciences. 2004，41 (1): 69-87.

[79] 王志伟，王庚荪. 裂隙性黏土边坡渐进性破坏的 FLAC 模拟 [J]. 岩土力学，2005，26 (10): 1637-1640.

[80] 陈亚军，王家臣山，常来山等. 节理岩体边坡渐进破坏的试验研究明 [J]. 金属矿山，2005，35 (8): 11-13.

[81] 董倩，朱正伟，刘东燕，崩塌堆积体的渐性破坏及稳定性分析 [J]. 西安建筑科技大学学报（自然科学版），2010，42 (3): 359-364.

[82] 杨莹，徐奴文，李韬等. 基于 RFPA3D 和微震监测的白鹤滩水电站左岸边坡稳定性分析 [J]. 岩土力学，2018，39 (6) 2193-2202.

[83] 刘欣欣，唐春安，龚斌等. 基于 DDD 离心加载法的黑山铁矿西帮边坡稳定性研究 [J]. 工程力学，2018，35 (1): 191-200.

[84] K. Y Lo, C. F Lee. Analysis of progressive failure of a clay slope [J]. Journal of Geoteehnieal Engineering, 1989 Vol. 115, No. 7. 1021-1025.

[85] D. N. Petley, D. J. Petley, R. J. Allison. Temporal prediction in landslides-Understanding the Saito effect [J]. Landslides and Engineered Slopes, 2008, 865-871.

[86] 李远耀. 三峡库区渐进式库岸滑坡的预测预报研究 [D]. 博士学位论文. 中国地质大学，2010.

第2章

滑坡渐进破坏特征及力学成因机制

2.1 滑坡渐进破坏模式分析

滑坡灾害孕育和发生是一个坡体蠕动变形的渐进连续过程，渐进过程通常表现为坡体由稳定（固结安息)→失稳发生（出现变形)→发展（持续变形)→壮大(变形加速)→消亡（整体失稳破坏）一系列复杂动力学过程[1,2]，它直接关系着渐进破坏概率的分析求解。在进行滑坡渐进破坏的可靠性分析之前，必须弄清楚滑坡的渐进破坏模式，掌握滑坡渐进破坏的发展规律，做出正确的判断。引起滑坡渐进破坏的原因主要有：坡体岩土应变软化、应力和应变的不均匀分布、应力释放、岩土体出现节理或不连续的结构面、出现裂缝以及在水作用下软化、孔隙水压力的增长、环境影响等。不同的破坏原因，渐进破坏的起始部位是不同的。斜坡在自重及其他外荷载的诱导下引起滑坡渐进破坏部位通常是不同的。滑坡究竟从哪里开始破坏、以什么模式开始破坏受多种因素的影响，是从坡脚开始破坏或从坡顶开始破坏还是从坡中部开始破坏，这需要从滑坡所处的工程地质环境和外在其他因素并结合经验来判断。

2.1.1 基于变形特征及受力特点的滑坡类型划分

滑坡作为一种地质现象，可以产生于不同地区、不同地层中、不同条件下，因而在具有一些共同特点的同时，还有一些不同的形成条件与运动特征，为了认识它们，进而进行有效的预防和整治，对其作出适当的分类是有必要的。滑坡概念常作为各种坡体的运动现象的总称来使用，因而有广义滑坡和狭义滑坡之说。为了确切认识滑坡与其他类型坡体运动的区别，在研究滑坡分类时，我们应当研究基于坡体变形及运动特征的划分。不同的研究者从不同的角度出发将滑坡的发生过程分为不同的阶段，从地貌发育阶段出发，日本学者渡正亮，形象地将滑坡阶段分为孕育期、幼年期、青年期、壮年期和老年期。徐邦栋教授将其细分为蠕动阶段、挤压阶段、均速滑动阶段、加速滑动阶段、固结压密阶段、消亡阶段[3]。王恭先[4] 从滑坡变形运动特征，将滑坡分为蠕动挤压阶段、滑动阶段、剧滑阶段、压密固结阶段四个阶段。李智毅等根据滑坡局部变形出现后，起始部位的不同及受力特征的不同将滑坡分为推移式、平推式和牵引式三种基本类型[5,6]。

大量研究认为：斜坡发生变形破坏并不是一蹴而就的，通常具有时空渐进特征。时间上斜坡变形发展大致要经过初始变形、等速变形及加速变形三个阶段；空间表现为：随着滑坡宏观变形的不断增大，不同变形阶段因岩土体的受力特征不同，相应地出现地裂缝不断发育并形成完整的配套裂缝体系。从滑坡变形破坏宏观表现特征上入手，可将滑坡分为渐进失稳型和突发失稳型两种类型。突发失稳型滑坡表现为滑坡破坏前历时很短，启滑前没有明显的变形征兆，该类滑坡的破坏主要是由斜坡受力状态的剧变引起的。与突发失稳型相反的渐进破坏型滑坡，滑坡启滑前通常有明显的变形征兆，坡体表面一般会先出现一些局部的变形破坏，比如地面沉陷、地表裂缝、隆起或局部岩土垮塌下错等，该类滑坡变形破坏的演化过程表现出比较明显的渐进破坏性。大量调查和研究表明[2]，绝大多数自然斜坡或多数人工边坡，多发生渐进破坏型滑坡。对于突发失稳型滑坡，从力学特征上看，滑坡发生时并不是滑动面上各点同时达到抗剪强度，在启滑之间的瞬间，滑动面上各点的抗剪强度与剪应力的比值总是相差较大，只不过历时极短，宏观上表现为变形阶段与启滑阶段相重合。渐进失稳型滑坡则主要是由于坡体岩土体抗剪强度不断降低所致，滑坡灾害出现之前，局部滑面的岩土体抗剪强度已经充分发挥来抵抗滑坡滑动，然而，这时滑坡整体仍满足静力平衡条件，滑坡之所以能产生滑动变形，除坡体自身的重力作用外还受其他因素的影响，比如地震、降雨、水位变动等作用，滑带土抗剪强度持续不断下降，一直到整个滑动贯通，这时滑坡才可能整体滑动。因此，地质环境中孕育的滑坡，或多或少的表现为渐进型破坏过程。对于渐进型破坏的滑坡，根据其起始破坏位置的不同，把滑坡的变形过程和受力状态相结合，建立反映滑坡时空演化特征的地质模型，将滑坡的破坏模式分为渐进推移式滑坡、渐进牵引式滑坡、渐进平移式滑坡（图 2-1）。

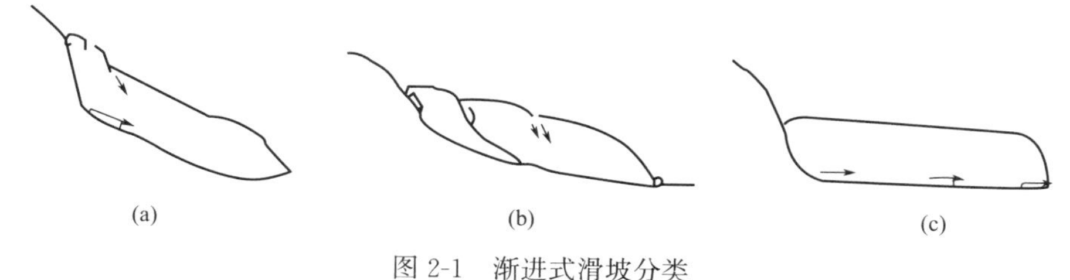

图 2-1　渐进式滑坡分类

（a）渐进推移式滑坡；（b）渐进牵引式滑坡；（c）渐进平移式滑坡

2.1.2　基于地面裂缝的滑坡渐进破坏类型识别

1. 滑坡地表裂缝类型分析

从渐进式滑坡的破坏机制出发，考虑到普遍适用性和规律性原则，本书主要从滑坡地表裂缝的发育特征来判断滑坡渐进破坏模式（地表裂缝在滑坡中的分布见图 2-2）。对于渐进破坏的滑坡，在滑坡变形的发生、发展过程，地表通常情况下或多或少会出现一些不同类型、不同成因、不同发育特征的地裂缝，裂缝的空间展布形态通常与滑坡的不同变形阶段相对应，称为滑坡断裂构造的生成次序规律或滑坡地裂缝的分期配套特征[5-10]。大量的野外调查结果及分析研究表明，滑坡的地表裂缝特征是滑坡渐进破坏机制的外在表现形式之一，不同发育特征的裂缝形式与裂缝的孕育阶段及变形错动过程密切相关。通常来讲，滑坡局部变形的发生、扩展以及整个滑坡启滑的过程中，地面孕育的不同成因、不同类型的裂缝形式与滑坡的渐进破坏机制相对应，不同的裂缝发育扩展系统对应于特定的滑坡渐进破坏模式。有的学者将这种对应关系称为滑坡断裂构造的生成次序规律（晏同珍，1997）[11]，或为滑坡地裂缝的分期配套特征（许强，2008）等。滑坡在滑动过程中，由于各部位受力性质及移动速度的不同，受力也不均匀，产生不同力学属性的裂缝系统。常见的地表裂缝类型及主要发育特征见表 2-1。

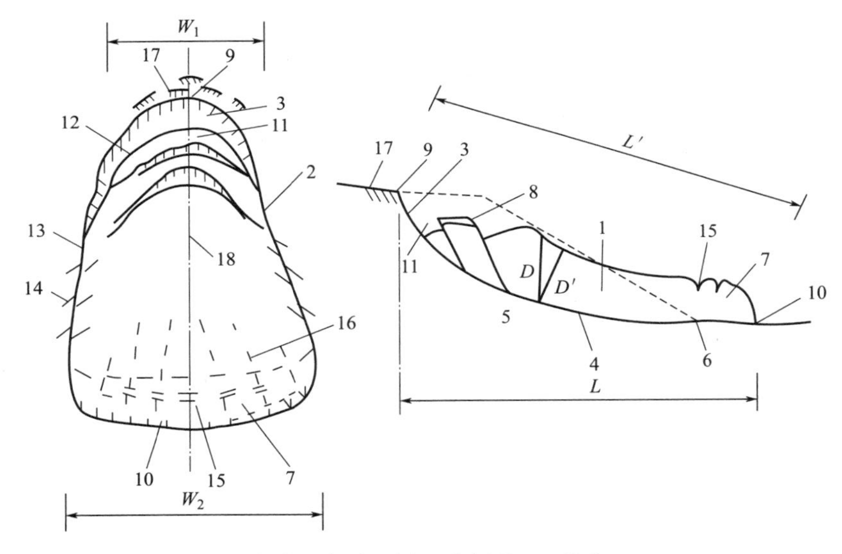

图 2-2　滑坡要素平、剖面示意图（王恭先，2004）

1—滑坡体；2—滑坡周界；3—滑坡壁；4—滑动面；5—滑坡床；6—滑坡剪出口；7—滑坡舌与滑坡鼓丘；8—滑坡台阶；9—滑坡后壁；10—滑坡前缘；11—滑坡洼地（滑坡湖）；12—拉张裂缝；13—剪切裂缝；14—羽状裂缝；15—鼓状裂缝；16—扇形状裂缝；17—牵引状裂缝；18—主滑线

滑坡地表裂缝类型及主要发育特征　　表 2-1

裂缝类型	发育部位	发育特征	力学成因
后缘拉张裂缝与主裂缝	分布于滑体后缘(推移式)或两级滑体间(牵引式),张开长度十米或数百米,方向与滑坡壁吻合或大致平行的裂缝称为拉张裂缝,其中与主滑坡壁重合的一条称为主裂缝	多呈圈椅状展布,较陡且倾角大,与滑坡壁大致平行	拉张作用形成

续表

裂缝类型	发育部位	发育特征	力学成因
羽状剪切裂缝	分布于滑坡体中上部两侧，由于下滑坡体与两侧不动体间发生剪切位移而形成。相对滑移时，形成剪力区并出现剪裂缝，两边通常伴有羽毛状裂缝	剪应力区与滑坡滑动方向大致平行，两侧常伴有雁列状裂纹	受拉剪切、张扭作用
前部鼓胀裂缝	分布于滑坡体中下部，因滑坡体下滑受阻使上体隆起形成张开裂缝	延伸方向多数与滑动方向平行，呈放射状分布，部分与滑动方向垂直	地表拉张应力集中
前缘扇形张裂缝	分布于滑坡体前缘，尤以滑坡体舌部为多，因挤压作用使滑坡体前部向两侧扩散而形成	多呈扇形排列	压剪挤压作用

2. 滑坡地表裂缝成因机制

滑坡作为一个受力体系，在平面上可将其分为平移区、上部受拉区、下部阻滑受压区、两段剪切区，滑坡渐进破坏变形发展力学分析如图 2-3 所示。由于滑坡的蠕滑先从中下部开始，上部因中部下移而失去侧向支撑力产生主动压破坏，产生拉张裂缝。图 2-3 中 σ_1、σ_3 分别为最大主应力和最小主应力，天然状态下，σ_1 大小等于坡体的自重，方向竖直向下，最小主应力 σ_3 为水平方向。因为 σ_3 不

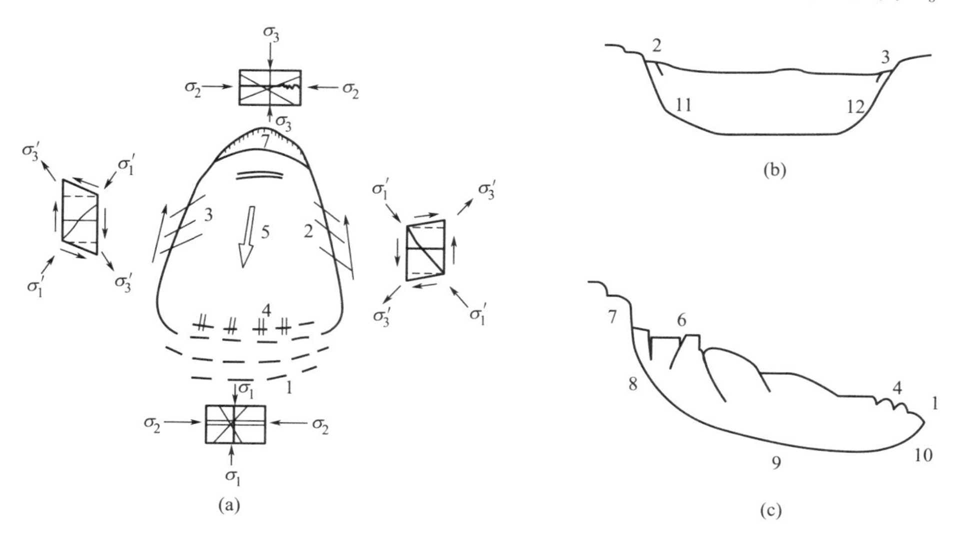

图 2-3　滑坡渐进破坏变形发展力学分析示意图

（a）平面图；（b）横剖面；（c）纵剖面

1—舌部压性结构面及放射状裂缝；2、3—两侧雁列状剪切裂缝；4—前部鼓胀裂缝；5—滑坡主滑方向；6—后缘拉张裂缝与下错平台；7—主裂缝；8—拉剪性结构面；9—纯剪性结构面；10—压剪性结构面；11、12—张扭性结构面

断减小，应力分异产生垂直滑动方向的拉张裂缝。此时，剪切裂缝未形成。由于坡体中部整体平移，各质点运动速度相同，故该区坡体上几乎不发育裂缝，但两侧坡体受滑坡周界不动体的限制，坡体两侧形成两对力偶系，相应地衍生出大应力 σ_1' 和小主应力 σ_3'，以及压扭性和张扭性裂面。因为土体具有很小的受拉强度，所以宏观上表现为很强的张扭面形式，即羽状张裂缝先发育于滑坡两侧，此时压扭性张裂缝发育并不明显。当 σ_1' 与滑坡共轭剪切面小角度呈锐角相交时，边缘的张裂缝不断追踪扩展导致羽状裂缝开始发育。滑坡下部相对受压区，σ_1' 平行于主滑段下滑力，σ_3' 与主滑段正交，开始出现与滑动方向（σ_1'）一致的张裂缝，由于坡体不断向两侧挤压扩展，导致张裂缝放射成扇形，常称为扇形张裂缝。随着滑坡的滑动，垂直滑动方向土体受压隆起，并产生垂直滑动方向的鼓胀裂缝。滑坡的形成主要是坡体内应力场不断改变、调整以致坡体内产生应力集中及应力分异的结果。一定地质结构的斜坡，由于河流冲蚀、海浪侵蚀、人工开挖或加载，或因地下水的增加或地震作用，引起坡体内应力调整，在斜坡的中下部产生应力集中，常在主滑段下滑段滑面上的剪应力超过该处土体的抗剪强度时产生蠕变，如图 2-4（a）所示。随着塑性区的不断扩大，局部坡体向下挤压，引起后部与稳定体间产生破裂和拉开，形成滑坡的主拉裂缝；主拉裂缝形成后，为地表水的下渗提供了有利条件，滑体的中后部首先失稳而向下推挤滑坡抗滑地段，滑坡两侧出现羽状裂缝；然而，此时滑坡抗滑地段滑动面未形成，抗滑段坡体受挤压作用越来越剧烈，从而相继出现放射状张裂缝和鼓胀裂缝，形成初期，裂缝断续不贯通。随着滑坡的发展而延长、贯通，张口加大，如图 2-4（b）所示；此时，滑坡的剪出口断续出现，并与滑坡两侧裂缝连通，滑动进入滑动阶段，如图 2-4（c）所示。

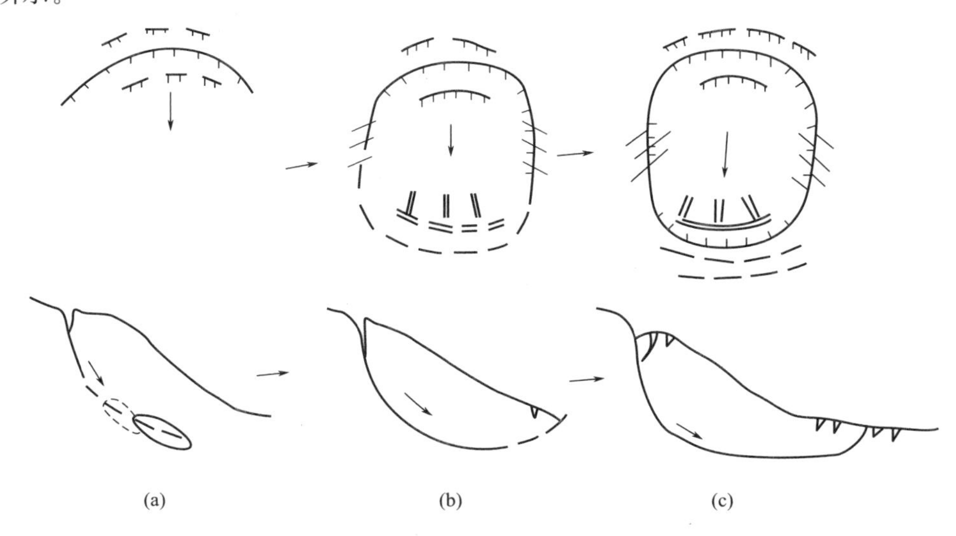

图 2-4　滑坡蠕动变形阶段示意图（王恭先，2004）

3. 两类典型渐进破坏型滑坡地表裂缝判据

常见的两类滑坡渐进破坏类型为：推移式渐进破坏和牵引式渐进破坏。从表面裂缝的发育特征及受力特点来分析其所属的渐进破坏类型。(1) 推移式滑坡的滑面展布形式大多呈前缓后陡的形态，滑坡中前部为抗滑段，后部为下滑段，使斜坡发生变形和破坏的力源主要来自于坡体后缘的下滑段。斜坡中由于应力集中及应力分异作用，常在滑坡后缘部位首先出现拉张裂缝，裂缝变形不断扩张，向坡脚发展，由于各部分岩土体抗滑能力不同，从而造成其下滑速度的差异，进而相继出现两侧翼的剪切裂缝，并随着滑体向前运动，剪切张裂缝呈雁列式沿滑坡潜在侧翼边界不断向前发展、延伸，中前部滑体阻滑段阻碍后部变形的扩展，这时地表形成鼓起隆丘，变形发展到一定程度，滑带贯通时，岩土体的挤作用使坡体前缘向两侧扩展，形成局部的压性裂缝。(2) 牵引式渐进破坏的滑坡，通常受开挖等人类工程活动的影响，局部变形破坏始于坡体前缘，裂缝发育表现为从前向后的发展特点。当仅考虑一级滑坡效应时则裂缝生成次序与推移式滑坡类似；若为多级分段滑坡，当坡体前缘部位因垮塌或滑移后将会牵连次级滑块相续的滑塌并推移破坏，次级滑块的不断破坏产生于倾向临空方向的滑面，从而为后面岩土体的滑动提供了变形空间，后部滑块由于失去前部的抗滑锁固段（或抗滑力减小）在重力及其他因素作用下又不断发生坍塌或滑动，如此类推，随着垮塌的扩展，滑坡变形破坏宏观上呈现渐进后退的形式，滑坡次级滑块后缘拉张裂缝在前部滑块破坏的前提下不断渐进向坡顶发展。然而，由于滑坡发育工程地质条件的复杂性，岩土体的空间变异性及其他不确定性影响因素，滑坡裂缝的发育情况受到外部因素的制约，滑坡地裂缝分期配套体系往往会出现空间上的转变，并且不同类型滑坡也可能存在时空上的转换，因此没有一个确定的判别标准来界定。针对具体的滑坡，应首先在分析滑坡工程地质特征、破坏成因机理及潜在破坏模式的基础上，通过对地表裂缝发育特征的实际调查和分析来判定[11-13]。根据滑坡渐进破坏的时间演化规律及空间演化规律，并结合各个阶段裂缝的发育特征，归纳总结两类滑坡地裂缝特征，具体见表 2-2。

两类渐进破坏滑坡变形演化阶段的地表裂缝发育特征 **表 2-2**

	推移式渐进滑坡	牵引式渐进滑坡
变形阶段	滑坡裂缝特征描述	
初始变形阶段	后缘拉张裂缝形成：斜坡在重力或其他外营力作用下，稳定性不断下降。当稳定性下降到一定程度时，坡体开始出现变形。滑面前缓后陡的推移式滑坡后缘首先变形，变形的水平分量使之产生平行于斜坡走向的拉裂缝，而垂直分量使后缘岩土体发生下错变形；随着变形的发展，一方面使拉裂缝数量增多、规模扩大；另一方面，裂缝的长度不断延伸增大，在地表交错相连，互连通形成滑坡的主裂缝，下错变形同步增大，形成后缘的下错台阶，如圈椅式构造。地表形态上，滑坡中后段主要表现为拉裂和下陷的变形破坏	前缘及临空面拉裂缝的出现：牵引式滑坡前缘较为平直，没有明显的阻滑段；当坡体临空条件较好，开挖坡脚，或者受河水侵蚀等因素影响时，滑坡前缘坡顶位置可产生拉应力集中，并向临空方向产生滑移拉裂变形，地表上出现横向的拉张裂缝

续表

<table>
<tr><th colspan="2"></th><th>推移式渐进滑坡</th><th>牵引式渐进滑坡</th></tr>
<tr><td colspan="2">变形阶段</td><td colspan="2">滑坡裂缝特征描述</td></tr>
<tr><td rowspan="2">等速变形阶段</td><td rowspan="3">渐进变形阶段</td><td>(1)羽状剪切裂缝产生:随着滑体后部下滑变形向下发展,中部坡体也开始出现滑动变形;当滑体两翼超出不动体的约束时,下滑体与不动岩体之间出现剪应力集中,地表形成剪切错动带,剪张裂缝产生;并随着滑体向前运动,剪张裂缝呈雁列式沿滑坡潜在侧翼边界不断向前发展、延伸</td><td rowspan="3">前缘局部坍塌,裂缝逐渐向后扩展:随着前缘变形的进一步发展,裂缝规模增大,不断加宽、变深,可逐渐形成前缘次级滑块,其前部可能发生局部垮塌;随着次级滑块向前推移,逐渐脱离母体,为后部岩土体提供了临空条件,由于失去前部支撑,类似前缘滑块,后部滑块则产生新的变形,形成拉裂缝;依次发展下去,牵引式滑坡可从坡体前缘形成从前向后的多级拉裂缝和次级滑块,当坡体稳定性较差时,从前至后各个次级滑体可能各自独立运动</td></tr>
<tr><td>(2)前部鼓胀裂缝产生:推移式滑坡前缘多存在较长的阻滑段或支翅段,滑体向前滑动时,抗滑体阻挡后部变形的发展,坡体则以鼓张的形式协调后部变形,在地表形成隆起带或滑坡鼓丘,鼓胀部位地表拉应力集中,沿顺坡向形成放射状张裂缝,横向上受弯形成横向张裂缝</td></tr>
<tr><td>加速变形阶段</td><td>(3)舌部压性裂缝产生:随着滑带的贯通,滑体舌部顺方向产生压应力集中,挤压作用使滑体前缘向两侧扩散,形成压性裂缝,呈扇形排列</td></tr>
<tr><td colspan="2">加速变形至破坏阶段</td><td>剪出口形成,边界宏观裂缝贯通圈闭,表明此时滑面已贯通,滑坡整体破坏条件已形成</td><td>拉裂缝停止发展,整体滑坡周界形成:当滑移变形扩展到后缘一定部位时,受坡体结构和受力条件的限制,变形将停止向前发展,此后变形将为整体滑坡周界的逐渐形成,呈叠瓦状向前滑移的特征</td></tr>
</table>

注:滑坡裂缝特征描述主要参考文献:[2]、[4]、[11]、[12],并作了一定修改。

2.2 滑坡渐进破坏失稳机理研究

滑坡机理是滑坡灾害预测、预防预报和有效防治滑坡的理论基础。因此,国内外学者和工程师们在研究和防治滑坡时都必须对滑坡的发生和运动机理进行研究、分析和判断,正确的判断取得了成功,判断错误则造成了失败,致使滑坡多次治理而不能稳定,甚至引发灾害。滑坡机理是指从属于特定地质结构的斜坡,受各种因素的共同影响,由原来的天然固息稳定状态至出现失稳破坏,再达到新的稳定状态或永久稳定(死亡)整个过程动态变化的物理力学本质和规律[13-15]。滑坡地质结构及外界荷载的复杂性和多样性,造成了滑坡类型和滑坡机理的复杂性和多样性,不可能用一种机理概括所有的滑坡变形特点及成因机制,尽管在一条件下它们具有共同特性,如滑带土的应力-应变效应和时间效应(滑坡渐进破坏效应)。同时滑坡不是一种简单的力学过程,它具有复杂的物理化学作用。在前人研究成果的基础上,总结滑坡机理的特殊性,概括起来有以下特点:①滑坡是一种地质现象，它的发生受控于地形条件，特别是滑动面所在的层位和形状；②滑坡是在多种自然和人为因素下发生的，特别是那些主控因子决定了滑坡发生的时行和过程；③滑坡的发生和运动最终取决于坡体内的应力分布及其变化与滑带土强度衰减之间的关系，这种关系对滑坡的发生、运动起着关键作用；④滑坡的发生和演化是一个较复杂的动态过程，有的只有几十天，有的可达几十天甚至几十年，有的呈周期性滑动。因此研究滑坡机理应该用过程论观点来研究，用动态的、变化的、发展的，而不是静止的、固定的、停滞的观点来研究。鉴于此，本书从渐进性观点出发，研究滑坡渐进失稳破坏的动态发展过程。

渐进性破坏的理念最早由 Terzaghi 提出，已有 60 余年的发展历史。L. Bjbrum 系统阐述了“渐进破坏理论”，认为土体沿破裂面发展是渐进性的，大量可恢复的应变能储存于在黏土页岩和超固结的黏土中，渐进性破坏发生的必要条件基于反复加载卸载过程中弹性应变能的释放。L. Bjbrum 将土体渐进破坏的条件归纳为：（1）岩土介质中发育着不连续结构面；（2）引起斜坡形态及组成物质发生改变的条件，例如：①超过土体峰值抗剪强度局部剪应力的存在；在其他指标相同的条件下，局部剪切破坏的危险程度随内部侧向应力 σ_H 与峰值抗剪强度 τ_f 之比（σ_H/τ_f）的增大而变大；②破坏面渐进形成的必要条件：局部应变差的存在。黏性土中储存的可恢复应变能，在侧向应力有变小趋势时，用 ζ_H/ζ_P 来衡量侧向应变 ζ_H 超过剪切破坏应变 ζ_P 的程度；③黏土的抗剪强度的急剧下降：土体达到峰值强度后其应力不变或变化很小时，应变之所以能够继续发展并实现应力集中区的发展转移是因为黏土的峰值强度与残余强度之比（τ_f/τ_r）较大的原因。

沈珠江院士在其著作《理论土力学》（沈珠江，2000）创造性介绍了土体的渐进破坏理论[16]。他指出，土体破坏时塑性区内的各点应力并非同时达到抗剪强度，多数土体尤其是超固结土和带有一定胶结的天然土通常情况下都具有软化的特性，因为土体中应力的不均匀分布特性，在加荷过程中随着应力的增加，应变或剪切位移的增大，剪切阻力先是增加而后又逐渐下降趋于稳定，这时应变增长速率明显加快，应力大的点超过峰值强度后出现软化。软化后土体抗剪强度降低，土体先前承担的剪应力将超过峰值强度。超出峰值强度以外的那部分剪应力传递给邻近未发生软化的土体，将会继续造成该部分土体剪应力的增加而发生软化现象。根据产生的机理，沈珠江（2000）把应变软化分为：损伤软化、剪胀软化和剪压软化三类。（1）剪压软化。土的压硬性对其起控制作用，剪切阶段，当围压减小时，应力-应变全过程曲线会出现最高点（峰值）和接下来的应变软化（图 2-5）。土体中之所以会发生软化等一系列现象是与土体中的孔隙水压力密不可分的，这里的孔隙水压力主要是基质吸力。（2）剪胀软化。其影响因素主要有：①土体体积扩大引起单位土体接触比表面积的减小；②体积扩大导致的颗间剪胀角的减小；③非圆颗粒沿剪切面定向引起的剪胀角减小（图 2-6)。(3) 损伤软化。损伤软化反映的是粒间胶结破坏的过程，胶结破坏后不可恢复，且破坏应变减小，而摩擦强度的发挥需要较大的应变。

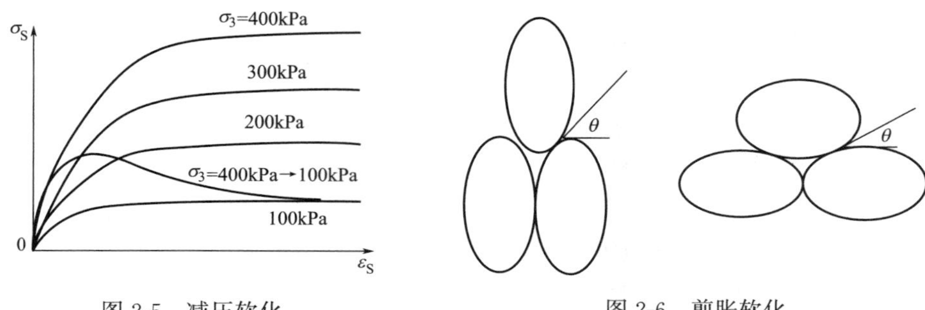

图 2-5 减压软化

图 2-6 剪胀软化

不少学者借助室内滑坡机理试验及大量滑坡实例的长期观测手段对斜坡破坏的真实过程进行仿真研究。滑坡渐进破坏过程中，坡顶面早期出现的张裂缝及坡面的蠕动变形等外在现象往往反映了坡体内局部破坏发生发展的过程。由于机械潜蚀、化学潜蚀、含水量变化及蠕变损伤等原因，岩土材料结构面的本构和强度参数都在逐渐改变，同时由于外载荷、水的流动及地震作用等因素，其载荷也在或快或慢地发生变化。由于坡体中的裂缝、结构面等几何因素，岩土坡体中应力分布总不可能均匀分布，而呈现局域性的应力应变集中。当应力超过材料的强度值时，其状态将不能稳定，必然导致局域破坏，而一旦发生局域破坏，必然发生应力释放、应力转移和应力重新调整，而在破坏了的局域的邻近区域所受到的影响最大。该邻域可能由原先没有超过强度值转变为超过强度值而发生破坏，并进行应力释放，把多余的载荷转加到其他区域。这样在不断地发生应力释放、转移和调整过程中，破坏面不断地延伸。这种过程的持续导致两种结果的出现，一种是破坏面完全贯穿，滑体将在滑床上开始作加速运动；一种是破坏面没有贯穿，在伸展到某一区域后就停止扩展，其前方区域的应力应变均未超过极限值。

2.2.1 推移型滑坡失稳机理

推移型滑坡多发生于顺斜坡中，由于后缘首先拉裂失稳，挤压前部岩土体向坡脚不断发展。土石混合体滑坡是最常出现破坏的推移型斜坡，受岩土界面控制的软弱结构面常发育为滑坡的滑动面。推移型滑坡渐进破坏的过程是由于其中部位移不断加大，不断从坡体上部传递到坡脚而引发的。

推移型滑坡上部位移主要产生于两方面：

一是由于坡体上部堆载从而导致荷载效应增强，上部条块首先拉裂而破坏，裂缝出现后，裂缝水平位移及下错量增大，随着荷载的进一步转移，上部条块的破坏不断向下部条块传递，造成整体滑动面的贯通。这种破坏主要出现在斜坡中上部的建（构）筑物上，如桥梁基础、高层建筑、高速公路的动荷载等。

二是坡体中上部由于地表积水或在降雨条件下造成表水入渗，上部存在一定规模的张拉裂缝，表水入渗裂缝直至坡体内部，造成一定深度范围内的表积土重度增大，岩土材料由天然状态变为饱和状态，岩土体的力学强度因孔隙水压力的增加而降低，引起剩余推力过剩。饱水部位岩土体首先开裂变形，出现所谓的空化现象，不起抗滑作用，剩余推力值剧增。当剩余推力增加并超过岩土体的抗剪强度时，破坏向下传递促使整体坡体失稳。对于地表修建有常年的水库、大面积水田等的边坡上常出现这种破坏模式。随着地表水的入渗，在透水性差的岩层界面附近或土层接触面，由于水岩相互作用，对接触带土体的进一步软化、泥化作用，造成接触面力学强度的降低，并形成所谓的滑动面，使坡体出现沿这些界面的推移破坏，如图 2-7 所示。

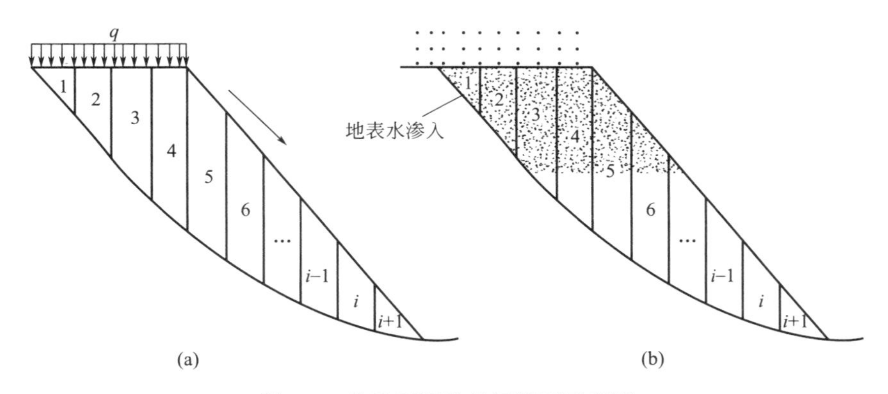

图 2-7　推移型渐进破坏模型示意图

本书所研究的滑坡主要是降雨诱发型，地表水入渗引起土体饱和进而使滑带土抗剪强度降低是产生破坏的主要因素，现对表水入渗坡说明推移型滑坡的失稳机理。

在降雨条件下，由地表水入渗影响的条块 $i \rightarrow n$，条块的物理力学指标由天然状态变为饱水状态，将条块 $i \rightarrow n$ 的抗滑力分为表水入渗部分条块抗滑力和天然部分条块抗滑力两部分，同时考虑条块自重和孔隙水压力作用时，坡体的抗滑力可表示为：

$$F_i = F_{i-1} + \Delta F_{i,n} \tag{2-1}$$

$$\Delta F_{i,n} = c\sum_{j=i}^{n} l_j + \tan\phi \sum_{j=i}^{n} G_j \cos\alpha_j - \sum_{j=i}^{n} G_j \sin\alpha_j \tag{2-2}$$

因为表水入渗条块与天然状态条块在相应条块位置的倾角相同，如果对条块间的倾角变化忽略不计。条块 $1 \rightarrow n$ 的抗剪强度由天然状态变为饱和状态时，条块的抗滑力变化为：

$$\Delta F_{i,n}^{\mathrm{b}}=c_{\mathrm{b}}\sum_{j=i}^{n}l_{j}+\tan\phi_{\mathrm{b}}\sum_{j=i}^{n}G_{j}(\cos\alpha_{j}-u_{j}l_{j})-\sum_{j=i}^{n}G_{j}\sin\alpha_{j} \tag{2-3}$$

则抗滑力的变化量为：

$$\Delta F_{i,n}-\Delta F_{i,n}^{\mathrm{b}}=(c-c_{\mathrm{b}})\sum_{j=i}^{n}l_{j}+(\tan\phi-\tan\phi_{\mathrm{b}}+u_{j}l_{j})\sum_{j=i}^{n}G_{j}\cos\alpha_{j} \tag{2-4}$$

由上式可见，地表水入渗后，抗滑力的变化主要与物理、力学性质降低程度、表水的入渗范围、潜在滑面的倾角相关。

2.2.2 牵引型滑坡失稳机理

牵引型滑坡的成因主要是坡体开挖后，应力将发生重分布，相对于边坡开挖之前出现所谓的二次应力状态。在坡脚出现应力集中，此应力集中区的岩土体通常先出现破坏，然后向坡体内部扩展，直到坡顶出现剪切应力集中，破坏贯穿整个坡体，出现整个开挖坡体的滑动破坏，或者在破坏扩展至一定程度后，重新稳定。这种破坏模式始于坡脚，坡脚锁骨段破坏后，抗滑力大大下降，上部坡体下滑段的推力远大于抗滑段的抗滑力，造成坡体的渐进失稳。这种坡体的破坏形式是逐渐完成的，具有渐进性破坏的特征。其渐进变形破坏特征表现为：①边坡开挖后，在坡脚和坡肩处产生应力集中，坡脚处产生剪应力集中，而坡肩处产生拉应力集中。坡脚应力集中主要表现为坡体应力在坡脚的非线性增大；②由于开挖边坡坡体内部的应力场的均匀、连续分布特征，坡体内部岩土体的破坏也应是渐进发展的，而不是瞬间完成的；③坡脚处剪应力的集中程度与开挖坡角的大小有直接关系，开挖坡脚坡度越大，边坡越容易破坏，并且破坏呈现从坡脚处开始不断向上发展的渐进破坏模式；④牵引型滑坡渐进破坏的特征与坡体所受的应力状态及坡体岩土体的物理性质密切相关。⑤边坡开挖后，由于应力集中及应力分异的结果，最大剪应力迹线发生偏转，靠近坡体内部的剪应力指向坡内，邻近坡面的坡体指向临空方向，显然造成开挖边坡稳定性下降是因部分范围的剪应力指向临空方向。

牵引型渐进破坏滑坡，当坡体中应力集中积聚到一定程度后，坡脚处首先出现剪应变塑性区，破坏从此部位开始。以下原因都会导致岩土体应力释放、转移及重新调整，使潜在破坏面不断发展。①坡内岩土体应变软化，蠕变损伤；②坡体应力应变不均匀分布；③坡体内离散裂隙、不连续面的扩张；④坡体内局部区域应力集中；⑤外荷载、地震作用、物理化学侵蚀等。当塑性破坏区 1 出现后，坡体内应力场调整将导致塑性破坏区的扩展，在塑性区由 1→2 的扩展形成过程中，应变能释放为 $\Delta u1$，能量的释放将导致破坏由塑性区逐渐向坡体内的弹性区扩展（图 2-8）。在能量的不断释放、转移、调整过程中，塑性破坏区不断扩展延伸，滑裂面不断扩展，直到应力调整大于岩土体的弹性强度后，形成贯通的滑动

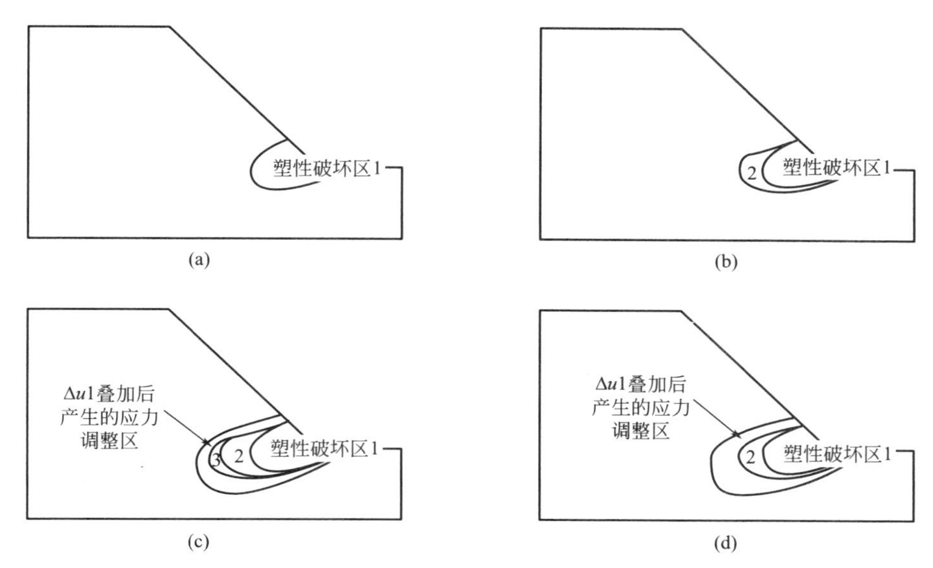

图 2-8　牵引型滑坡渐进破坏过程

(a) 牵引型失稳塑性区 1；(b) 产生塑性破坏区 2，并释放应变能 $\Delta u1$；(c) 应力调整过程中，产生塑性破坏区 3，并产生 $\Delta u2$；(d) 应力调整区域仍为弹性区

面，这是有限元强度折减法滑面搜索的基本原理。

大量的公路边坡、铁路边坡及开挖坡脚的人工边坡多呈现出牵引型渐进失稳模式。破坏始于前缘坡脚后，不断向坡体中后部扩展至滑面贯通。

2.2.3　土石混合体滑坡失稳机理

土石混合体是在地球内外动力耦合作用下，于第四纪时期形成的具有复杂内部结构的一种块石与土颗粒的混杂松散堆积体。这种材料物质来源多样化，地质成因复杂，既不同于一般的均质土体，也不同于一般的岩体，是一种介于土体与破裂岩体之间的特殊地质材料。土石混合体这一地质概念是随着各类大规模岩土工程建设及岩土力学的发展而逐渐提出来的，它是当代岩土力学深入发展的必然。土石混合体概念的提出不是一蹴而就的，而是经历了一个长期的过程，国内外不同的学者对其有不同的称谓。早在 1973 年，Chandler 研究发现当试样中有异常的大砾石时，其强度值也会大大提高，而这个强度值并不能代表试样的真实强度。Dearman 和 Hencher 等[17,18] 按粒组成分对风化岩体进行了分类，将工程岩土体分为三个等级，土（soil），岩石（rock）及岩石与土（soil and rock）。Medley 等[19] 研究了组成土石混合物的块石及土体在物理力学性质上的差异，材料的非均匀性导致其变形破坏特征与岩土体迥异，为了与一般的岩土体区别出来，将该土石混合物称为 Block in Matrix Soil。Goodman[20] 等忽略传统地质学上的土体分类定义，将有工程重要块体镶嵌在细粒体（或胶结的混合基质）中所构成的岩土介质称为Bimsoils/Brimrocks（Block-in-matrix soils/rocks）。一些工程规范及工具书，如《岩土工程勘察规范》GB 50021—2001（2009年版）和《工程地质手册》（第五版）（中国建筑工业出版社），往往将其按照特殊土来对待，将土石混合体称为碎石土，组成结构为以土体和块石为主的第四纪松散堆积体，成分主要为砾石、块石及砂土和黏土的混合地质材料。在地质学或矿物学意义上，将不同粒径的本身或外来碎片及岩块镶嵌在基质泥中所构成的混合体称之为“混杂岩”或“混成岩”。国内李晓研究员最先将这种“由作为骨料的砾石或块石与作为充填料的黏土和砂组成的地质体”称为土石混合体[21,22]。徐文杰等[23]从工程角度出发，侧重于土石介质的细构特性，将土石混合体重新定义为：第四纪以来形成的，由具有一定工程尺度、强度较高的块石、细粒土体及孔隙构成且具有一定含石量的极端不均匀松散岩土介质系统。王宇[24]（2014）探讨了土石混合体在力场及环境效应下的响应特征，提出了“土石混合体计算细观力学”这一概念，主要是指综合考虑土石混合体粗颗相块石的形态、空间分布、颗粒级配及含石量等结构特性，同时考虑细粒相土颗粒集合体结构和强度特性以及土石界面的发育特征，要研究土石混合细观结构对荷载及环境因素的响应、演化和实效机理，以及土石混合体细观结构与宏观力学性能的定量关系的学科。

土石混合体滑坡（又称“堆积体滑坡”）具有分布范围广、发生频率高、规律性差、防治难度大等显著特点，是西部山区及其重大工程建设中最为常见的灾害类型之一。土石混体为自然历史作用的产物，不仅非常复杂且随机性大，而且层次性明显，不同观察尺度下的物理力学性质差异很大，难以准确获得和描述。因此，长期以来，土石混合体一直被视为均质体并采用连续介质力学去评价斜坡的稳定性。这显然不合乎实际，难以准确预测土石混合体滑坡的形成和演化规律，也很难为滑坡的防治提供合理的设计依据。这就是土石混合体滑坡防治水平低的症结所在。

由于土石混合体强烈的非均匀性、水敏感性和弱胶结性，受物质组成、内外地质作用及水文和地质环境的影响较大。徐文杰（2008）对土石混合体形成的原因作了较为系统的研究，将其分为：重力堆积成因（坠积型土石混合体、崩塌堆积土石混合体、滑坡堆积土石混合体），水流堆积成因（泥石流堆积型土石混合体、冲积型土石混合体、冲洪积型土石混合体），冰川堆积型（冰碛堆积型土石混合体、冰水堆积型土石混合体、内化残积型土石混合体），构造成因（人工堆积型土石混合体、混合堆积型土石混合体）土石混合体滑坡的滑面位置受控于岩土结构面，变形模式可归纳为剧滑-平推破坏模式及蠕滑-拉裂破坏模式[25]，如图2-9所示。

（1）剧滑-平推破坏模式

当土石混合体斜坡赋存有顺坡向陡倾结构面时，滑面形式有两种，一种是强风化岩体结构面受剪破坏并沿贯通性较好的结构面发生挤压式滑动，其滑面根据结构

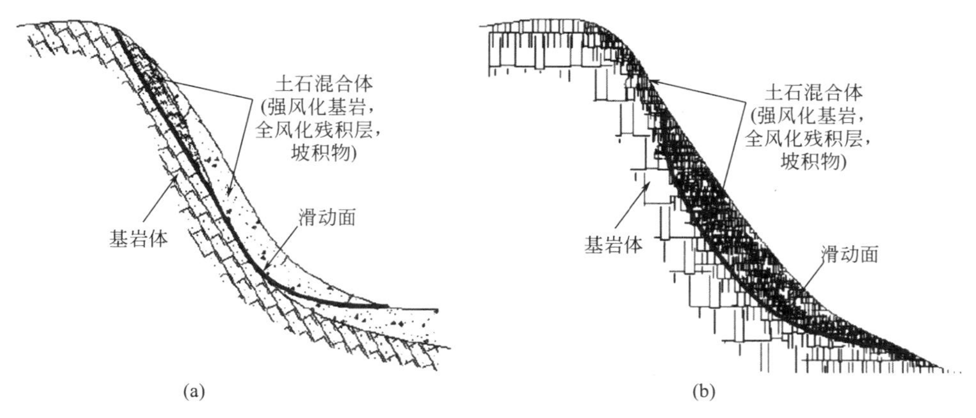

图 2-9　土石混合体滑坡主要变形破坏模式

(a) 剧滑-平推破坏模式；(b) 蠕滑-拉裂破坏模式

面形状呈近直线形，滑体中往往含有一定数量的大尺寸块石。另一种是坡积物直接覆盖在顺向光滑基岩上，当坡积物堆积到一定程度并有外力促使作用下便沿接触面发生滑坡，这种破坏极易发生，且发生过程快速，而其规模一般都较小。图 2-10 为该破坏模式的演化过程图，滑坡多数只有滑前阶段、剧滑阶段、停歇阶段。

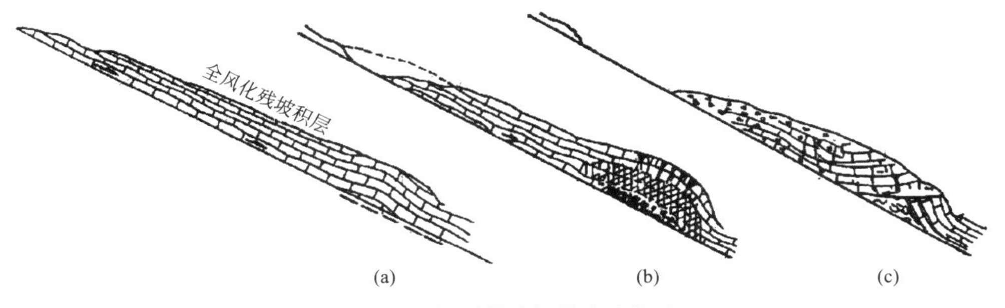

图 2-10　剧滑-平推破坏模式演化过程

(a) 滑前阶段；(b) 剧滑阶段；(c) 停歇阶段

(2) 蠕滑-拉裂破坏模式

这种破坏模式一般发生在无顺向结构面的坡体中，滑体物质以坡积成因土石混合体为主，含有部分全风化残积岩体。滑面与土质滑坡近似成圆弧状，但滑面位置受岩土风化强度限制，越向坡体内部岩体风化程度越弱，所以滑面位置都较浅，滑面不明显，如图 2-11 所示。这种破坏模式发展较缓，有明显的蠕滑阶段，有很大部分坡体在降雨条件下发生蠕滑，表现为后缘裂缝，前缘鼓胀，雨停后蠕滑也停止，再次降雨滑坡又继续蠕滑，有的甚至始终为蠕滑变形，并无剧滑阶段。这种破坏模式的滑坡广泛分布于整个斜坡地带，由于坡体在蠕滑阶段运动缓慢容易使人麻痹大意。

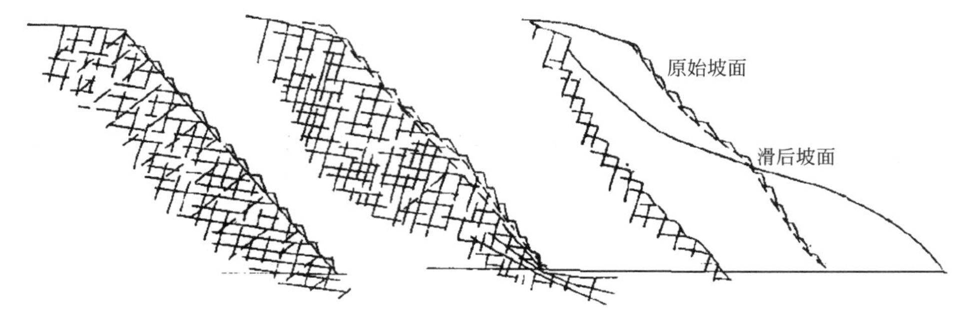

图 2-11 蠕滑-拉裂破坏模式演化过程
（从左向右依次为滑前阶段、蠕滑阶段和停歇阶段）[25]

由于不同土石混合体所处的地质环境存在较大差异，造成土石混合体滑坡的规模、形状等表现出多种模式，熊伟（2016）通过对秦巴山区软弱变质岩土石混合体滑坡的系统研究，将土石混合体滑坡变形劣化归纳为 6 种形式：

（1）整体型滑出型。其特点是原始坡度较大，滑坡发生时间短、能量大、毁灭性强，滑坡时滑体快速滑动，并完全滑出，滑坡结束后滑体堆积于坡脚，滑面完全出露，局部地形发生较大的改变。整体型滑出型滑坡常见于两种情况：①坡体前缘被开挖或侵蚀的陡坡，坡体物质较均匀，原始地形以凸形坡为主；②上部覆盖层覆盖在顺向基岩上的陡坡，降雨时极易发生整体滑动破坏。

（2）后缘坐滑型。多发生于推移式滑坡中，由于后缘坡体稳定性较差发生下挫，增加前部未滑动坡体重量，导致失稳破坏。坐滑型滑坡主要表现在后缘首先出现张拉裂缝，并发生下滑形成台坎，带动前部发生滑动，且滑动量明显小于后部，形成凸型滑坡。这种破坏形式多出现坡体下部、坡上上陡下缓的位置，或前缘存在支挡的情况。

（3）前缘牵引型。由于坡体前部失稳滑动，后部失去支撑，滑坡规模不断增大的破坏形式。其受力与后缘坐滑型相反，后部稳定性好，而前部稳定性较差。

（4）破碎分离型。主要出现在坡体形状不规则、组成物质不均匀、表面植被覆盖不均衡的坡体上，破碎分离型破坏本质是多个小型滑坡单元的组合体。

（5）带状长舌型。一般发生在暴雨期的陡坡上，由于两侧岩土体性质较好，或植被覆盖较好，造成一个窄带内残坡积层失稳破坏，形成带状滑坡，外形类似于坡面泥石流，但其滑体是以固态形式滑落为主。

（6）坡面漫流型。这种破坏形式表现为破坏面很浅，仅几十厘米，属于表层破坏。破坏时由于坡面在自然或人为条件下形成沟、槽、坎、洞等不良微地形，造成坡面不均匀滑动，滑体散碎无固定形状，一次滑动后仍然可以再次滑动，形成类似于流体的漫流式破坏。

土石混合体边坡的稳定性受多种因素的影响，主要可分为内在因素和外在因素。内在因素包括：组成边坡的岩土体性质、岩土体结构、地应力、基覆面等，这些因素的变化是十分缓慢的，它们决定边坡变形的形式和规模，对边坡的稳定性起控制作用，是边坡变形的先决条件。外在因素包括水的作用、风化作用、工程作用、振动等，这些因素的变化是很快的，但它只有通过内在因素，才能对边坡稳定性起破坏作用，或者促进边坡变形的发生和发展。边坡的变形和破坏一般是内在和外在的各种因素综合作用的结果。土石混合体作为一种后期堆积物，其下覆面大多拥有比较清晰的基岩界面，通常称为基覆面，它是指土石混合体的下覆基岩接触面。由于土石混合体大多由崩塌堆积体、滑坡体、残坡积物、冲洪积物、泥石流堆积体等形成，堆积体与下覆基岩均以面-面接触为主，其与下覆基岩有清晰的分离界面。由于基覆面上下力学性质差异较大且土石混合体往往固结程度较差、具有一定的厚度、强度相对较低，形成于土石混合体之中的滑坡，往往受到基覆面的控制，这是制约土石混合体斜坡整体稳定性的一个重要因素。受土石混合体斜坡物源组成结构以及基覆面形成的影响，土石混合体斜坡具有不同的滑移模式，可总结归纳为三种，如图 2-12 所示。

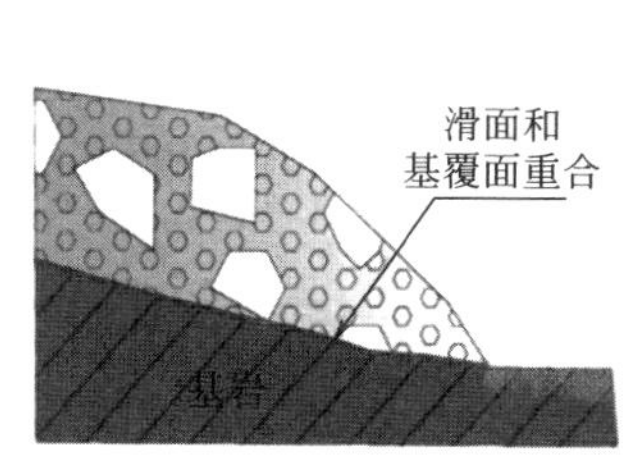

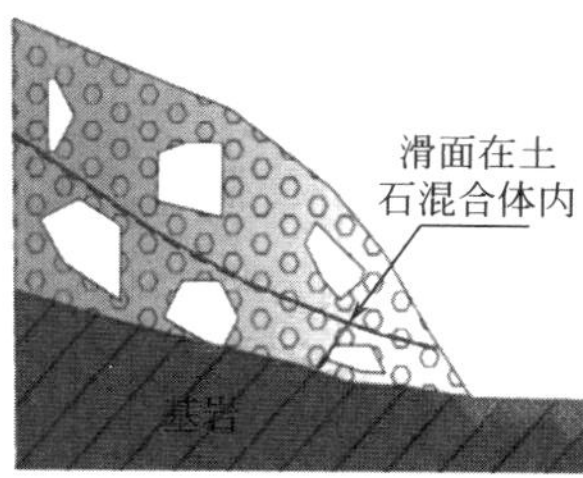

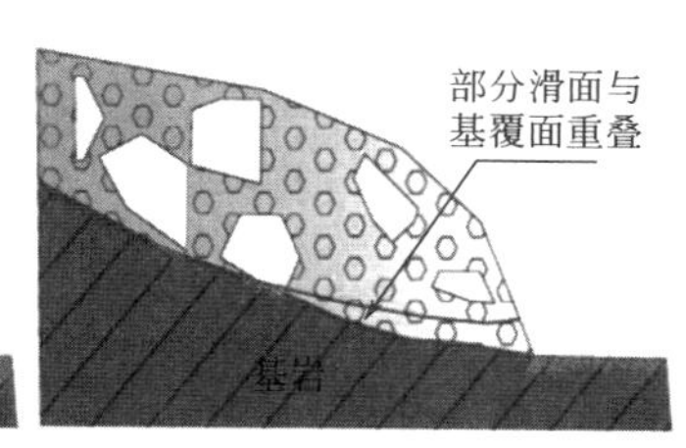

图 2-12　土石混合体滑动面主要表现形式

2.3　河南白河土石混合体滑坡灾害概况

2.3.1　滑坡区地理位置与交通情况

2.3.1.1　地理位置

白河乡位于河南嵩县南部白河乡政府所在地，白河滑坡位于白河街村南山的北坡上，地理坐标范围：东经 111°56′23″～111°56′33″，北纬 33°37′48″～33°38′00″，面积约 50000m^2。

2.3.1.2　交通条件

河南白河乡有县乡公路向北部通往 311 国道，距离 15km，沿 311 国道向东可通往鲁山、平顶山等地，在尧山乡可与郑尧高速相连；向西沿 311 国道可通往栾川县、卢氏县等地；也可在栾川县合峪镇沿栾洛快速沿东北方向到达县城与洛阳。研究区域距县城 88km，交通较为便利（图 2-13）。

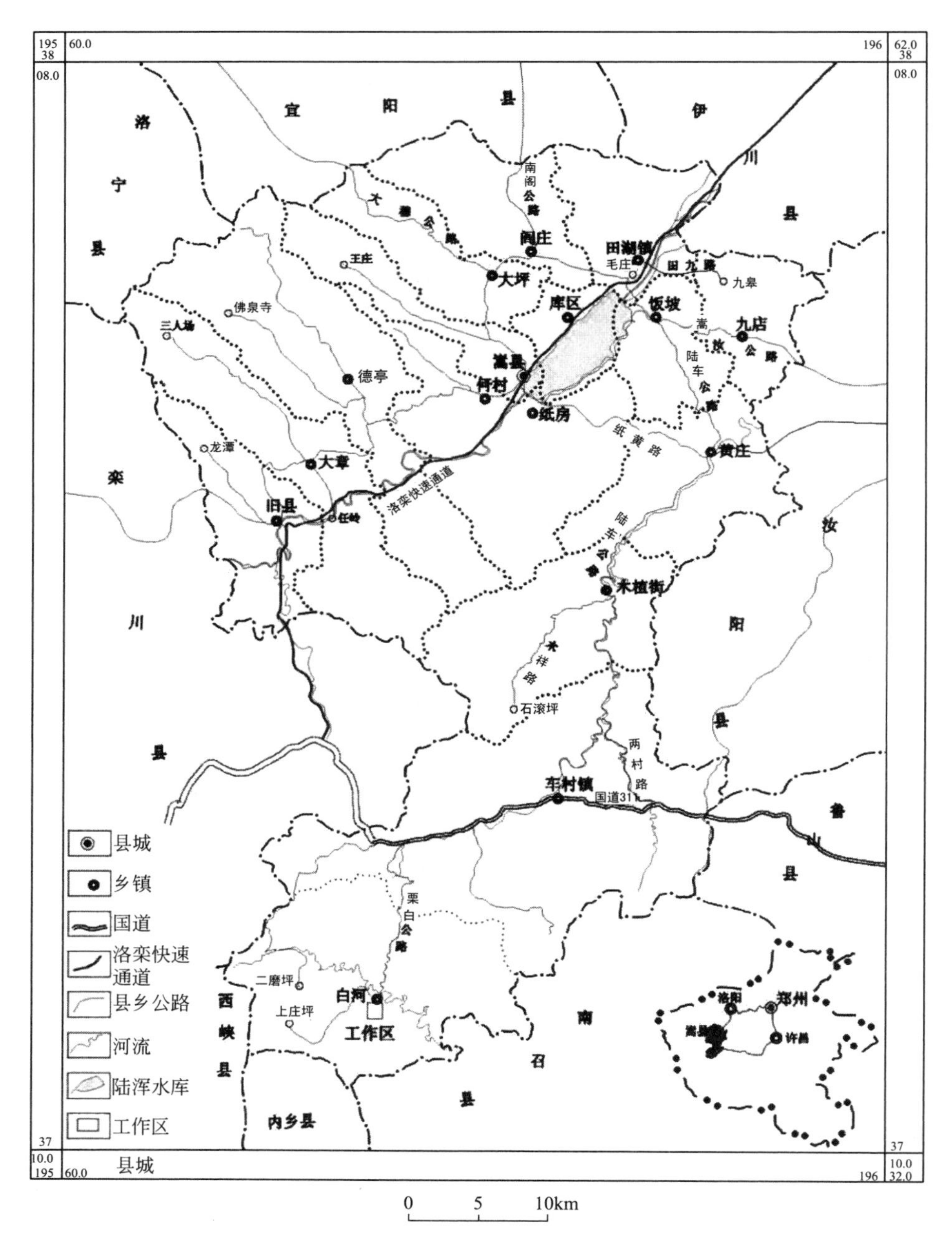

图 2-13　交通位置图

2.3.2 河南白河水文气象

1. 水文

研究区内受地形、气候、产流条件，以及大气环流和季风的影响，地表沟谷发育，径流的年际变化较大，年内分配很不均衡，多年平均径流深约140mm。干流及较大支流汛期径流量占全年的60%左右，每年3月～6月径流量只占全年的10%～20%。

境内干流白河横穿全境，其发源于玉皇顶东麓，至马路魁村三道岗入南召县境，后与汉水汇合流入长江，境内长度约26km。

历史上，白河主河道流经白河街村南部（图2-14），后经人工改造河道取直。白河街南部河道原来宽度60m左右，南岸位于初级中学教学楼冲沟前，北岸位于学校大门处。后经人工回填，仅剩一条宽3～10m的排水沟。

2. 气象

研究区属暖温带大陆性季风气候。主要特点为：冬季寒冷雨雪欠，春暖多变常有旱，夏热雨多但不均，前秋阴雨后秋干。嵩县地形复杂，小气候发育，极端最高温度为43.6℃，极端最低温度为－19.1℃。多年平均降雨量由嵩北向嵩南递增。年最大降雨量为1101.7mm（2003年），年最小降雨量为489.6mm。降雨量还呈现年际分配不均，6、7、8、9四个月降雨量较为集中。2003年6、7、8、9、10五个月降雨量为879.9mm，占全年降雨量的79.87%。嵩县所发生的地质灾害多由汛期降雨诱发所致。

2.3.3 滑坡区区域地质背景

1. 地形地貌

白河乡属伏牛山区，最高峰玉皇顶海拔2211.6m，系伏牛山主峰，最低海拔340m。总体而言，白河乡属于中、低山区。地形多为深切割或强切割高山陡坡深谷，山峦连绵，山间岩体林立，悬崖峭壁连续排列，山岭峻峭，纵横相连，坡度一般在30°～60°，局部为直立陡坡，沟谷上游多呈V形，中下游沟谷逐渐变宽呈U形，谷底多乱石。

滑坡体位于白河乡政府所在地白河街的南山（图2-15）。南山最高点海拔约776m，最低约550m，最大相对落差约226m，地形坡度大，冲沟发育，冲沟切割深度20～80m，呈“V”字形。潜在滑坡则发生在南山北面的斜坡上，斜坡地势呈南部高，北部低，中下部呈现中间低洼的形态。斜坡坡度变化较大，约20°～45°。经人工改造形成诸多平台与陡坎，大部分平台与陡坎走向与地形等高线一致。平台宽度一般1～5m，平台面基本近于水平，陡坎高度1～10m，坡度60°～80°。工作区的西部分布小范围的阶地，阶地较平坦，坡度小于5°，阶地前缘为陡坎，高度4～10m，坡度约60°～80°。

2. 地层岩性

研究区内主要出露地层有新生界第四系及上元古界宽坪群（Pt3k）。

上元古界宽坪群（Pt3k）：出露地层有宽坪群角闪片岩及二云石英片岩。分布在工作区斜坡两侧的冲沟及冲沟对岸的斜坡上。角山片岩呈灰色夹白色条带与斑块，云母石英片岩呈土黄及灰白色，均为变晶结构，片状构造。产状：26°～40°∠35°～40°。发育两组裂隙，产状：125°∠72°、300°∠84°。钻孔揭露主要为角闪片岩，强、中风化层厚度3～7m，呈碎块状及短柱状。

新生界第四系：广泛分布于工作区，厚度7～55m。依地面调查、探槽、钻孔资料，可将该区地层分为3类，即全新统上更新统冲洪积粉质黏土夹碎石、上更新统粉质黏土夹碎石、中更新统粉质黏土夹碎石。

全新统上更新统粉质黏土夹碎石：主要分布在白河街村一带，厚度5m左右。主要岩性为粉质黏土夹碎石及河卵石。成因为冲积及后期人工填土等。

上更新统粉质黏土夹碎石：主要分布于表层及中下部的阶地，该层厚度一般0.5～5m。主要岩性为粉质黏土夹碎石与块石。斜坡区碎石与块石成分为角山片岩，直径一般0.05～10.00m，大者大于20m，呈棱角状。在滑坡区的阶地上，块石与碎石成分还有花岗岩、角闪片岩等，花岗岩与角闪片岩直径一般0.05～1.00m，棱角-次棱角状。该层具大孔隙，结构疏松。地表降水入渗能力强，经渗水试验，在深度0.2m处渗透系数为5m/d。成因为冲洪积、坡积。

中更新统粉质黏土夹碎石：主要出露于斜坡区中东部表层及埋藏于地表以下，厚度5～25m。主要岩性为粉质黏土夹碎石、块石及碎石与块石层。碎石与块石成分为角山片岩，直径一般0.05～10.00m，大者大于50m，呈棱角状。

勘察区岩土体物理力学性质如下：

本次勘察采集原状土样24组、角闪片岩样6组，试验成果按《岩土工程勘察规范》GB 50021—2001（2009年版）相关规定进行分析统计。

上更新统粉质黏土：天然密度1.70～1.84g/cm^3，均值为1.845g/cm^3，干密度1.42～1.56g/cm^3，均值为1.483g/cm^3。

中更新统粉质黏土：天然密度1.78～2.17g/cm^3，均值为1.932g/cm^3，干密度1.42～1.93g/cm^3，均值为1.667g/cm^3。

3. 地质构造

这个地区在元古代后期发生了嵩阳运动第二幕，强烈的构造运动影响了地层，因此导致此区域的岩石都产生变质，造成多条褶皱与断层。在勘察区北侧1km位置以及南侧2.4km位置，可见断层发育成2条断裂。所以总结出断裂组强烈影响了勘察区，整个区域内地层破坏十分强烈。元古代末期，这个区域逐渐上升，形成陆地地形，长期受到风化剥蚀作用。随后又有几次构造运动发生，区域地层进一步变形破坏，因此形成了较厚的基岩破碎层。

据史料记载，勘察区内没有强震发生，区外 80km 内无 5 级及以上地震发生。在 2008 年汶川地震发生时，勘察区有震感。由《中国地震动参数区划图》GB18306—2015 可知，此区域地震峰值地面加速度 0.05g，地震动反应谱特征周期 0.35s，可以得出区域地震烈度为Ⅵ地区，属稳定区域。

图 2-14　改造前白河河道宽度示意图

图 2-15　滑坡及周边地形地貌

4. 水文地质条件

根据研究区内地下水赋存条件、含水介质特征及水的物理特性，研究区内地下水可分为松散岩类孔隙水和基岩裂隙水两类。

松散岩类孔隙水：孔隙水主要埋藏在坡积与冲洪积物中，组成物质主要为冲、洪积的砂卵石、块石、碎石夹粉质黏土，结构松散，孔隙大，贯通性好，透水性强。白河街村一带，经访问，单井出水量一般小于 100～500m^3/d；斜坡区坡积物中，因地形坡度大，降水期间，地下水量稍大，降水后多以径流形式排泄，水量较小。地下水单井出水量小于 50m^3/d。勘察期间斜坡下部地下水位埋深 5.5～6.0m，中部水位埋深 7.5～12.6m，上部水位埋深大于 20m。地下水化学类型为 HCO_3-Ca 型水，溶解性总固体 107～194mg/L。经试验，垂直渗透系数 5m/d。

基岩裂隙水：区内基岩为片岩，在外力作用下，挤压较紧密，富水性较差。泉流量在 0.01～0.05L/s，水化学类型为 HCO_3-Ca、HCO_3-Ca・Mg 型水，溶解性总固体 200～400g/L。

松散岩类孔隙水主要接受大气降水补给，其次来自基岩的侧向径流补给。基岩区主要接受降水补给。

径流主要由南部分水岭向北部流动，最终流向白河。

松散岩类孔隙水主要为潜水蒸发，其次为人工开采和径流排泄。

根据数据可知，地下水对混凝土结构、混凝土结构中的钢筋均无腐蚀性，对钢结构具弱腐蚀性（见表 2-3、表 2-4）。

SY1 地下水腐蚀性判定表 **表 2-3**

评价类型	腐蚀介质	测试值	评定标准（无腐蚀性）	评定标准（弱腐蚀性）	腐蚀等级	评价结果
混凝土结构	SO_4^{2-}(mg/L)	18.70	<250	250～500	无腐蚀	对混凝土结构无腐蚀
	Mg^{2+}(mg/L)	3.87	<1000	1000～2000	无腐蚀	
	总矿化度(mg/L)	193.8	<1000	10000～20000	无腐蚀	
	pH 值	7.44	>4	4～5	无腐蚀	
	侵蚀性 CO_2 (mg/L)	2.11	≤15	15～30	无腐蚀	
	HCO_3^- (mmol/L)	2.3	≥1.0	1.0～0.5	无腐蚀	
混凝土结构中的钢筋	$Cl^- = Cl^- + SO_4^{2-} \times 0.25$ (mg/L)	12.38	≤100	100～500	无腐蚀	对混凝土结构中的钢筋无腐蚀
钢结构	pH 值	7.44	>11	3～11	弱腐蚀	对钢结构具弱腐蚀
	$Cl^- + SO_4^{2-}$ (mg/L)	26.4		<500		

SY2 地下水腐蚀性判定表 **表 2-4**

评价类型	腐蚀介质	测试值	评定标准（无腐蚀性）	评定标准（弱腐蚀性）	腐蚀等级	评价结果
混凝土结构	SO_4^{2-}(mg/L)	10.4	<250	250～500	无腐蚀	对混凝土结构无腐蚀
	Mg^{2+}(mg/L)	5.80	<1000	1000～2000	无腐蚀	
	总矿化度(mg/L)	107.0	<1000	10000～20000	无腐蚀	
	pH 值	7.57	>4	4～5	无腐蚀	
	侵蚀性 CO_2(mg/L)	2.11	≤15	15～30	无腐蚀	
	HCO_3^-(mmol/L)	1.25	≥1.0	1.0～0.5	无腐蚀	
混凝土结构中的钢筋	$Cl^- = Cl^- + SO_4^{2-} \times 0.25$ (mg/L)	11.85	≤100	100～500	无腐蚀	对混凝土结构中的钢筋无腐蚀
钢结构	pH 值	7.57	>11	3～11	弱腐蚀	对钢结构具弱腐蚀
	$Cl^- + SO_4^{2-}$(mg/L)	19.68		<500		

5. 工程地质条件

根据地层结构、岩土体工程地质特性、岩性组合，将工作区地层分为半坚硬-坚硬岩夹软岩类和松散岩类工程地质岩组。

（1）半坚硬-坚硬岩夹软岩类工程地质岩组

主要由上元古界宽坪群（Pt3k）的角闪片岩夹二云石英片岩组成。二云石英片岩较易风化，沿片理方向力学强度较低，干燥时力学强度较高，遇水工程稳定性变差，属于软岩。

角闪片岩为变晶结构，板状-块状构造，工程力学性质相对较好，自然状态下抗压强度 30.35～140.0MPa，属于较硬岩-坚硬岩，饱和状态下抗压强度 19.16～98.4MPa，属于较软岩-坚硬岩。受区域构造影响，岩石质量相对较差，强风化层岩石质量大部分地段为较差-极差，弱风化层为较差-较好。

（2）松散岩类工程地质岩组

主要由第四系上、中更新统坡残积粉质黏土夹碎石组成。天然状态下，结构较为疏松，孔裂隙较发育，降水入渗能力较强。干燥时较硬，遇水后力学强度降低。

按压缩系数（$a_{0.1-0.2}$）划分，上更新统粉质黏土压缩系数为 0.21～0.85，属于大部分为高压缩性土，部分为中压缩性土，承载力为 220kPa（《工程地质手册》（第五版）），天然状态下内聚力 11.20～52.70kPa，内摩擦角 6.9°～29.9°；中更新统 12m 以下浅粉质黏土压缩系数为 0.1～0.6，属中-高压缩性土，承载力为 190kPa，饱和状态下内聚力 4.90～43.90kPa，内摩擦角 16.4°～38.1°，反复剪峰值内聚力 6.72～31.18kPa，内摩擦角 20.74°～31.63°，残值内聚力 1.33～26.00kPa，内摩擦角 13.42°～31.25°；中更新统 12m 以下粉质黏土压缩系数为 0.14～0.48，属中压缩性土，承载力为 250kPa，饱和状态下内聚力 2.20～30.49kPa，内摩擦角 21.5°～34.4°，反复剪峰值内聚力 2.56～30.37kPa，内摩擦角 23.08°～32.66°，残值内聚力 2.71～25.53kPa，内摩擦角 21.95°～31.26°。

6. 人类工程活动

随着经济发展，研究区内人类活动对地质环境的干预及破坏程度也在不断加深，产生了一系列地质环境问题。研究区内人类工程活动主要表现为水利工程及交通工程建设，矿山开采、城乡建设等。

在 20 世纪 70 年代，农业活动较频繁，修建多级梯田，退耕还林后，仍有部分区段为耕作区。农耕改变地表土层结构与植被覆盖率，增大降水入渗能力，为滑坡活动提供了机会。

在半山腰处，人类修建道路，形成人工边坡，造成临空面，高度 2～3m。

由于该地区建设用地短缺，因此建房开挖坡脚问题普遍。汛期崩滑灾害多有发生。在山脚下，人类改造白河建房，开挖山体坡脚形成人工边坡，造成临空面，高度 3～10m。

2.3.4 滑坡结构特征

白河滑坡为一典型土石混合体滑坡，滑坡体平面总体上呈圈椅状，后缘呈弧形，侧缘呈扇形展开，前缘呈弧形（图 2-16）。滑坡后缘高程约 720m，前缘剪出

图 2-16　滑坡全貌远景图

口高程约 563m，滑坡前缘宽 200m（不包括影响区），后缘宽 600m。滑坡平均坡度约 30°，滑动主滑方向 54°，纵向长度约 710m，面积 40426m^2，厚度 7～25m，按平均厚度 15m 计算，滑坡体积约 580000×$10^4$$m^3$。

2.3.5 滑体特征

白河滑坡属大型古基岩顺层滑坡。滑坡平面形态总体上呈“圈椅”状。滑坡主滑方向 54°，前缘宽度约 120.0m，面积为 16143m^2。滑坡区内发育着大小冲沟，冲沟切割深度多在 4～8m。地势呈南高北低的倾斜状，微地貌则呈两边高中间微低形态，受冲沟的切割，滑体表面呈中间低两边高的洼地形态，横向上地面谷岭相间。钻探资料提示，滑体厚度为 7～34.65m，平均厚度 21m。滑坡后部主要为灰白角闪片岩形成的碎裂岩体及碎块石土夹粉质黏土，滑坡前部以粉质黏土为主（图 2-17）。碎裂岩体主要成分为上元古界宽坪群（Pt3k）二云石英片岩及角闪片岩，呈灰色夹白色条带与斑块，云母石英片岩呈土黄及灰白色，均为变晶结构。碎、块石及角砾多为强风化的角闪片岩，块石直径为 10～30cm，呈不规则的棱角状，滑体堆积物中偶夹大块石，直径约 4m（图 2-17）。细粒土为棕-褐红色粉质黏土和黏土，多呈可塑状态，少数呈硬塑状态。根据原位大重度试验，滑体土的天然重度为 20.6kN/m^3。

按物质组成和结构差异，自上而下在平面上将滑体划分为：

（1）块石堆积区。分布在滑坡后壁的斜坡地带，高程约 650～670m，分布面积约 2200m^2，块石直径为 1～3m，最大直径达 4m（图 2-18）。块石成分为上元古界宽坪群大理岩、角闪片岩。结构松散，易出现滚落，属滑后危险区。裂缝发育，有利于降雨渗入，力学强度低。

图 2-17　滑槽中堆积物质为粉质黏土夹碎石

图 2-18　滑体堆积物中夹大块石（直径约 4m）

（2）基岩裂解块体区。分布于块石堆积区之下，高程约 540～650m，分布面积 3 万 m^2，主要为基岩整体下滑解裂而成，岩体虽解裂，但仍基本保持原岩层理及产状，倾向由 26°→34°，倾角 37°→28°→18°，地表原始地貌及地物受破坏很

严重。

(3) 粉质黏土夹碎块石区。分布于前缘缓坡地带，高程 561～585m，分布面积 5 万 m^2，估计厚度 1.0～25.0m，粒径 2～8cm，最大粒径 50cm。土石混合体的形成有两部分来源，一部分源自已有的残坡积层碎石土；另一部分源自滑动基岩强烈撞击碾磨破碎形成的碎块石、岩屑等。

物探解释时取电阻率小于 600Ω·m 为残坡积物，阻值 600～1600Ω·m 为强风化，阻值大于 1600Ω·m 为弱风化层。从物探Ⅱ-Ⅱ′剖面解译成果看，前端阻值有弯曲翘起现象（图 2-19），翘起前端电阻值增大，依电性特征解释，前端高阻值为块石。此层阻值处于 500Ω·m 层中，位于强风化上部。物探资料解释也说明，老滑坡曾发生过滑动，滑动面处于基岩层面以上，前端因地层受阻出现滑体剪出，石块堆积于剪出口前端。

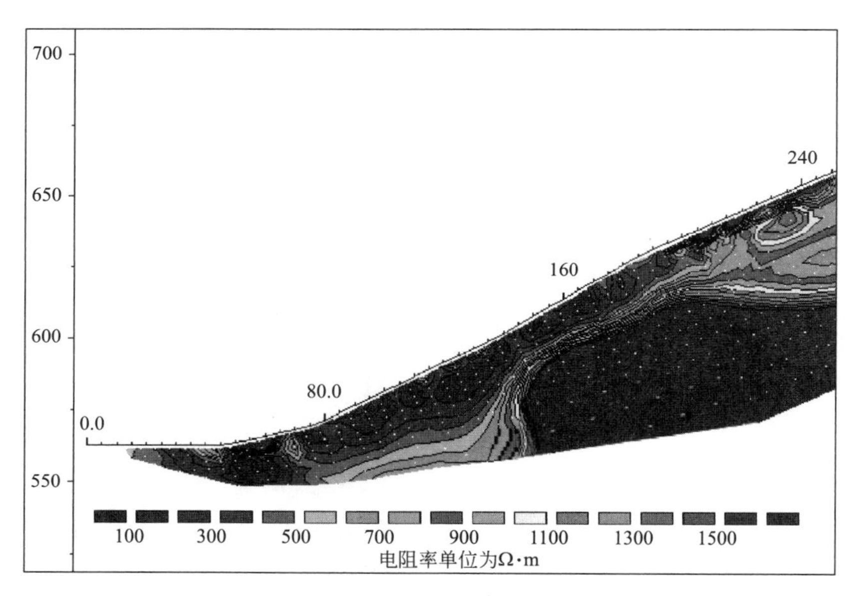

图 2-19　白河滑坡典型物探剖面图

因此，根据上述分析，确定滑动面位于基岩面上部与第四系残坡积物相接触的部位，白河滑坡为一典型的基覆型土石混合体滑坡。

2.3.6 滑带特征

钻孔资料揭露，白河滑坡滑带位于第四系残坡积物与强风化角闪片岩的接触地带，在受气候影响及水岩相互作用下形成明显的滑带。当钻孔进尺深度达 50m 时，岩芯呈完整长柱状，未发现有软弱结构面发育其中，对比滑坡前缘出露地层的岩层地质构造与钻孔勘察资料，白河滑坡不可能沿更深的基岩软弱结构面滑动。钻探、竖井所取岩芯均可见明显的滑动面和滑动擦痕（图 2-20、图 2-21）。钻孔和竖井资料表明，滑带厚度为 0.40～1.40m，平均厚度为 0.56m。滑带土为棕褐色粉质黏土或黏土夹角砾，砾石含量 13.4%～21.9%，磨圆度较好并可见擦痕现象。滑带土具有较大的湿度，呈湿-很湿、可塑-软塑状态，甚至呈流塑状态。对野外采取的 12 组滑带土进行室内土工测试试验，颗粒分析试验表明，滑带土粒组成分为：粒径 $d<0.075$mm 黏粒含量约为 7%，2～0.075mm 颗粒含量占 31%～39%，粒径 $d>2$mm 颗粒占 55%～61%。测试土的物理性质指标分别为：天然密度 $\rho=2.03\text{g/cm}^3$，干密度 $\rho_d=1.79\text{g/cm}^3$，颗粒比重 $G_s=2.72$，天然含水量 $\omega=13.5\%$，饱和含水率为 27.1%，饱和度 S_r 约为 77.1%，孔隙比 e 介于 0.5～0.64 之间，液限 $W_L=35.5\%$，塑限 $W_P=20.6\%$，塑性指数 $I_P=15$，液性指标数 I_L 介于 0.74～0.83 之间，呈可塑～流塑状态。

图 2-20　SJ3 竖井中揭露的滑动擦痕

图 2-21　SJ3 竖井中揭露的光滑滑动面镜面

2.3.7　滑床特征

据勘察资料，滑床平均埋深为 28m。滑床面较为平坦，总体上倾向基岩岩层倾向 26°～34°和坡向（35°）基本一致，倾角 18°～37°，前部切层，倾角为 18°，后部顺层，倾角渐变为 35°～37°。剪出口高程 553～557.6m，高于白河河床 5～7m。

滑坡滑床由上元古界宽坪群（Pt3k）角闪片岩和二云石英片岩组成，厚层状构造，发育两组裂隙，产状：125°∠72°、300°∠84°，呈碎块状及短柱状。勘察钻孔揭露角二云石英片岩顶面多数残留有少量灰白色角闪片岩，大部分滑床上部分布一层厚度为 0～7.651m 的角闪片岩，即滑床下部为石英片岩，上部为角闪片岩，二者呈正常整合接触，少部分滑床面直接为角闪片岩。滑床岩石风化程度较剧烈，在滑面附近角闪片岩多为强风化，极少为中风化。角闪片岩的力学强度较高，天然抗压强度一般大于 25MPa。

2.3.8 滑坡水文地质特征

现场勘察资料表明，滑坡区存在上下两套含水系统。以滑带及滑带以下角闪片岩顶板为界，滑坡松散堆积层中赋存孔隙潜水、滑床角闪片岩中赋存基岩裂隙水。滑坡发生前，坡体上部为块碎石夹粉质黏土构成的相对隔水层，下部角闪片岩为相对富水的承压含水层。滑坡发生后，由于滑体解体，形成了大量的裂缝，滑体的渗透系数远大于滑床角闪片岩裂隙渗透系数，潜水补给承压水。滑坡上部的粉质黏土夹碎块石土成为相对富水的含水层，岩土体结构松散，孔隙大，贯通性好，透水性强；而下部角闪片岩层裂隙受滑带土的阻隔，成为相对不富水层。基岩裂缝水赋存于下伏角闪片岩的裂缝中，地下水以脉状水流在裂缝中运移，接受大气降水补给，在地形低洼处或因片岩阻水而以泉水或漫渗方式溢出地表，角闪片岩中的夹层泥岩的相对隔水层作用使得在适当部位出现溢出泉。滑坡发育处基岩以角闪片岩为主，在外力作用下，挤压紧密，富水性较差，因此在下文的渗流模拟分析时，将其视为隔水层处理。大气降水主要对松散堆积层滑坡中的地下水进行不断的补给，由于坡体上发育着大量的积水洼地冲沟和裂缝，它们引发的地表水侧向渗透也是地下水的主要补给源之一。

受斜坡地形的控制，地下水水位线总体由坡顶向坡脚处依次降低，形成较为连续的水力梯降，最终汇入白河。但是受到滑坡后缘地形、滑面坡度、滑坡体裂缝发育密度和渗透性差异的影响，在滑坡体后部地下水水力梯度较大，流速较快，水位埋深较大；在滑坡体前部地下水水力梯度变小，流速减缓，水位埋深变浅，出现一定面积的积土洼地和湿地，剪缘剪出口一线是地下水的排泄带，汇入白河。

2.3.9 滑坡分区及变形特征

分析从老滑坡形成至今滑坡变形特征，将整个滑坡分区为：老滑坡区、滑坡复活区、潜在滑坡区、崩塌体、变形区以及坡体上的危石区。

（1）老滑坡区（Lhp）

该区分布在斜坡中下部（图 2-22），主滑方向 54°，前缘宽度约 125m，后缘高程 646m 左右，纵向长度约 141m，前缘剪出口高程 564m 左右。面积 16143m^2，滑体厚度 7～25m，平均按 15m 推算，体积 242145m^3。滑体物质为粉质黏土夹块石与碎石，块石大者直径 3～5m，棱角状，为角闪片岩。老滑坡区地形地貌形态清晰，呈洼地地形特征，后缘呈圈椅状且分布有陡坎。滑坡体上新增多条裂缝（图 2-22），尤以滑坡体舌部为多，裂缝由挤压作用形成，形成压性裂缝，呈扇形排列，使滑坡体前部向两侧扩散。典型裂缝如老滑坡复活区西侧裂缝 Lf-1，老滑坡复活区上部的道路上裂缝 Lf-3（图 2-23）及老滑坡区东侧裂缝 Lf-4（图 2-24）。裂缝长度等特征描述见表 2-5。其中 Lf-3 裂缝变形与错动最大。

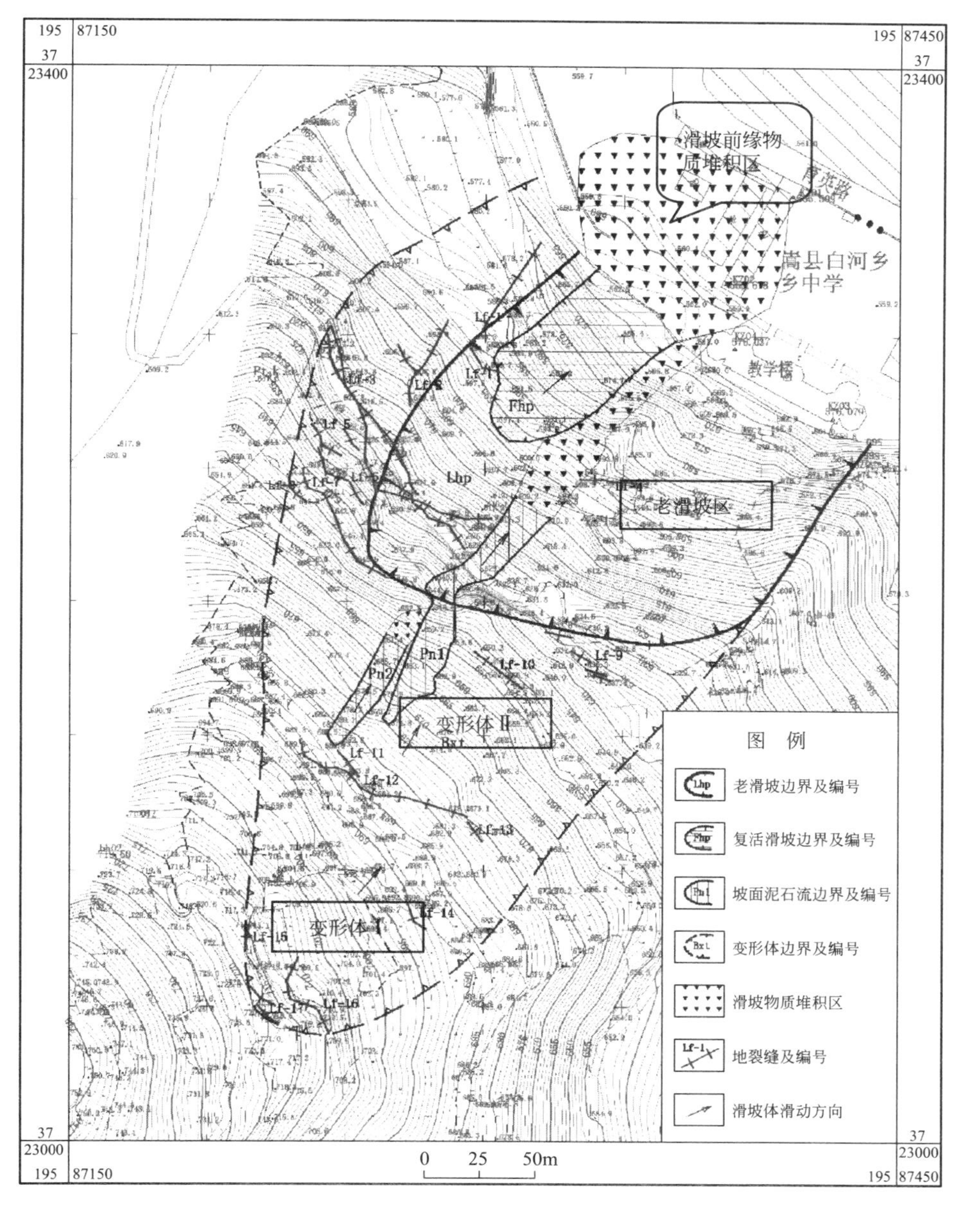

图 2-22　滑坡分区变形图

老滑坡区裂缝特征数值统计表　　　　**表 2-5**

裂缝编号	长度(m)	方向(°)	宽度(cm)	最大下错(cm)
Lf-1	19	95～150	5-70	60
Lf-3	70	120～320	8-45	200
Lf-4	20	90～95	5～20	5

图 2-23　裂缝 Lf-3 下错 1.5m

图 2-24　裂缝 Lf-4 宽度约 0.20m

（2）滑坡复活区（Hp1）

分布在斜坡的下部（图 2-25、图 2-26），主滑方向约 48°，纵向长 70m，宽约 40m，后缘高程约为 598m，前缘剪出口高程约为 566m，滑体厚度约 4m，体积约 9600m^3。滑坡后缘呈圈椅状，滑体前缘堆积杂乱，树木倾倒。滑坡向下滑移中毁坏水渠、乡初级中学围墙 70m、学校学生食堂山墙 1 处、房屋 2 间及教师办公楼窗户 2 处（图 2-27、图 2-28）。滑体为粉质黏土夹块石与碎石，块石大者直径约 2～3m，棱角状，为角闪片岩。滑带位于第四系土层内部，滑床为第四系土层，属于浅层滑坡。

图 2-25　Hp1 滑坡照片

图 2-26　滑坡前缘堆积体树木倾倒

（3）潜在滑坡区（Qhp）

此处发育 2 处新滑坡，即 Hp2、Hp3 滑坡（图 2-29、图 2-30）。

Hp2 滑坡分布在斜坡中部（图 2-29），整体主滑方向 38°，长约 100m，宽度约 8～15m，后缘高程约为 675m，前缘剪出口高程约为 610m，滑体厚度约 4m，体积约 4800m^3。滑体物质为粉质黏土夹块石与碎石，块石大者直径 2～4m，棱角状，为角闪片岩。滑带位于第四系土层内部，滑床为第四系土层，属于浅层滑

图 2-27　滑坡损坏学校食堂

图 2-28　教师办公楼窗户及玻璃遭受损坏

坡。类似于坡面泥石流形式。滑坡后缘呈圈椅状，滑坡物质一部分堆积在老滑坡体上，可见大块石堆积，块石直径一般为 1.00～3.00m，部分堆积物则在降水径流作用下流向水渠与学校院内。滑槽中也有滑体物质堆积，堆积杂乱，树木歪斜（图 2-31）。

图 2-29　Hp2 滑坡

图 2-30　Hp3 滑坡

Hp3 滑坡分布在 Hp2 滑坡西侧（图 2-30），整体主滑方向 40°，长约 45m，宽度约 8m，滑体厚度约 4m，体积约 $1440m^3$。后缘高程约为 683m，前缘剪出口高程约为 599m，滑坡后缘呈圈椅状，滑坡物质主要堆积在变形体上，可见块石与粉质黏土杂乱堆积。滑槽中也有滑体物质堆积，堆积杂乱，树木歪斜（图 2-31）。滑体物质为粉质黏土夹块石与碎石，块石大者直径约 2m，棱角状，为角闪片岩。滑带位于第四系土层内部，滑床为第四系土层，属于浅层滑坡。

（4）崩塌体

崩塌体分布于滑坡下部的东侧陡坎处（图 2-32），该陡坎高度约 10m，坡度约 60°，受强降水影响，陡坎发生崩塌，崩塌体上缘高程约 577m，底部高程约 565m，崩塌物质滚落方向近于 0°，崩塌区纵向斜坡长约 16m，宽度约 6m，厚度 0.20～0.50m，体积约 $30m^3$。

图 2-31　Hp3 滑坡前缘树木歪斜

图 2-32　陡坎处出现崩塌

（5）变形区（后缘裂缝发育区）

1）Bxt1

分布在潜在滑坡的中上部（图 2-30）。后缘高程约 690m，前缘高程受老滑坡复活区影响而有所变化，在西部，高程约 561m，中东部位于老滑坡区后缘。变形体变形方向约 30°。变形区面积 17627m^2，变形体厚度约 7～25m，按平均厚度 15m 来推算，体积约 264402m^3。变形体物质为粉质黏土夹块石与碎石。从滑体物质和探槽资料分析变形体直径约 2～4m，棱角状，为角闪片岩。

该处裂缝受拉剪切、张扭作用而成，由下滑坡体与两侧不动体间发生剪切位移而形成。相对滑移时，形成剪力区并出现剪裂缝，两边通常伴有羽毛状裂缝。变形体主要变形特征为：变形体位于老滑坡复活区的西部，出现 Lf-1、Lf-2 裂缝，老滑坡西北部出现 Lf-5～Lf-8 共 4 条裂缝，裂缝 Lf-5 变形明显，下错量较大（图 2-33），同时又派生一条裂缝。该裂缝西侧边界明显（图 2-34）。东部也出现两条裂缝，即 Lf-9、Lf-10，尤其是 Lf-9，有 4 条裂缝呈平行燕状排列；该变形区上部也出现三条裂缝，Lf-11、Lf-12 与 Lf-13。变形体后缘呈弧形展布。裂缝长度等特征数值见表 2-6。

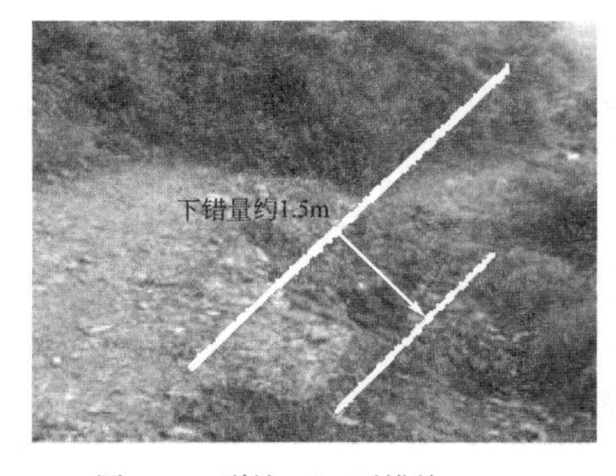

图 2-33　裂缝 Lf-5 下错约 1.50m

图 2-34　裂缝 Lf-6 西侧边界

Bxt1 变形体裂缝特征数值统计表　　表 2-6

裂缝编号	长度(m)	方向(°)	宽度(cm)	最大下错(cm)
Lf-1	40	210	5～70	60
Lf-2	50	210	20～45	40
Lf-5	16	145	5～20	50
Lf-6	28	150～350	5～20	20
Lf-7	53	120～350	5～40	100
Lf-8	10	129	6	30
Lf-9	10	110～120	6	5
Lf-10	7	125	5～32	18
Lf-11	12	140	5～40	70
Lf-12	70	110～340	5～40	70
Lf-13	10	150	10～30	40

2）Bxt2

分布于潜在滑坡的上部（图 2-30）。斜坡坡体发育 4 条典型裂缝，构成变形体。变形体后缘高程约 720m，前缘剪出口位于 Bxt1 变形体后缘。变形体变形方向约 40°。变形区面积 6656m^2，变形体厚度约 7～25m，按平均 15m 推算，体积约 99840m^3。

变形体组成为粉质黏土夹块石与碎石。据钻孔和探槽资料分析，块石大者直径约 2m，棱角状，岩性为角闪片岩。四条典型裂缝 Lf-14、Lf-15、Lf-16、Lf-17（图 2-35～图 2-38），分布在变形体上部，变形体后缘呈弧形展布。裂缝特征统计见表 2-7。

图 2-35　裂缝 Lf-14 呈燕状排列

图 2-36　变形体后缘裂缝 Lf-15

图 2-37　裂缝 Lf-16 宽度 0.05m 左右

图 2-38　裂缝 Lf-17 下错 0.05m

Bxt2 变形体裂缝特征数值统计表　　　　**表 2-7**

裂缝编号	长度(m)	方向(°)	宽度(cm)	最大下错(cm)
Lf-14	12	125～340	2～15	60
Lf-15	6.5	185	5～10	45
Lf-16	37	120～210	5～55	48
Lf-17	10	130～150	20～40	52

（6）危石区

斜坡多处发育大的块石，最大块石体积约 1282m^3，一般为 60～630m^3。块石嵌入地面以下，滑坡未发生前处于基本稳定状态。由于斜坡目前处于不稳定状态，块石随时可能发生滚动形成危石（图 2-39、图 2-40），从而给乡初级中学及白河街村民的生命和财产造成威胁。

图 2-39　滑坡体上存在危石

图 2-40　滑坡体上存在的危石

2.4　白河滑坡渐进破坏特征分析

2.4.1　滑坡渐进破坏变形特征

白河滑坡为一大型古基岩滑坡，历史上已发生过滑动。由于人类工程活动，开挖坡脚，破坏了斜坡的天然平衡条件，为上部岩土体的下滑提供了空间。另外，受2010年7月3日至24日降水（降水量累计612.4mm）影响，斜坡岩土体多处开裂，部分岩土体失稳，造成多处岩土体滑移；在降水作用下，降水入渗到基岩面，因基岩渗水能力差，沿基岩面流动，造成基岩面一带的粉质黏土力学强度降低，在岩土体自重、地下水孔隙水及渗透压力作用下，第四系土体沿基岩面向下滑动。根据监测资料和调查资料统计，滑坡在降雨前，月平均位移速率大于5.1mm，年增量位移接近50mm，已经出现显著的宏观变形，导致滑坡后缘出现大量拉裂缝，在降雨的作用下，变形突然加剧，导致坡体下滑，古滑坡部分复活。

1. 白河古滑坡的形成

据相关记载，白河古滑坡走向与河流走向和主体构造走向大体一致，岩层经历过强烈的构造挤压，十分破碎，且总体产状为向山体外倾斜，构成坡体的岩体中含有大量的软化夹层。白河滑坡隶属嵩县地区，该地区地形复杂，小气候发育，年最大降雨量为1101.7mm，年最小降雨量为489.6mm。降雨量还呈现年际分配不均，6～9月降雨量较为集中。2003年6～10月降雨量为879.9mm，占全年降雨量的79.87%。该区新构造运动强烈，阶地不发育，河水下切剧烈，形成“V”字形谷坡，山体西南侧可见四级阶地残迹，不远处曾爆发过泥石流，形成的洪积扇使河水强烈冲刷坡体坡脚，使坡体堆积物囤积白河。

综上所述，白河古滑坡是在不良的地质条件，丰沛的降雨及强烈的河岸冲刷等因素共同作用下产生的；不良的地质条件形成滑坡的岩体结构和坡体物质；丰沛的降雨不仅可加速破碎岩体的风化和软弱岩层的软化、泥化，还能使坡体中贮存大量地下水，并进而产生不利于斜坡稳定的静、动水压力；白河对坡脚的冲刷则直接导致表层岩体松弛，节理裂隙进一步张开，表水更易下渗，逐渐在松弛带底面形成滑面，岩土体不断蠕滑，进而形成白河古滑坡。

2. 白河古滑坡的复活

白河古滑坡形成后，下部坡体安息稳定，在重力等长期作用下，后缘岩土体多处开裂，形成后缘拉张裂缝。裂缝长度150～300m，张开度为20～55cm，方向与滑坡壁吻合或大致平行。受2010年7月1日16时强降雨的影响，截至7月3日20时，连续降水量194.7mm（表2-8），尤其是2日8时～3日8时，日降水量156.5mm，最大6小时降水量为60mm。雨水渗入原老滑坡形成的拉裂缝中，原地表裂缝复活，并有新的变形扩展迹象，滑体后缘及两侧出现羽状裂缝，并逐渐扩展，趋于连通，呈现整体滑移的边界。随滑体向前滑动，抗滑体阻挡后部变形的发展，坡体则以鼓胀的形式协调后部变形，在地表形成隆起带或滑坡鼓丘，鼓胀部位地表拉应力集中，沿顺坡向形成放射状张裂缝，横向上受弯形成横向张裂缝。随着雨水进一步渗入，裂缝形成弧形状拉裂圈，并急剧加长，增宽下沉，新裂缝不断产生于变形体内。随着滑带的贯通，滑体舌部顺方向产生压应力集中，挤压作用使滑体前缘向两侧扩散，形成压性裂缝，呈扇形排列。裂隙产生后，致使滑体局部有小的隆起与沉陷变形，滑体后部拉张下沉，前缘坡脚出现剪鼓胀异常，滑体后部大幅度沉陷，前缘崩滑日夜不断，频次渐高，且规模不断扩大。地表裂缝的发生、发展与降雨几乎同步，剪体剪出口附近水位异常，湿地面积不断增大，剪坡日甚一日，促使古滑坡的局部复活。

2010 年 7 月白河乡白河街村降水量统计表　　表 2-8

日期	降水量（mm）	日期	降水量（mm）	日期	降水量（mm）	日期	降水量（mm）
1		9	5	17	3.7	25	102.9
2	26.7	10	10	18	30.3	26	10
3	156.5	11	2	19	76.1	27	
4	11.5	12		20	4.3	28	
5		13		21		29	
6		14		22		30	
7		15		23	18.2	31	
8		16	18	24	138.9		

2.4.2　白河滑坡渐进破坏的影响因素分析

嵩县白河滑坡是受 2010 年 7 月强降雨影响诱发的上部顺层、下部微切层的大型古基岩滑坡。白河滑坡的发生是其独特内外因共同作用的结果，坡体临空、岩层产状上陡下缓、顺向坡地质结构、岩性软硬相间、棋盘格式的裂缝网络、不良的地表排水条件等为内因，长期持续的强降雨渗入则是其外部诱因。斜坡变形破坏模式属于孔隙水压力诱发的推落式地质模式，强降雨是滑坡的触发因素。

1. 地形地貌的影响

地形地貌特征对滑坡影响表现在：①滑坡发生于三面临空的斜坡部位，除北东方向延伸较远之外，西南侧被白河河谷切割，无侧向约束，北侧为乡镇教学楼，三面临空的地貌条件为斜坡发育提供了有利地形；②滑坡区的地貌单元属中、低山区，地形多为深切割或强切割高山陡坡深谷，斜坡坡度一般在34°左右，陡坎较多，为斜坡的变形提供了空间；③斜坡上农田分布面积大，冲沟不发育，不利于地表水排泄，从而为地表水的入渗创造了条件。

2. 岩性组合

滑坡体物质的组成主要是第四系残坡积物质，主要岩性为粉质黏土夹碎块石，块石直径约1～4m，结构松散，裂缝发育，有利于降水渗入，工程地质力学强度低，同时亲水性物质含量高，遇水极易软化；滑动带分布于松散覆盖层与强风化角闪片岩的接触面上，岩层软硬相间为底滑面形成创造了条件。

3. 坡体结构的影响

白河滑坡渐进破坏形式与其坡体结构，尤其是滑动面的形态具有较好的对应关系。白河滑坡滑面呈上陡下缓两段复合式滑面，为推移渐进式滑坡。滑体中后部长度较大、倾角陡、牵引段短小，滑坡中前部存在一段较长的抗滑段，抗滑段滑面倾角平缓甚至略有反倾，并且厚度较大。白河滑坡的滑面结构，导致滑坡不同部位的受力状态不同，从而造成斜坡岩土体应力场分布不均，呈现局域性的应力集中，斜坡岩土体呈现蠕滑-拉裂力学模式。变形演化形式为：①表层蠕滑。岩层向下滑曲，后缘受拉产生较大的拉应力集中。②后缘拉裂。由于坡体后缘发育软弱结构面的形态陡、倾角大，致使后缘拉裂缝不断扩展，以致拉裂破坏，坡体中的应力集中带从后缘转移到剪切滑动带上，使滑面最大剪应力区的剪切位移大大增加。③受剪切扰动的影响，坡体中部应力集中在受剪切扰动作用下发生扩容，潜在剪切面不断增大，当变形增加到一定程度时，坡体下半部分开始出现隆起。伴随着前缘的隆起变形，下错量的增大，整个变形区域以滑坡前缘为旋转轴发生转动，造成后缘的明显下错变形，拉裂缝的长度和深度进一步增大，上部拉裂面在后缘的转动剪切作用下由开启转为慢慢闭合，产生与前一阶段相反的剪切错动，一旦剪切面被剪断贯通，滑坡发生。由此可知，在滑坡变形过程中，由于坡体结构变化而造成的斜坡地应力场不均匀分布，也是白河滑坡产生渐进破坏的内因之一。

4. 构造条件的影响

白河滑坡地层坡总体向白河缓倾，呈单斜构造，在滑坡剪出口处地层倾角缓，由坡顶到坡脚，倾角从大到小发生渐变（37°→18°），形成典型的“靠背椅状”顺向坡地质结构，坡体中发育的软弱岩层在滑坡蠕滑时发生重剪破坏，加之风化营力的作用，形成分布连续、性状较差的剪切滑动带，为斜坡岩体重力式下滑“底滑面”的形成奠定了基础；并且滑坡的侧缘、后缘切割边界裂缝也极易在基岩的裂缝挤压、扩展情况下形成，并为坡体下部“微切层”段“滑动带”的形成与贯通提供了前提。

5. 持续的降雨的影响

古滑坡部分复活，发生于 2010 年 7 月，正值雨季，7 月 3 日～24 日降水（降水量累计 612.4mm）与历年同期相比增加 55mm。降雨入渗对滑坡的发生起到重要作用，主要表现在：①降雨除产生坡面径流外，有相当部分渗入到土体中，加大了坡体重量，增加了下滑力；②降雨入渗到角闪片岩隔水岩面时，将在这里聚集，使这里的物质软化甚至泥化，降低了摩阻力，形成滑面或滑带；③坡体中孔隙水压力增加从而使有效应力降低，最终导致滑带摩阻力降低；④充斥于滑坡裂缝中的地下水对坡体产生静水压力，使下滑力增大；⑤滑体部分或全部饱水后，地下水将对滑坡产生浮力，降低滑体对滑床的正压力，使滑面摩阻力下降。因此，降雨是诱发滑坡的主要因素。

6. 河水冲刷与掏蚀作用

滑坡体前缘受白河河水的侧向冲刷和掏蚀作用，致使滑坡前缘岸坡坍塌，不仅降低滑坡前缘土体的支撑和阻滑作用，同时增加了滑坡滑动的临空面，形成剪出口，为滑坡剪切破坏提供了有利条件，从而引发了古滑坡的复活。

7. 人类工程活动

坡脚的开挖可造成古滑坡的复活。白河滑坡前缘正下方为一处教学楼，滑体下游临空，人类工程开挖改变了滑坡的荷载状态，加速了滑坡变形破坏；同时农田灌溉用水以及居民生活用水入渗补给滑坡地下水位，不利于滑坡的稳定。

上述滑坡渐进破坏的影响因素中，地形地貌、坡体结构、岩层组合、地质构造为其内因；降雨的影响、河水冲刷与掏蚀作用和人类工程活动为其外因。

2.4.3 白河滑坡渐进破坏成因分析

滑坡是一个复杂的动力学系统，其变形受内外因素的影响，白河滑坡具有“推落式”力学性质与特点，表现在以下方面：

（1）坡形的改变，引起坡体内部应力分布的变化。滑坡受白河的冲刷和淘刷，使岩坡外形发生变化。当侵蚀切露坡体底部的软弱结构面，使坡体处于临空状态，失去原有的平衡，最后导致破坏。学校的建设，人工削坡，切露了控制斜坡稳定的主要软弱结构面，形成或扩大了临空面，使坡体失去支撑，导致坡体的变形破坏。

（2）斜坡岩土体力学性质的改变。斜坡受 2010 年 7 月 3 日～24 日降水影响，水的浸湿作用对斜坡的失稳的贡献较大。滑坡上覆地层岩性为粉质黏土加碎块石，孔隙大。室内土工试验表明，粉质黏土中亲水性矿物较多，浸水后易软化、泥化或崩解，导致斜坡变形与破坏。另外，已排水固结而处于稳定的滑床面，水再次入渗也会恢复滑动，地下水的渗流造成结构面的潜蚀。在降雨入渗的影响下，地下水位抬升，滑带土强度参数下降幅度很大，稳定性大大降低。该滑坡区基岩地层缓，在天然状态下粉质黏土夹碎石土强度较高，能够保持稳定，但在降雨入渗的影响下，粉质黏土夹碎石层强度下降很大，会沿着该软弱层发生蠕滑，该区滑坡形成和发展过程为：滑坡区前缘临空面形成→降雨作用下软弱夹层强度降低→滑坡区中前部岩土体蠕滑出现拉裂缝，发生滑动或滑移，出现陡坎，为中后部提供失稳发展的临空面。

（3）降雨入渗产生的动静水压力作用。持续的降雨作用，使坡体上棋盘式裂缝充水，使斜坡不透水的结构面上受到静水压力（渗透压力或扬压力）的作用，它垂直于结构面而作用于坡体上，削弱了该面上所受滑体重量产生的法向力，从而降低了抗滑阻力。另外，由于降雨冲刷，动水压力的存在，也增加了沿渗流方向的滑坡推力。

（4）坡体发育于“靠背椅状”顺向坡地质结构。滑坡的“动力”主要源自坡体中上部“下滑段”的推动、下部“阻滑段”自重“丧失”、抗滑力“损失”。

（5）从滑坡整体来看，滑坡区存在层间错动带和前缘缓倾角裂缝性断层，这些因素会使滑坡区形成贯穿滑动面，持续的降雨不断入渗滑体内，渗透水压力不断增大，对坡体起平推作用。

2.5　白河滑坡渐进破坏机制分析

根据白河滑坡变形破坏特征及渐进破坏成因分析，白河滑坡渐进破坏机制可总结为：滑坡中后缘变形体分布棋盘状拉裂缝，前缘白河的冲刷，随河谷下切、风化裂缝、卸荷裂缝及河流侵蚀等的表生改造作用，坡体结构不断发生变化，坡体内应力场不断调整，斜坡表面的主应力迹线发生明显偏转。由于应力分异的结果，在坡面处产生应力集中带，表现为坡顶出现拉应力，坡脚出现剪应力。与一般人工边坡有所不同，白河南山斜坡形成于漫长的地质年代中，在没有经受外部较大荷载的冲击影响作用下，斜坡中的应力场在长期的地质时期中已经完成调整并处于长期的自然稳定平衡状态，只是受2010年7月大暴雨作用老滑坡局部地段开始复活，出现局部范围内的滑塌。在持续的降雨作用下，滑坡原有的后缘拉张裂缝饱水，雨水下渗使原来的地下水位上抬，造成坡体中原有的渗流发生明显地改变，加之坡体覆盖层土体因饱水容重增加，从而斜坡的重力场也发生了改变。这两方面的原因引起斜坡天然应力场的变化，受坡形影响，位于应力集中地段的滑面剪应力可能会到达到甚至超过斜坡岩土体的峰值抗剪强度，其次在水的软化作用下，坡体中的软弱夹层（滑带）亲水性较强，由于存在易溶于水的矿物，浸水后发生崩解泥化，进而软化破坏，或者由于岩土体的流变性质，滑带土受重力及动静水压力的作用而发生蠕动，达到并超过其长期强度而破坏。位于应力集中地带的岩土体失稳后，地面出现明显的宏观变形（比如地面沉降、陡坎及凹陷等），土体的抗剪强度随变形量的不断增大而进一步降低，岩土体的抗剪强度和承载力不断下降，超过其承载能力的应力发生释放并向临近区域转移，导致其临近区域承受的应力增加。同时由于宏观变形的出现，造成滑坡中后部地表出现大量拉张裂缝，降雨或地表水沿后缘滑体裂缝进入坡体直至入渗到滑床接触面处，一方面使坡体内的动静水压力显著增加，导致已破坏区域及其临域承受的应力继续增加，另一方面使这些部位的岩土材料强度降低得更为充分，加剧其变形发展。在裂缝水压力和渗透力的作用下，前缘的蠕变变形不断增加，蠕变积累到一定程度后，局部会发生滑移，使临空面不断扩大，进而发生整体滑动。其渐进破坏机制具体阐述如下：

（1）白河街村南山滑坡前缘为白河，水流的不断下切作用对斜坡岩土体冲刷潜蚀，坡体前缘临空，起初残坡积物很薄，在连续降雨的作用下，残坡积物不会发生滑动，下部基岩受水浸泡软化，向临空面方向发生蠕滑变形，因蠕滑-拉裂作用滑坡后缘逐渐出现一系列棋盘式拉张裂缝，古滑坡逐渐复活。

（2）当蠕滑变形发展到一定程度，滑坡后缘粉质黏土夹碎石层就会出现一系列较大的拉张裂缝，在裂缝水压力及岩层软化的共同作用下，附近的岩土体会出现突然下滑，裂缝下错量增大，表现出明显的水平和竖向位移，形成陡坎。

（3）滑坡后缘粉质黏土中拉张裂缝出现后，受强降雨影响，拉张裂缝中就存在静水压力。在裂缝水压力和渗透压力的共同作用下，坡体的蠕变变形不断增加，蠕变积累到一定程度后，局部会发生滑移，推动坡体向前蠕变发展，在滑移部位会出现相对的滑床凹地，相对滑移时，形成剪力区并出现剪裂缝，两边通常伴有羽毛状裂缝。滑床凹地中角闪片岩直接裸露在地表，其风化剥蚀作用大大增强，残坡积物被地表水带走，凹地形越来越明显。

（4）滑坡中后缘的岩土体在后缘岩土体蠕滑后，由于后缘架空，也随之出现剪切变形，不断滑动推挤下部岩土体向前发展。坡脚处岩土体不断向前缘凹地堆积，已滑落至河床沟谷中的石块和松散堆积层被水流携带至白河中，斜坡长期在降雨的影响作用下，坡体中力学性能较差的软弱夹层蠕滑位移不断增大。同时，在风化营力作用下，表层角闪片岩风化不断加剧成为黏土而滑入凹谷，前缘滑坡剪出口处松散堆积体厚度不断加大，前缘形成放射状的扇形裂缝，雨水渗入，土体重度增加。一方面，凹地以下软质土体发生弯曲变形，变形产生于上覆厚层土体自重的增加，局部基岩地层出现缓倾角的反翘，此时滑坡阻滑段形成；另一方面，凹地中堆积体受到深入河谷中的基岩的阻碍作用而停止滑动。

参考文献

[1]　杨成祥，冯夏庭. 滑坡非线性演化行为的自组织进化识别 [J]. 岩石力学与工程学报，2005，24（06）：911-914.

[2]　许强，汤明高，徐开祥等. 滑坡时空演化规律及预警预报研究 [J]. 岩石力学与工程学报，2008，27（06）：1104-1112.

[3]　徐邦栋. 滑坡分析与防治 [M]. 北京：中国铁道出版社，2001.

[4]　王恭先. 滑坡与滑坡防治技术 [M]. 北京：人民交通出版社，2004.

[5]　徐邦栋等. 滑坡防治 [M]. 北京：人民铁道出版社，1977.

[6]　李智毅，杨裕云. 工程地质学概论 [M]. 武汉：中国地质大学，1994.

[7]　徐邦栋. 滑坡分析与防治 [M]. 北京：中国铁道出版社，2001.

[8]　黄润秋. 论滑坡预报 [J]. 国土资源科技管理，2004（6）：15-20.

[9]　黄润秋，许强，李秀珍等. 滑坡时间预测预报研究及其信息系统开发 [R]. 三峡库区常见多发型滑坡预测模型建立及预报判据研究成果报告六，2007，7.

[10]　秦四清. 斜坡失稳过程的非线性演化机制与物理预报 [J]. 岩土工程学报，2005，27（11）1241-1248.

[11]　晏同珍，杨顺安，方云著. 滑坡学 [M]. 武汉：中国地质大学出版社，2003.

[12]　李远耀. 三峡库区渐进式库岸滑坡的预测预报研究 [D]. 博士学位论文. 中国地质大学，2010.

[13]　王恭先. 中国铁道科学的进步与发展 [C] //铁道部科学研究院50周年论文集. 北京：中国铁道出版社，2000.

[14]　徐邦栋，王恭先. 几类滑坡的发生机理 [C] //滑坡文集（第五集）. 北京：中国铁道出版社，1986.

[15]　张卓元. 工程地质分析原理 [M]. 北京：地质出版社，1891.

[16]　沈珠江. 理论土力学 [M]. 北京：中国水利水电出版社，2000.

[17]　Dearman. W. R. Description and classification of weathered rocks for engineering purposes：the Background to the BS5930：1981 proposals [J]. Quarterly Journal of Engineering Geology and Hydrogeology，1995，28（3）：267-276.

[18]　Hencher S R，and Martin R P. The description and classification of weathered rocks in Hong Kong for engineering purposes [C] //Proceedings of the 7th south east Asian Geotechnical Conference，Hong Kong，1982，1：125-142.

[19]　E. Medley. Using stereological methods to estimate the volumetric proportions of blocks in mélanges and similar block-in-matrix rocks（bimrocks）[C] //7th IAEG Congress，Lisboa，Portugal，1994：1031-1040.

[20]　Edmund Medley. Then engineering characterization of melanges and similar Rock-in-Mixtrix Rocks（Bimrocks）[D]. University of California at Berkeley，1994.

[21]　油新华. 土石混合体的随机结构模型及其应用研究 [D]. 博士学位论文. 北京交通大学，2001.

[22]　李晓，廖秋林，赫建明等. 土石混合体力学特性的原位试验研究 [J]. 岩石力学与工程学

报，2007，26（12）：2378-2384.

［23］ 徐文杰.土石混合体细观结构力学及其边坡稳定性研究［D］.博士学位论文.中国科学院地质与地球物理研究所，2008.

［24］ 王宇，李晓.土石混合体损伤开裂计算细观力学探讨［J］.岩石力学与工程学报，2014，33（a02）：4020-4031.

［25］ 熊炜，秦巴山区软弱变质岩浅表层滑坡成因机理研究［D］.博士学位论文.长安大学，2012.

第3章 可靠性理论及模糊数学理论简介

岩土工程问题一般既包含随机性，又包含模糊性，所以有必要将随机性与模糊性分析方法相结合来研究岩土问题。一开始，人们只是将这两种分析方法简单的结合，在2000年前后形成模糊随机理论和随机模糊理论两门新学科。模糊随机理论是以模糊性观点分析随机现象；而随机模糊理论则以随机观点研究模糊现象。两者虽有侧重点，但其密不可分，因此，在本书中将它们统称为模糊随机分析方法。

3.1 可靠性理论简介

在滑坡工程的长期实践中，稳定系数法被广泛采用，通常规定滑坡稳定系数 $F_S>1$ 为可接受阀值。但是，实际的工程实践中，常常出现 $F_S>1$ 的滑坡失稳破坏，而 $F_S<1$ 的滑坡却能长期保持稳定，未曾发现失稳迹象。造成这一结果的原因在于滑坡作为一个地质系统，系统中包含了多种不确定性的因素（如空间上、数据统计上及地质条件等）。空间不确定性因素主要指滑坡发育的地形地貌、地质特征、地下水、岩性及地层的空间变异性等；数据不确定性有岩土体样本统计、物理力学性质、工程性质及人为操作上的误差等不确定性；环境地质条件如外荷载、地震作用、孔隙水压力等的不确定性。正是由于岩土工程中大量不确定性因素的存在，可靠性理论在第二次世界大战期间开始被应用到岩土工程中去。从1972年开始，每四年一届的统计学和概率论在土工和结构工程方面应用的国际学术会议，对推动岩土工程中的可靠度研究起到了很大的作用，在岩土工程方面较早论述的可靠性理论有：Harr[1]、Whitman[2]、Pine[3]、Tyler[4] 等、Hatzor 和 Goodman[5]、Carter[6] 等，他们应用可靠性理论分析了地下水采矿和土木工程中遇到的一些问题。可靠度分析的好处是对影响稳定系数的每个因子均可根据各自包含的不确定性予以适当考虑。20世纪90年代，美国科学院下属的美国科学院研究委员会（National Research Council）的“岩土工程减灾防灾可靠度分析方法研究委员会”在其研究报告中指出“可靠度方法，如果不是把它作为现有传统方法替代物的话，确实可以为分析岩土工程中包括的不确定性提供系统的、定量的途径[7]。在工程设计和决策中，用这一方法

来定量地驾驭和分析这些不确定性因素尤为有效。”国际标准化组织岩土工程技术委员会（ISO/TC182），将极限状态设计原则和分项系数法引入国际标准中，并对可靠度指标 β 的取值作了相应的规定，这意味着岩土工程可靠性分析迈进实用工程阶段[8]。

滑坡工程可靠性分析的基本原理可归纳为：在实地工程地质调查分析的基础上，总结滑坡的变形特点及成因机制，对滑动模式作出正确的判断，选取科学合理的概率分布函数，视各种不确定性因素（如滑坡几何参数、荷载、岩土体的物理力学参数及地下水等）为基本随机变量，按照破坏法则，构建滑坡破坏的数学模型，选取科学合理的可靠性评价手段，对滑坡的稳定可靠性作出评价，并对其发展趋势作出预测，从而为工程决策提供客观可靠的依据。

3.1.1 极限状态方程

在对滑坡的稳定性进行分析时，不论是确定性分析与否，建立与实际滑坡相对应的数学模型是关键问题所在。滑坡的稳定状态实质上取决于坡体抗滑力 R 与作用在坡体上的下滑力 S，R、S 受多种因素的影响，可将滑坡的客观状态以状态函数（功能函数）的形式表示为：

$$Z=G(R,S)=g(x_1,x_2,\cdots,x_n) \tag{3-1}$$

式中：x_1，x_2，…，x_n 为基本随机变量，它们均是与滑坡抗力和滑坡下滑力相关的因素，因为 x_1，x_2，…，x_n 都为基本随机变量，所以状态函数是基本随机变量，如岩土体强度、荷载等的函数。对滑坡工程来讲，倍受关注的问题是在多种影响因素共同作用下，坡体能够保持稳定状态而不失稳的能力。由式(3-1)可知稳定极限状态方程为：

$$Z=G(R,S)=g(x_1,x_2,\cdots,x_n)=0 \tag{3-2}$$

在滑坡稳定性评价领域，当 $Z=0$ 时将滑坡视为由稳定到破坏的临界状态；当 $Z>0$ 时将视滑坡为稳定状态；当 $Z<0$ 时将视滑坡为破坏状态考虑[9]。

3.1.2 可靠指标与破坏概率

滑坡可靠性分析中，滑坡的稳定性评价可用三个量度尺度来评判。

（1）可靠概率 P_s，又称稳定性概率，是滑坡能完成预定功能、保持安全稳定的概率。

（2）破坏概率 P_s，指滑坡不能完成预定功能而发生失稳破坏的概率，且有 $P_f=1-P_s$。

（3）可靠性指标 β，它是滑坡功能函数均值 μ_Z 与标准差 σ_Z 二者的比值，在正态空间 Ω，N（μ_Z，σ_Z^2）内，有 $P_f=1-\phi(\beta)$，式中 $\phi(\cdot)$ 为标准正态算子。

在滑坡的破坏概率评判中，可用三个等价的概率事件来表示滑坡的破坏概率，即：

$$P_f = P((R-S)<0) = P\left(\frac{R}{S}<1\right) = P\left(\ln\frac{R}{S}<0\right) \tag{3-3}$$

下面用滑坡工程可靠性评价常用的安全余量状态函数 $Z=R-S$ 来介绍可靠指标的计算过程。式中的 Z 即为安全储备，它是 R 和 S 的线性函数[10,11]。图 3-1 表示 Z 的分布，$Z>0$ 则安全，$Z<0$ 则破坏。破坏概率 $P_f=P$（$Z<0$）的值等于阴影部分的面积。正如上文所述，可靠指标 β 为安全储备的均值与标准差的比值，或安全系数储备变异系数的倒数：

$$\beta=\mu_Z/\sigma_Z \tag{3-4}$$

式中，μ_Z 为安全储备均值；σ_Z 为安全储备标准差，定义如下：

$$\mu_Z=\mu_R-\mu_S,\ \sigma_Z=\sqrt{\sigma_R^2+\sigma_S^2} \tag{3-5}$$

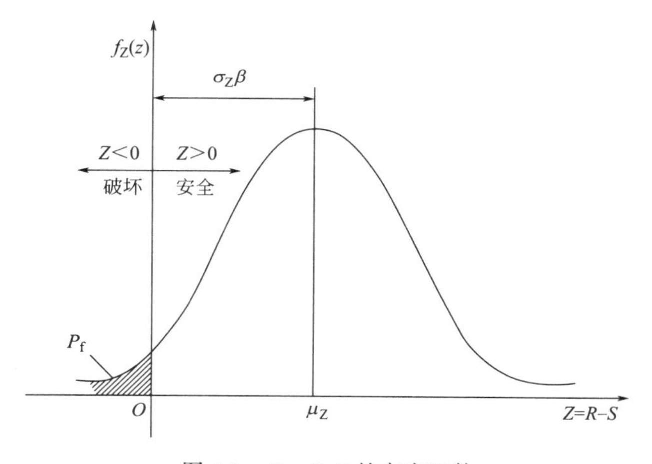

图 3-1　$Z=R\text{-}S$ 的密度函数

设 Z 的密度函数为 $f_Z(z)$，则破坏概率为：

$$P_f=P(Z<0)=\int_{-\infty}^{0} f_Z(z)\mathrm{d}z=\int_{-\infty}^{0}\frac{1}{\sqrt{2\pi}\sigma_Z}\exp\left[-\frac{1}{2}\left(\frac{x-\mu_Z}{\sigma_Z}\right)^2\right]\mathrm{d}z \tag{3-6}$$

引入标准化变量 t（即作变量代换 $\mu_t=0$，$\sigma_t=1$）：

$$t=\frac{z-\mu_Z}{\sigma_Z},\ \mathrm{d}z=\sigma_Z\mathrm{d}t \tag{3-7}$$

当 $z=0$ 时，$t=-\mu_Z/\sigma_Z$；$z\to-\infty$时，$t\to-\infty$，所以上式可变为

$$P_f=\int_{-\infty}^{-\frac{\mu_Z}{\sigma_Z}}\frac{1}{\sqrt{2\pi}}\exp\left(-\frac{1}{2}t^2\right)\mathrm{d}t=\phi(-\beta) \tag{3-8}$$

3.2 模糊集合论基础

3.2.1 模糊集合的概念

1. 模糊集合和隶属函数的定义[12-14]

在经典集合中，元素属于或不属于一个集合是明确的。模糊集合则认为，元素可以在某种程度上属于一个集合，属于的程度用［0，1］之间的一个数来表示，称之为隶属度（grade of membership）。

设论域U中的模糊集合$\tilde{A}$是以隶属函数（membership function）$\mu_{\tilde{A}}$为表征的集合，即：

$$\mu_{\tilde{A}}: U \to [0, 1] \tag{3-9}$$

对任意$u \in U$，有$\mu \to \mu_{\tilde{A}}(u)$，$\mu_{\tilde{A}}(u) \in [0,1]$，称$\mu_{\tilde{A}}(u)$为元素$u$对于$\tilde{A}$的隶属度，它表示$u$属于$\tilde{A}$的程度。为了书写方便，作以下约定：

$$\mu_{\tilde{A}} = \tilde{A} \quad \mu_{\tilde{A}}(u) = \tilde{A}(u) \tag{3-10}$$

通常$\tilde{A}$表示模糊集合，$\mu_{\tilde{A}}$用以描述$\tilde{A}$的隶属函数，含义上有区别，但它们一一对应，因此可互相代替。

2. 模糊集的表示方法

（1）Zadeh表示方法

$$\tilde{A} = \frac{\tilde{A}(u_1)}{u_1} + \frac{\tilde{A}(u_2)}{u_2} + \cdots + \frac{\tilde{A}(u_n)}{u_n} \tag{3-11}$$

式中，$\frac{\tilde{A}(u_i)}{u_i}$表示元素$u_i$与它对$\tilde{A}$的隶属度的对应关系；“+”只表示一种连接符，不表示分数求和。

（2）序偶表示法

$$\tilde{A} = \{(u_1, \tilde{A}(u_1)), (u_2, \tilde{A}(u_2)) \cdots (u_n, \tilde{A}(u_n))\} \tag{3-12}$$

（3）向量表示方法

$$\tilde{A} = \left\{\frac{\tilde{A}(u_1)}{u_1}, \frac{\tilde{A}(u_2)}{u_2} \cdots \frac{\tilde{A}(u_n)}{u_n}\right\} \tag{3-13}$$

（4）无限集表示方法

$$\tilde{A} = \int_U \frac{\tilde{A}(u_i)}{u_i} \tag{3-14}$$

式中，$\int$不表示积分，只表示无限个元素的合并。

3. 模糊集的几个定义

（1）模糊幂集

论域U中模糊子集的全体，称为论域U的模糊幂集，记为$F(U)$，即：

$$F(U)=\{\widetilde{A} \mid \widetilde{A} \in U \rightarrow [0,\ 1]\} \tag{3-15}$$

（2）模糊空集

对任意$u \in U$，若$\widetilde{A}(u)=0$，则称为模糊空集。

（3）模糊全集

对于任意$\widetilde{B} \subseteq \widetilde{A}$，若$\widetilde{A}(u)=1$，则称为模糊全集，$\widetilde{A}=U$。

（4）模糊子集

设$\widetilde{A}$、$\widetilde{B}$为论域U的模糊集，即$\widetilde{A}$，$\widetilde{B} \in F(U)$，若对任意$u \in U$，都有$\widetilde{B}(u) \leqslant \widetilde{A}(u)$，则称$\widetilde{B}$包含于$\widetilde{A}$，或称$\widetilde{B}$是$\widetilde{A}$的子集，记作$\widetilde{B} \subseteq \widetilde{A}$。

（5）两模糊集相等

对任意$u \in U$，都有$\widetilde{B}(u)=\widetilde{A}(u)$，则称这两个模糊集$\widetilde{A}$与$\widetilde{B}$相等。

3.2.2　模糊集合的运算定律

1. 模糊集合的 Zadeh 格运算[13,14]

（1）$\widetilde{A}$与$\widetilde{B}$的交

交集$\widetilde{A} \cap \widetilde{B}$：对$\forall u \in U$，均有

$$(\widetilde{A} \cap \widetilde{B})(u)=\widetilde{A}(u) \wedge \widetilde{B}(u)=\min(\widetilde{A}(u),\ \widetilde{B}(u))$$

$$\text{或}\ \widetilde{A} \cap \widetilde{B}=\int_U \min((\widetilde{A},\ \widetilde{B})/u) \tag{3-16}$$

式中，$\cap$为 Zadeh 与算子，简称与算子，指取下确界或最小值。

（2）$\widetilde{A}$与$\widetilde{B}$的并

交集$\widetilde{A} \cup \widetilde{B}$：对$\forall u \in U$，均有

$$(\widetilde{A} \cup \widetilde{B})(u)=\widetilde{A}(u) \vee \widetilde{B}(u)=\max(\widetilde{A}(u),\ \widetilde{B}(u))$$

$$\text{或}\ \widetilde{A} \cup \widetilde{B}=\int_U \max((\widetilde{A},\ \widetilde{B})/u) \tag{3-17}$$

式中，$\cup$为 Zadeh 并算子，简称或算子，指取最上确界或最大值。

（3）$\widetilde{A}$的补集

补集$\widetilde{A}^C$：对$\forall u \in U$，均有

$$\widetilde{A}^C(u)=1-\widetilde{A}(u)\ \text{或}\ \widetilde{A}^C=\int_U (1-\widetilde{A})/u \tag{3-18}$$

（4）任意多个模糊集合运算

交的运算符：$\bigcap_{t\in T}\widetilde{A}_i^{(t)}$；并的运算符：$\bigcup_{t\in T}\widetilde{A}^{(t)}$。其中，$T$ 为指标集，$t\in T$。

设论域U中有一组模糊集：$\{\widetilde{A}^{(t)}\mid t\in T\}$，对 $\forall u\in U$，则交与并的运算如下：

$$(\bigcap_{t\in T}\widetilde{A}_i^{(t)})(u)=\bigwedge_{t\in T}\widetilde{A}^{(t)}(u)\qquad(\bigcup_{t\in T}\widetilde{A}^{(t)})(t)=\bigvee_{t\in T}\widetilde{A}^{(t)}(u)\tag{3-19}$$

模糊集与经典集的运算定律基本相同，只是模糊集满足互补律，即：

$$\widetilde{A}\cap\widetilde{A}^{c}\neq\varnothing,\ \widetilde{A}\cup\widetilde{A}^{c}\neq U\tag{3-20}$$

2. 模糊集的代数运算和有界运算

（1）模糊集的代数运算

$\widetilde{A}$ 与 $\widetilde{B}$ 的代数积为：

$$(\widetilde{A}\ \hat{\cdot}\ \widetilde{B})(u)=\widetilde{A}(u)\widetilde{B}(u)\tag{3-21}$$

$\widetilde{A}$ 与 $\widetilde{B}$ 的代数和为：

$$(\widetilde{A}\ \hat{+}\ \widetilde{B})=\widetilde{A}(u)+\widetilde{B}(u)-\widetilde{A}(u)\widetilde{B}(u)\tag{3-22}$$

（2）模糊集的有界运算

$\widetilde{A}$ 与 $\widetilde{B}$ 的有界积为：

$$(\widetilde{A}\otimes\widetilde{B})(u)=\max(0,\widetilde{A}(u)+\widetilde{B}(u)-1)\tag{3-23}$$

$\widetilde{A}$ 与 $\widetilde{B}$ 的有界和为：

$$(\widetilde{A}\oplus\widetilde{B})=\min(1,\ \widetilde{A}(u)+\widetilde{B}(u))\tag{3-24}$$

以上算子有如下大小关系：$\widetilde{A}\otimes\widetilde{B}\subseteq\widetilde{A}\ \hat{\cdot}\ \widetilde{B}\subseteq\widetilde{A}\cap\widetilde{B}\subseteq\widetilde{A}\cup\widetilde{B}\subseteq\widetilde{A}\ \hat{+}\ \widetilde{B}\subseteq\widetilde{A}\oplus\widetilde{B}$。

3. *T* 模与 *S* 模运算

（1）T 模（T 范数）

设有映射 T：$[0,1]\times[0,1]\in[0,1]$，对 $\forall a,b,c,d\in[0,1]$，满足以下条件：

交换律 $$T(a,b)=T(b,a)\tag{3-25}$$

结合律 $$T(T(a,b),c)=T(a,T(b,c))\tag{3-26}$$

单调律 $$a\leqslant c,b\leqslant d\Rightarrow T(a,b)\leqslant T(c,d)\tag{3-27}$$

边界条件 $$T(1,a)=a\tag{3-28}$$

满足以上四个条件，则称 T 为 T 模（T-norm），$T(a,b)$ 也可写成 aTb。

（2）S 模（S 范数）

设有映射 S：$[0,1]\times[0,1]\in[0,1]$，对 $\forall a,b,c,d\in[0,1]$，满足以下条件：

交换律　$$S(a,b)=S(b,a) \tag{3-29}$$
结合律　$$S(S(a,b),c)=S(a,S(b,c)) \tag{3-30}$$
单调律　$$a\leqslant c,b\leqslant d\Rightarrow S(a,b)\leqslant S(c,d) \tag{3-31}$$
边界条件　$$S(a,0)=a \tag{3-32}$$

满足以上四个条件，则称 S 为 S 模（S-norm）或 T 余模，$S(a,b)$ 也可写成 aSb。

可见，或算子“$\cup$”、代数和“$+$”和有界和“$\oplus$”都属于 S 模算子的范畴。T 模与 S 模是模糊运算的一般形式。

（3）对偶算子

可以证明，$S(a,b)=1-T(1-a,1-b)$，故称 T 和 S 算子是对偶算子。也可证明“$\cup$”、“$+$”和“$\oplus$”分别是“$\cap$”、“$\hat{\cdot}$”、“$\otimes$”的对偶算子。

3.2.3　模糊集合分解定理

1. λ 截集和强 λ 截集

设 $\widetilde{A}\in F(U)$，对任意 $\lambda\in[0,1]$

（1）若 $(\widetilde{A})_\lambda=A_\lambda=\{u\,|\,u\in U,\ \widetilde{A}(u)\geqslant\lambda\}$，则称 A_λ 为 $\widetilde{A}$ 的 λ 截集或 λ 水平集，λ 称为阈值。

（2）若 $(\widetilde{A})_\lambda=A_\lambda=\{u\,|\,u\in U,\ \widetilde{A}(u)>\lambda\}$，则称 A_λ 为 $\widetilde{A}$ 的强 λ 截集或强 λ 水平集。

2. 支撑集、核和边界

（1）支撑集：A_0 称为 $\widetilde{A}$ 的支撑集，记为 Supp $\widetilde{A}$，即：

$$\text{Supp}\,\widetilde{A}=\{u\,|\,\widetilde{A}(u)>0\}\quad\forall u\in U \tag{3-33}$$

（2）核（Kernel）：$\widetilde{A}$ 的核记为 Ker $\widetilde{A}$，即：

$$\text{Ker}\,\widetilde{A}=\{u\,|\,\widetilde{A}(u)=1\}\quad\forall u\in U \tag{3-34}$$

如果 Ker $\widetilde{A}\neq\varnothing$，则称 $\widetilde{A}$ 为正规模糊集；否则称为非正规模糊集。

（3）边界（boundary）：称从 Ker $\widetilde{A}$ 到 Supp $\widetilde{A}$ 为 $\widetilde{A}$ 的边界。

3. 分解定理

分解定理研究经典集表示模糊集的问题。对任意 $\widetilde{A}\in F(U)$，有

$$\widetilde{A}=\bigcup_{\lambda\in[0,\ 1]}\lambda A_\lambda\quad 和\quad \widetilde{A}=\bigcup_{\lambda\in[0,\ 1]}\lambda A_{\underset{\sim}{\lambda}} \tag{3-35}$$

若 R_0 为 $[0,1]$ 中的有理点集，则：

$$\widetilde{A}=\bigcup_{\lambda\in R_0}\lambda A_\lambda=\bigcup_{\lambda\in R_0}\lambda A_\lambda \tag{3-36}$$

3.2.4 模糊数

1. 模糊数的定义

设 $\widetilde{m}$ 是实数域 R 上的模糊集，如果（1）$\widetilde{m}$ 是正规模糊集，即存在 $u_0 \in R$，使 $\widetilde{m}(u_0)=1$。（2）$\forall \lambda \in (0,1]$，$m_\lambda$ 是闭区间，则 $\widetilde{m}$ 称为模糊数。根据模糊数的分布，可将其分为正态型模糊数、梯形模糊数、三角模糊数等。这几种模糊数在下面的极限状态方程的模糊化处理中将被用到。

2. 模糊数的一般运算

由对扩张定理可导出模糊数的加减乘除四则运算。如设 $\widetilde{m}(u)$ 和 $\widetilde{n}(u)$ 是两个模糊数，则：

$$\widetilde{m}(u)+\widetilde{n}(v)=\bigcup_{u+v}(\widetilde{m}(u)\wedge\widetilde{n}(v)) \qquad \widetilde{m}(u)-\widetilde{n}(v)=\bigcup_{u-v}(\widetilde{m}(u)\wedge\widetilde{n}(v)) \tag{3-37}$$

$$\widetilde{m}(u)\times\widetilde{n}(v)=\bigcup_{u\times v}(\widetilde{m}(u)\wedge\widetilde{n}(v)) \qquad \widetilde{m}(u)\div\widetilde{n}(v)=\bigcup_{u\div v}(\widetilde{m}(u)\wedge\widetilde{n}(v)) \tag{3-38}$$

3.2.5 模糊度

模糊集合的模糊性是指模糊集合的模糊程度；模糊集合的模糊度是指度量模糊集合模糊程度的量[15]。

设论域 U 上的模糊幂集 $F(U)$，有经典集 A，模糊集 $\widetilde{A}$。若映射 d：$F(U)\rightarrow[0,1]$ 满足以下条件：

（1）$\forall A\subseteq U$，有 $d(\widetilde{A})=0$。

（2）$\widetilde{A}\in F(U)$，若 $\forall u\in U$ 有 $\widetilde{A}(u)=0.5$，则 $d(\widetilde{A})=1$。

（3）$\forall u\in U$，当 $\widetilde{B}(u)\leqslant\widetilde{A}(u)\leqslant\dfrac{1}{2}$ 时，$d(\widetilde{B})\leqslant d(\widetilde{A})$。

（4）$\widetilde{A}\in F(U)$，$d(\widetilde{B})=d(\widetilde{A})$。

则称 d 为 $F(U)$ 上的一个模糊度（measure of fuzziness），称 $d(\widetilde{A})$ 为模糊集 $\widetilde{A}$ 的模糊度。

3.2.6 隶属函数的建立

隶属函数在滑坡模糊随机可靠性分析中有着重要的地位，力学参数及状态方程的模糊化处理都是基于隶属函数展开的。但是，如何客观合理地确定隶属函数，目前还没有一个确切的方法，也没有一个完整客观的评定标准，隶属函数的确定大多凭借工程师或专家的经验并结合相关数学推导得出。然而，虽然现阶段隶属函数的确定掺杂着一定的主观性因素，但主客观之间还是存在一定的联系的，主观因素在很大程度上还是受客观制约的，所以本质上讲所构建的隶属函数还是客观的。下面介绍几种隶属函数的常用确定方法：

1. 模糊统计法

根据滑坡工程中提出的模糊概念（如“滑坡稳定系数”这一模糊概念），建立与之对应的模糊集合（如 $\widetilde{A}$），进行随机模糊统计，确定不同稳定隶属 $\widetilde{A}$ 的程度，即得到每一元素对 $\widetilde{A}$ 的隶属度。一般步骤如下：

（1）给定论域 U。例如对“滑坡稳定系数”这一模糊概念的论域 U 取（0.5，1.5）。

（2）调查统计，得到 U 的一个边界可变的普通集合 $A^{\#}$，如杭兰高速公路巫山地区边坡稳定系数统计，第一次统计试验得出 $A^{\#}=[0.57,1.66]$；而奉节地区边坡稳定系数统计，第二次统计试验，又得出 $A^{\#}=[0.1,0.86]$。

（3）作 n 次试验，对给定元素 $\mu_0\in U$，得出 u_0 对 $\widetilde{A}$ 的隶属频率（度），即 u_0 对 $\widetilde{A}$ 的隶属频率 $=\dfrac{\text{“}u_0\in A\text{”的次数}}{\text{试验次数}\ n}$。

（4）根据论域中元素 $u\in U$，计算对 $\widetilde{A}$ 的隶属度，绘制函数曲线，根据曲线求出 $\widetilde{A}$ 的隶属函数。在开展模糊统计试验时应遵照以下原则：必须把模糊信息输入到被研究的对象中去，且所有的模糊信息要进行量化处理。将模糊可靠度应用于实际工程中，我们关注的是所研究信息的定量处理及小样本数据统计下如何能给出合理的统计表达，从这一原则出发，模糊统计的执行者应当是其研究领域中有着较强专业技能的技术人员。然而，实际操作过程中，由于这方面的主观信息很难获取，也就在很大程度上限制了基于模糊统计试验求解隶属函数方法的工程应用。

2. 三分法

三分法作为一种建立隶属函数的试验模型也是基于随机区间的思想来处理的。如对于滑坡的工作状态，相应地建立不稳定、欠稳定、较稳定三个模糊概念的隶属函数，可设 $\widetilde{P}_3=\{$不稳定 $\widetilde{A}_1$，欠稳定 $\widetilde{A}_2$，较稳定 $\widetilde{A}_3\}$，$U=(0.5,1.5)$，每次模糊试验确定 U 的一次划分 (ξ,η)，ξ 为不稳定与欠稳定的分界点；η 为欠稳定与较稳定的分界点。

将 (ξ,η) 视为三维随机变量进行抽样，求得 (ξ,η) 的概率分布函数后，再计算推导 $\widetilde{A}_1$，$\widetilde{A}_2$，$\widetilde{A}_3$ 的隶属函数。对 (ξ,η) 的每一次取值，都有如下映射关系：

$$(\xi,\eta):R\rightarrow\widetilde{P}_3=\{\widetilde{A}_1,\widetilde{A}_2,\widetilde{A}_3\}$$

$$e(\xi,\ \eta)(x)=\begin{cases}\widetilde{A}_1 & x\leqslant\xi\\ \widetilde{A}_2 & \xi<x\leqslant\eta\\ \widetilde{A}_3 & x>\eta\end{cases} \tag{3-39}$$

因此，可由此三项模糊统计试验确定三相隶属函数为：

$$\begin{aligned}\widetilde{A}_1(x)&=\int_x^{+\infty}p_\xi(x)\mathrm{d}x\\ \widetilde{A}_2(x)&=\int_x^{+\infty}p_\eta(x)\mathrm{d}x\\ \widetilde{A}_3(x)&=1-\widetilde{A}_1(x)-\widetilde{A}_2(x)\end{aligned} \tag{3-40}$$

式中，$p_\xi(x)$、$p_\eta(x)$ 分别为 ξ 和 η 的边缘分布密度函数。

3. 模糊分布法

常将以实数集 R 为论域的模糊集隶属函数称为模糊分布。针对实际问题进行分析研究时，通常先根据理论分析以被研究对象的特点为基点，通过数理统计资料或者根据所研究问题的性质，选择最接近的一种典型数学函数形式作为隶属函数形式，隶属函数中其他待定参数由其他条件确定[16]。

（1）矩形分布或半矩形分布（图 3-2）

1）戒上型

$$\widetilde{A}(x)=\begin{cases}1 & x\leqslant a\\ 0 & x>a\end{cases} \tag{3-41}$$

2）戒下型

$$\widetilde{A}(x)=\begin{cases}0 & x<a\\ 1 & x\geqslant a\end{cases} \tag{3-42}$$

3）中间型

$$\widetilde{A}(x)=\begin{cases}0 & x<a\\ 1 & a\leqslant x\leqslant b\\ 0 & x>b\end{cases} \tag{3-43}$$

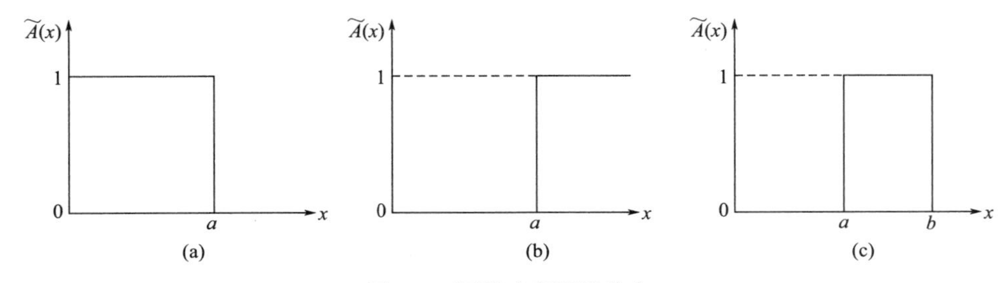

图 3-2　矩形或半矩形分布

（a）戒上型；（b）戒下型；（c）中间型

（2）梯形分布或半梯形分布（图 3-3）

1）戒上型

$$\widetilde{A}(x)=\begin{cases}1 & x<a \\ \dfrac{b-x}{b-a} & a\leqslant x\leqslant b \\ 0 & x>b\end{cases} \tag{3-44}$$

2）戒下型

$$\widetilde{A}(x)=\begin{cases}0 & x<a \\ \dfrac{x-a}{b-a} & a\leqslant x\leqslant b \\ 1 & x>b\end{cases} \tag{3-45}$$

3）中间型

$$\widetilde{A}(x)=\begin{cases}0 & x<a \\ \dfrac{x-a}{b-a} & a\leqslant x\leqslant b \\ 1 & b\leqslant x\leqslant c \\ \dfrac{d-x}{b-c} & c\leqslant x\leqslant d \\ 0 & x\geqslant d\end{cases} \tag{3-46}$$

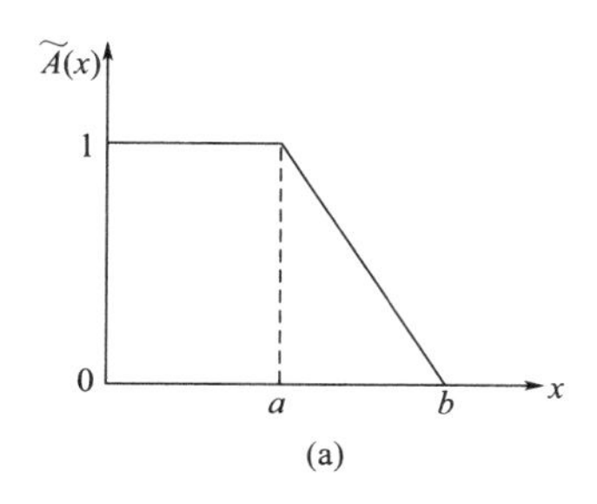

(a)

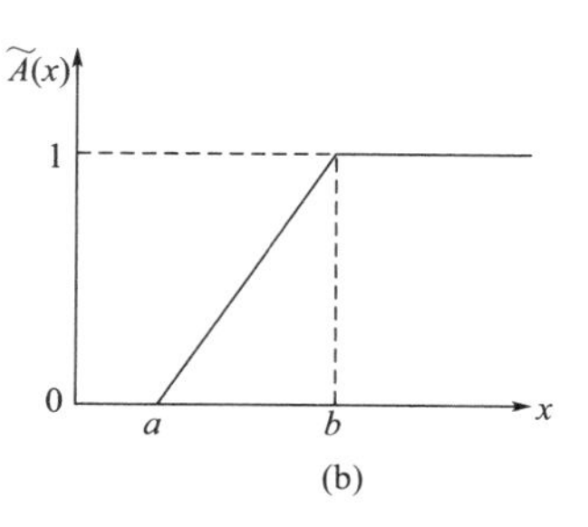

(b)

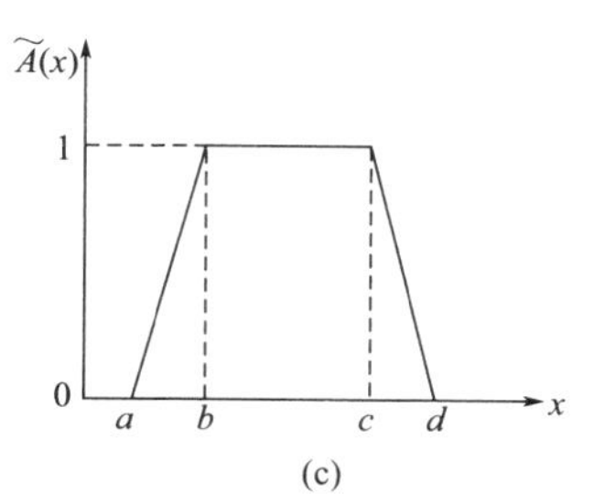

(c)

图 3-3　梯形分布或半梯形分布

（a）戒上型；（b）戒下型；（c）中间型

三角形分布是梯形分布的特殊情况，当 $b=c$ 时即转化为三角形分布。

（3）抛物型分布（图 3-4）

1）戒上型

$$\widetilde{A}(x)=\begin{cases}1 & x<a \\ \left(\dfrac{b-x}{b-a}\right)^{\mathrm{k}} & a\leqslant x\leqslant b \\ 0 & x\geqslant b\end{cases} \tag{3-47}$$

2）戒下型

$$\widetilde{A}(x)=\begin{cases}0 & x<a\\ \left(\dfrac{x-a}{b-a}\right)^{k} & a\leqslant x\leqslant b\\ 1 & x>b\end{cases} \tag{3-48}$$

3）中间型

$$\widetilde{A}(x)=\begin{cases}0 & x<a\\ \left(\dfrac{x-a}{b-a}\right)^{k} & a\leqslant x\leqslant b\\ 1 & b\leqslant x\leqslant c\\ \left(\dfrac{d-x}{d-c}\right)^{k} & c\leqslant x\leqslant d\\ 0 & x\geqslant d\end{cases} \tag{3-49}$$

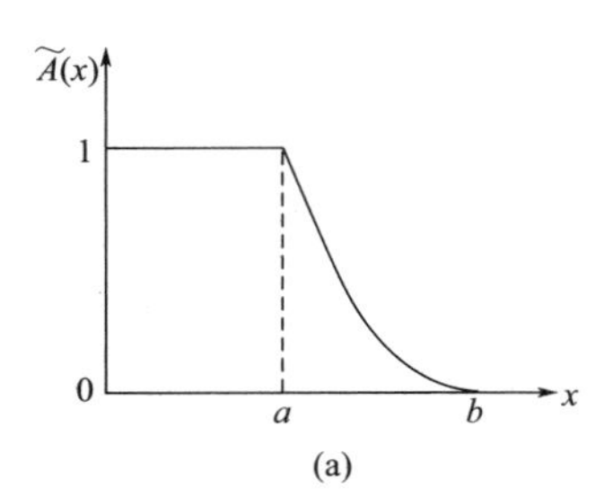

(a)

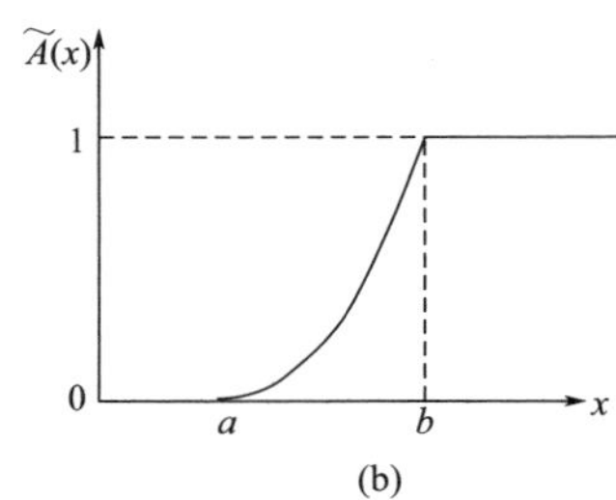

(b)

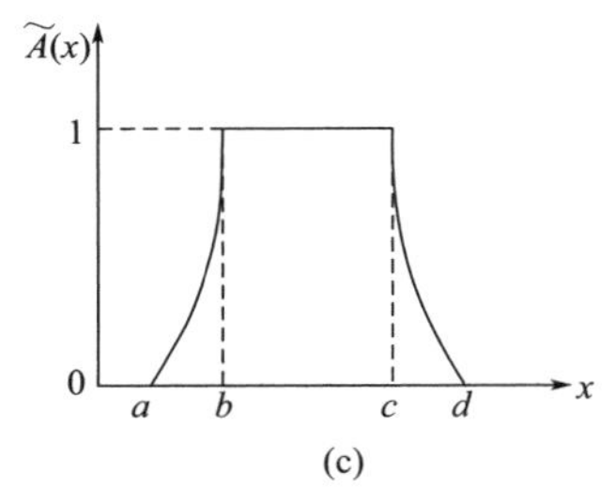

(c)

图 3-4　抛物线分布

（a）戒上型；（b）戒下型；（c）中间型

（4）正态分布（图 3-5）

1）戒上型

$$\widetilde{A}(x)=\begin{cases}1 & x\leqslant a\\ e^{-\left(\frac{x-a}{b}\right)^{2}} & x>a,\ b>0\end{cases} \tag{3-50}$$

2）戒下型

$$\widetilde{A}(x)=\begin{cases}0 & x\leqslant a\\ 1-e^{-\left(\frac{x-a}{b}\right)^{2}} & x>a,\ b>0\end{cases} \tag{3-51}$$

3）中间型

$$\widetilde{A}(x)=e^{-\left(\frac{x-a}{b}\right)^{2}}\quad -\infty<x<+\infty \tag{3-52}$$

（5）柄西分布（图 3-6）

1）戒上型

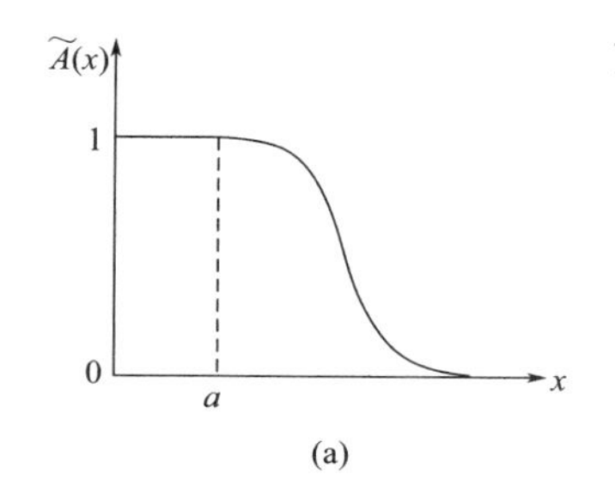

(a)

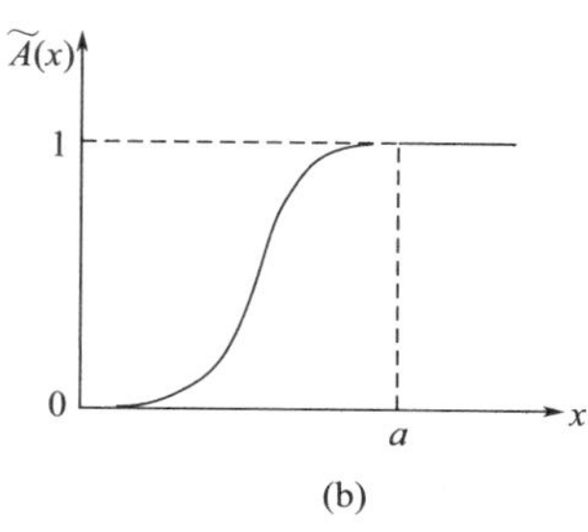

(b)

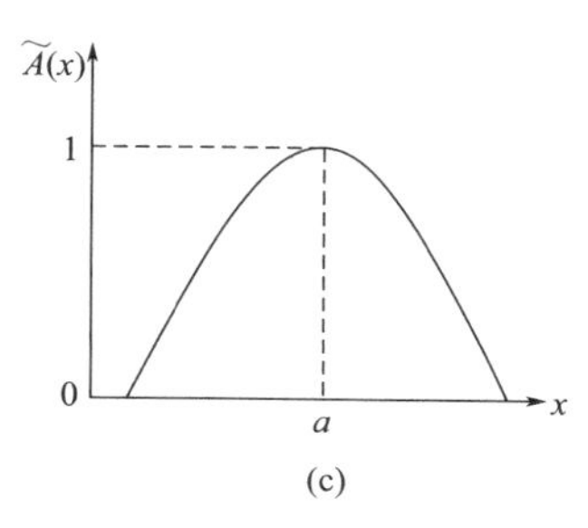

(c)

图 3-5　正态分布

（a）戒上型；（b）戒下型；（c）中间型

$$\widetilde{A}(x)=\begin{cases}1 & x \leqslant a \\ \dfrac{1}{1+\alpha(x-a)^{\beta}} & x>a,\ \alpha>0,\ \beta>0\end{cases} \tag{3-53}$$

2）戒下型

$$\widetilde{A}(x)=\begin{cases}0 & x \leqslant a \\ \dfrac{1}{1-\alpha(x-a)^{-\beta}} & x>a,\ \alpha>0,\ \beta>0\end{cases} \tag{3-54}$$

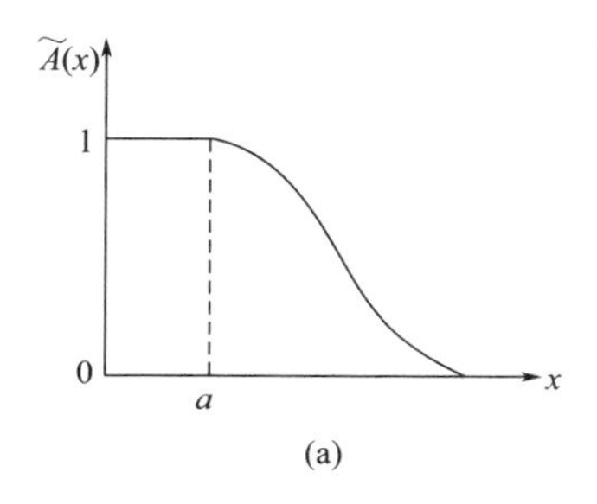

(a)

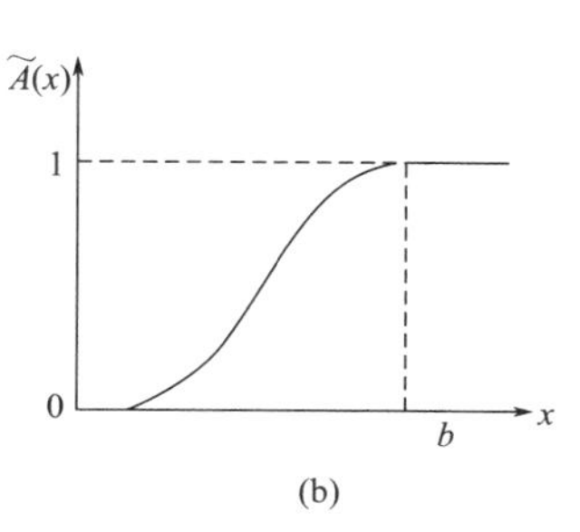

(b)

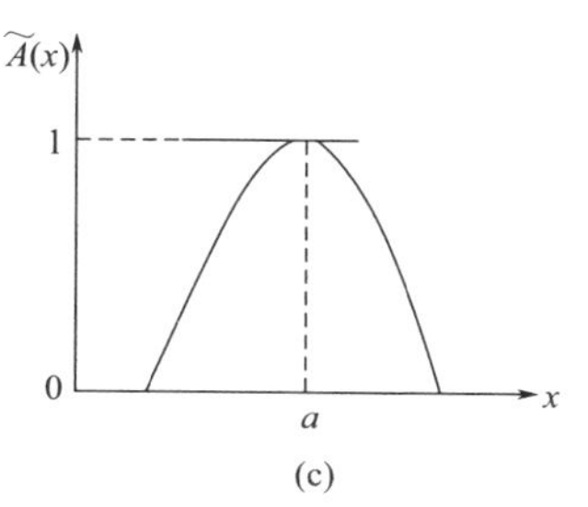

(c)

图 3-6　栖西分布

（a）戒上型；（b）戒下型；（c）中间型

3）中间型

$$\widetilde{A}(x)=\frac{1}{1+\alpha(x-a)^{\beta}} \quad \alpha>0,\ \beta \text{为正偶数} \tag{3-55}$$

（6）岭形分布（图 3-7）

1）戒上型

$$\widetilde{A}(x)=\begin{cases}1 & x \leqslant a_1 \\ \dfrac{1}{2}-\dfrac{1}{2}\sin\dfrac{x}{a_2-a_1}\left(x-\dfrac{a_1+a_2}{2}\right) & a_1 \leqslant x \leqslant a_2 \\ 0 & x>a_2\end{cases} \tag{3-56}$$

2）戒下型

$$\widetilde{A}(x)=\begin{cases}0 & x\leqslant a_1\\ \dfrac{1}{2}+\dfrac{1}{2}\sin\dfrac{x}{a_2-a_1}\left(x-\dfrac{a_1+a_2}{2}\right) & a_1\leqslant x\leqslant a_2\\ 1 & x>a_2\end{cases}\tag{3-57}$$

3）中间型

$$\widetilde{A}(x)=\begin{cases}0 & x\leqslant -a_2\\ \dfrac{1}{2}+\dfrac{1}{2}\sin\dfrac{x}{a_2-a_1}\left(x-\dfrac{a_1+a_2}{2}\right) & -a_2\leqslant x\leqslant -a_1\\ 1 & -a_1\leqslant x\leqslant a_1\\ \dfrac{1}{2}-\dfrac{1}{2}\sin\dfrac{x}{a_2-a_1}\left(x-\dfrac{a_1+a_2}{2}\right) & a_1\leqslant x\leqslant a_2\\ 0 & x\geqslant a_2\end{cases}\tag{3-58}$$

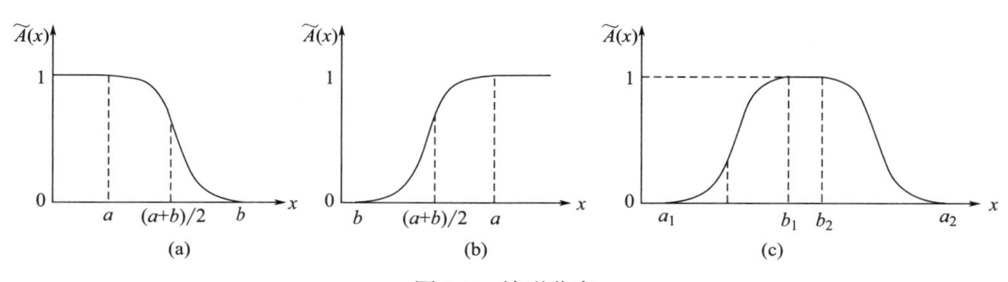

图 3-7 岭形分布

（a）戒上型；（b）戒下型；（c）中间型

4. 推荐工程应用模糊数建立隶属度的方法

设有 k 个实验数据，从小到大排列，得模糊数 $\tilde{x}=[x_1,\ x_2,\ \cdots,\ x_n]$。

$\tilde{x}$ 的加权平均值为 $\tilde{x}=\sum_{i=1}^{k}a_i x_i$

式中，a_i 为参数 x_i 的权重，$\sum_{i=1}^{k}a_i=1$。

可根据专家经验或类似数据确定。模糊数的变化范围 $\Delta x=x_{\mathrm{k}}-x_1$。

则每一个试验数据的隶属度为：

$$\widetilde{A}(x)=\begin{cases}0 & |\overline{x}-x|\geqslant\Delta x\\ 1-\left|\dfrac{x-\overline{x}}{\Delta x}\right| & |\overline{x}-x|<\Delta x\end{cases}\tag{3-59}$$

这样计算出来的隶属函数图形将是一个多角形，最高点坐标为（$\overline{x}$，1）。

3.3 岩土工程隶属函数的建立

3.3.1 岩土工程中隶属函数的构造

将模糊数学应用于岩土工程中，关键问题在于隶属函数的构造，隶属函数在一定程度上反映了岩土体工程性质及物理力学参数的模糊性。实际工程中，比较常用的有岭形隶属函数、三角形隶属数、正态型隶属函数、梯形隶属函数等[17-20]。岩土工程中隶属函数的构造方法除了上文中提及的模糊统计法、三分法和模糊分布法外，还有新的构造方法[21]。由于岩土工程参数的特殊性，如果应用统计方法较为准确地得到隶属函数的表达式，需要大量的模糊随机样本，在岩土工程测试技术发展的现阶段这一点很难实现。很多情况下都是掺杂主观思维，由专家或工程师的意见决定隶属函数的形状，通过理论分析计算推导出一种最优的函数类型并应用到工程中去。

岩土体的物理力学模糊性常采用隶属函数来刻画，函数取值范围为［0，1］，依照函数曲线形状划分为最清晰区域、最模糊区域和过渡区域三个区间。按照隶属度定义，若基本变量取值较明确，隶属度等于 0 或者 1，最模糊时隶属度为 0.5，过渡区间为（0，0.5）和（0.5，1）。如建立的隶属函数为分段函数，不同的函数区间与不同的模糊过渡区域相对应。通常将隶属度等于 1 的区间称为函数的主值区间，区间的长度直接影响着隶属函数曲线的顶部形状。为了便于研究，可将隶属函数分为两类：一类称为窄域隶属函数，是主值区间为点区间的函数，比如上文所列的正态隶属函数、三角隶属函数；另一类是宽域隶属函数，主值区间是连续的无限区间，比如上文提及的梯形隶属函数，如图 3-8、图 3-9 所示。

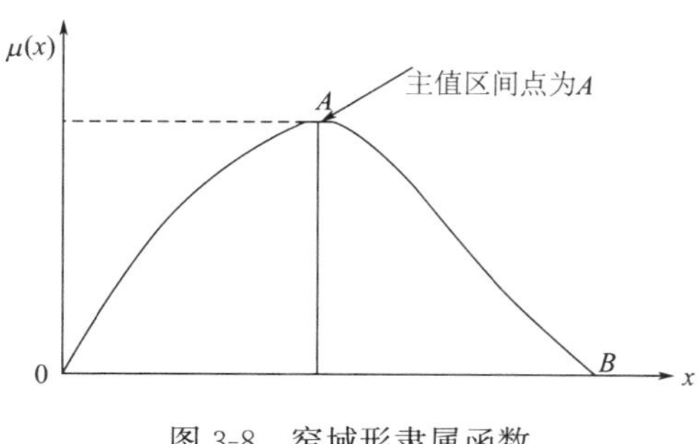

图 3-8 窄域形隶属函数

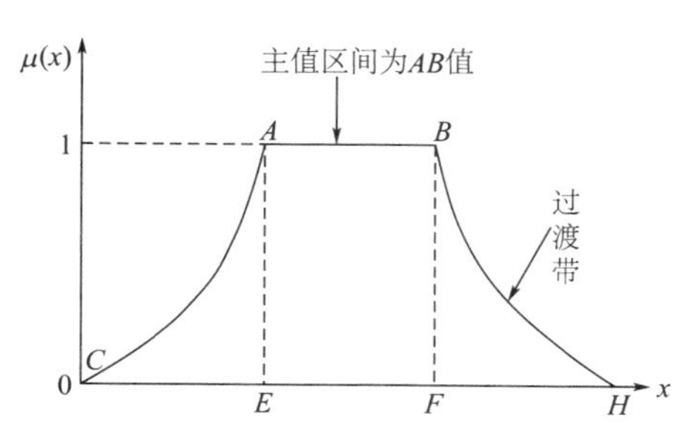

图 3-9 宽域形隶属函数

过渡带是指最清晰点和最模糊点之间的区段，根据其表现形式可以分为：突跳式、线性式和非线性式三种[22,23]。根据函数的连续性，有两种情况：①非连续隶属函数，过渡带非连续常表现为跳跃形式；②连续隶属函数，其过渡带也是连续的，呈现出直线式线性、非线性的上凸和下凹三种形式。

根据岩土稳定模糊性分类研究，由若干个因子组成的决策评语集，它和每个单因素指标相对应并划分为若干个区间，所以决策评语集是多相模糊集。模糊集中最清晰的点，即隶属函数为 1 的点是该区间的中点，模糊隶属度为 0 的点为区间的相邻点。一般情况下，根据模糊评判理论将区间相邻两相的中点定义为最模糊点。但是，实际上岩土力学评判因素的模糊性呈现出非线性、非均匀的特性，这时它的最模糊点不应在相邻中点处分割，而应当在区间的端点处割裂。同时在岩土物理力学参数的模糊统计中，如将两个极端的参数剔除，而将某一区间内的某个连续区间归入同一属性，在理论上并不可行。所以，在由一个点确定的主值区间的中间区间内，采用窄域型隶属函数的形式。在确定了最清晰点和模糊点之后，我们就可以选定上文中所列举的隶属函数的曲线形式。若判别因素集某区段元素对应评语决策模糊集中的映射在某区段呈线性变化的隶属程度，则选择如三角模糊数和梯形分布这样的线性过渡带；若对应评语决策集中的映射在越靠近清晰点处的隶属度较剧烈，可以选择如尖角型等的下凹型过渡带；若平稳过渡，可以选择如岭型、正态型等上凸型过渡带。苏永华（2007）给出了隶属函数的完整构造过程，具体如下：

设隶属函数为 $\mu(x)$，划分研究因素的范围值为 n 个级别，各个级别区间隶属函数采用宽域方式和窄域方式相结合来确定。隶属函数在构造过程中，第一区间和最后区间均采用主值宽域形式，而中间部分采用窄域形式，具体构造过程为：

（1）第一级别中，端点值的划分常为 $x \leqslant b_0$。第一级别采用区间 $[0, b_0]$，中点为 $x = a_1 = \dfrac{b_0 + b_1}{2}$。对于第一级别区间，根据隶属模糊原则，在 $[0, a_0 = b_0/2]$ 范围内，令 $\mu_1^{(1)} = 1$；在 $[a_0 = b_0/2, b_0]$ 区间内，根据条件 $\mu(b_0/2) = 1$，$\mu(b_0) = 0.5$ 确定 $\mu(x)$ 的相关系数，从而确定 $\mu(x)$ 的具体形式为 $\mu_1^{(2)}$；针对第二级别采用的区间为 $[b_0, b_1]$，$\mu(x)$ 的具体表达形式 $\mu_2^{(2)}$ 由条件 $\mu(b_0) = 0.5$，$\mu(a_1) = 1$ 确定，根据总隶属度为 1 的标准，$\mu_1^{(3)} = 1 - \mu_2^{(2)}$。

（2）对最后一个级别，划分区间端点值为 $x > b_{n-1}$，区间中点取 $a_n = b_{n-1} + 0.5b_{n-1}$。若 $x > a_n$，令 $\mu(x) = 1$，在 $[b_{n-1}, a_n]$ 区间内，按照 $\mu(b_{n-1}) = 0.5$，$\mu(a_n) = 1$，确定 $\mu(x)$ 的系数即可得到其表达式 $\mu_n^{(2)}$。

（3）对于中间区间级别的隶属函数，以第 $n-1$ 个级别区间 $[b_{n-2}, b_{n-1}]$ 为例（图 3-10），隶属函数的确定方法如下：

① $x < a_{n-2}$ 和 $x > a_n$，隶属度为 0，即 $\mu(x) = 0$。

②区段 $[a_{n-2}, b_{n-2}]$ 内，首先由 $\mu(a_{n-2}) = 1$，$\mu(b_{n-2}) = 0.5$ 确定 $\mu_{n-2}^{(3)}$，根据隶属度之和为 1 得，$\mu_{n-1}^{(1)} = 1 - \mu_{n-2}^{(3)}$。

③区段 $[b_{n-2}, a_{n-1})$，$[a_{n-1}, b_{n-1})$ 内，根据 $\mu(a_{n-1}) = 1$，$\mu(b_{n-2}) = 0.5$，

$\mu(b_{n-1})=0.5$ 确定其表达式 $\mu_{n-1}^{(2)}$ 和 $\mu_{n-1}^{(3)}$。

④ 区段 $[b_{n-1}, a_n)$ 内，先由 $\mu(b_{n-1})=0.5$，$\mu(a_n)=1$ 确定 $\mu_n^{(2)}$，再根据 $\mu_n^{(2)}+\mu_{n-1}^{(4)}=1$ 确定 $\mu_n^{(2)}$。

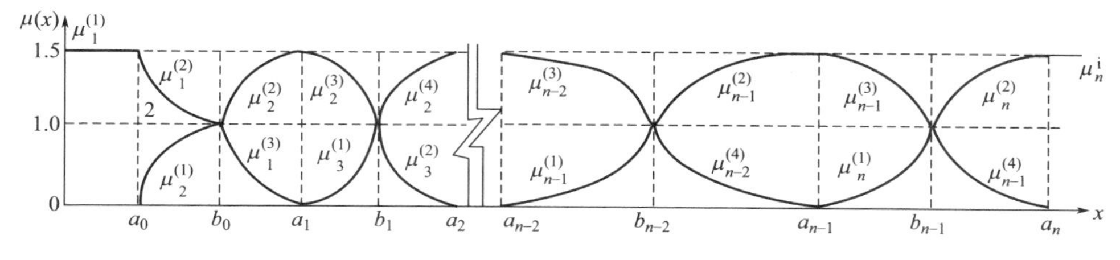

图 3-10　窄域形隶属函数（苏永华，2007）

3.3.2　滑坡工程中常用隶属函数

3.3.2.1　稳定系数的隶属函数

传统可靠性分析方法定义滑坡的安全状态服从二值逻辑，滑坡的可靠性指标等的取值被分为截然不同的两部分，即完全稳定和完全不稳定。大量滑坡工程实例表明，通过理论分析得出的滑坡稳定系数值与滑坡的实际工作工作状态并不符合，例如工程中经常出现 $F_s>1.5$ 的滑坡破坏，而 $F_s<1.0$ 的滑坡仍然处于稳定状态的情况。造成这一结果的根本原因是在对滑坡进行稳定性评价时，忽略了分析信息的模糊性、随机性和不确定性。在对边坡的影响因素缺乏深入认识之前，简单地以某一稳定系数为依据来判断边坡的稳定或失稳的状态，显然是不合理的；其次，如果直接考虑因素的模糊随机性，假设一种有界模糊数，其核值、最大容许区间以及隶属函数线型的确定等关键问题都是由主观决定的，缺乏客观依据。因此，从稳定系数隶属函数这一角度出发来研究边坡稳定的可靠性应该更加科学合理[24]。

稳定系数的隶属函数的具体形式直接影响边坡稳定性评价结果，因此隶属函数的构造在边坡稳定模糊随机可靠度分析中显得至关重要。结合边坡的实际情况，一般来说，稳定系数越大则边坡稳定的可能性越大，并且当稳定系数由小到大变化时，对边坡状态的判断也存在从容易（失稳）到困难（模糊平衡）再到容易（稳定）的变化过程。这要求稳定系数的隶属函数是单调递增函数，且其曲线的斜率随着安全系数的增大先单调增大然后再单调减小。

滑坡稳定系数隶属函数的构造应遵循以下三个原则：①可行性原则。隶属函数应为经典数学中的初等函数（上文介绍的函数类型），确保模糊随机可靠性运算能够方便快捷地完成；②客观性。隶属度为 0、1、0.5 对应三种稳定系数集合，分别是曾有稳定实例的稳定系数的集合、不曾有破坏实例的稳定系数的集合和最不容易做出某种倾向性判断的稳定系数的集合。③区间的无界性。稳定系数的取值范围为[0，+∞]。

对于滑坡失稳破坏而言，隶属函数越接近于1，滑坡稳定性越高；反之，隶属函数越接近于0，即滑坡破坏的可能性就越大；而隶属函数为0.5时，此时状态最模糊，滑坡状态最难判断。从常见隶属函数中选取，并结合前人的研究成果[20-24]，工程中常采用戒下型岭形分布函数作为边坡稳定系数的隶属函数，不同的边坡工程都是以戒下岭形函数为初步函数，通过待定系数法，得到相对不同的表达式。其函数表达式为：

$$\mu_{\underset{\sim}{F}}(F_s)=\begin{cases}0 & F_s\leqslant a\\ \dfrac{1}{2}+\dfrac{1}{2}\sin\dfrac{\pi\left(F_s-\dfrac{a+b}{2}\right)}{2(b-a)} & a<F_s\leqslant b\\ 1 & F_s>b\end{cases}\tag{3-60}$$

式中，a，b为待定系数，稳定系数小于a的滑坡绝对破坏，大于b的滑坡绝对稳定，等于（$a+b$）/2时状态最模糊。

王宇[25]（2011）根据杭兰高速公路上27个边坡稳定系数统计资料构造模糊约束条件，来确定戒下型岭形分布隶属函数中的待定系数。经过野外实地调查和室内深入的研究发现，稳定的边坡中，稳定系数最小为0.84，即安全系数小于0.84的边坡不可能再处于稳定状态，隶属度为0；在破坏的边坡中，稳定系数最大则达到了1.62，即稳定系数大于1.62的边坡不可能再破坏，隶属度为1。求得了稳定系数的隶属函数后，相应的可以得到边坡失稳破坏时的隶属函数$\mu_{\underset{\sim}{E}}(z)$。

于是可令$a=0.84$，$b=1.62$，此时有$(a+b)/2=1.23$，于是稳定系数的隶属函数可确定为：

$$\mu_{\underset{\sim}{F}}(F_s)=\begin{cases}0 & F_s\leqslant 0.84\\ \dfrac{1}{2}+\dfrac{1}{2}\sin\dfrac{\pi(F_s-1.23)}{0.78} & 0.84<F_s\leqslant 1.62\\ 1 & F_s>1.62\end{cases}\tag{3-61}$$

3.3.2.2 岩土参数统计值隶属函数的形式

由于岩土体在形成的历史过程中有较强的变异性，因而岩土参数在很大程度上也表现为空间变异特性，将岩土参数视为模糊不确定性，工程岩组应当是不同于一个母体的模糊集合。通过各种测度技术将岩土样本从模糊集合中提取出来，所提取的样本不可避免的带有模糊不确定性，再者岩土测试中因为人为因素、仪器及环境的干扰又不可避免地产生随机不确定性因素，由试验测试得到的样本中同时具备了随机性和模糊性，表现为内外两种不同程度的不确定性。由于小样本取样过程中产生的随机性表现为一种外在的不确定性，其模糊性作为一种内在不确定性体现在同一岩组的岩土特性中[24]。再者，从信息观的角度出发，样本的随机性只是体现了信息的量，假如对同一母本多次重复抽样，当试验次数无穷大，样本特性就可以无限的逼近于母本，因此模糊性则体现出了信息的内在意义，它标定了样本对模糊论域的隶属程度。这方面的应用研究如熊文林和李胡生[26] 提出的岩石样本力学参数值的随机-模糊处理方法。随后李胡生等连续发表了相关文章，提出多种材料参数的模糊随机处理方法[26-32]。例如，用随机-模糊线性回归方法确定岩石抗剪参数；用层次分析理论进行模糊综合评判，确定岩体力学参数和强度折减系数；对随机-模糊分析隶属函数的形式也进行了研究。王海青[33] 等对材料样本试验参数进行模糊-随机处理。翟瑞彩等[34] 应用模糊概率分析土的动力参数。李华晔等[35] 结合小浪底工程抗剪试验资料讨论了岩体 c、φ 值的随机-模糊问题和计算。黄修云等[36] 对隧道岩石力学参数进行模糊随机分析。徐军等[37] 用模糊综合评判方法并与叶贝斯理论相结合，给出由小样本试验数据确定岩土参数的概率分析。徐卫亚[38] 推导了岩土样本力学参数模糊统计特征值的计算公式。周雄华[39] 在边坡稳定性评价中采用岩石抗剪参数的随机-模糊处理。刘春[40,41] 对边坡岩体抗剪强度参数进行随机模糊处法取值研究。王亚军[42] 以多元回归分析为依托，引入 MO 相模糊论域，并建立 Logistic 模糊隶属函数模型。王鹏等[43] 改进了计算岩石抗剪强度参数的随机-模糊一元线性回归方法，导出了回归系数的不确定性、变异性及回归方程相关系数的表达式。

鉴于以上研究成果，在进行岩土参数的统计测定时，隶属函数的选取遵循以下原则：

（1）由于样本值是真值与模糊误差及随机误差融合在一起而形成的综合体，这就要求我们确定的随机-模糊统计公式必须同时融合随机性和模糊性于一体，而不应该将它们进行分割单独处理。当样本的模糊性消失时，已求得的样本参数模糊随机表达式能自动退化成传统的统计矩公式，不考虑模糊性的传统统计矩公式应当是相应的随机-模糊统计公式的一种特例。

（2）隶属函数的类型应当是初等函数，这样一来就可以保证推导计算时运算方便及推导出来的统计公式的实用性。

（3）隶属函数所能反映的模糊集合应该能够反映研究对象的客观性，并且与人们对模糊对象的先前认知程度相符。例如属度为 1 的点位于模糊集合的核点处，核点两侧点位处隶属度都小于 1，且距核点越远则隶属度应越小，岩土参数样本值的取值区间为 $[0, +\infty]$。

接下来分别推导均值、方差和协方差的隶属函数的表达形式。

1. 均值样本的隶属函数的确定

在岩土参数试验的基础上，取样本值为 $(x_1, x_2, \cdots, x_n)$，$\widetilde{A}$ 为论域 $U=(x_1, x_2, \cdots, x_n)$ 上的一个模糊子集，设 U 中各元素 $x_i(i=1, 2, \cdots, n)$ 对

$\widetilde{A}$ 的隶属度为 $\mu_{\tilde{A}}(x_i)$ 。可以看出，模糊-随机均值应该是 $\widetilde{A}$ 的核点 A。

$$A=\{\overline{x} \mid \mu_{\tilde{A}}(\overline{x})=1\} \tag{3-62}$$

应用数学分析中全局寻优原理，本着以实际事物出现的概率最大为原则，获取参数样本均值的模糊-随机统计特征，使已出现的实际样本值在整体上最大限度地隶属于样本模糊子集。按这一思路定义目标函数为：

$$J_1=\sum_{i=1}^{n}\mu_{\tilde{A}}(x_i)=\max \tag{3-63}$$

由式（3-63）得：

$$\frac{\mathrm{d}J_1}{\mathrm{d}\overline{x}}=0\text{（}\overline{x}\text{ 是待求量）} \tag{3-64}$$

由式（3-61）可知 $\mu_{\tilde{A}}(x_i)$ 中必须包含 $\overline{x}$ ，于是可将 $\mu_{\tilde{A}}(x_i)$ 写成：

$$\mu_{\tilde{A}}(x_i)=\mu_{\tilde{A}}(x_i,\ \overline{x}) \tag{3-65}$$

求解模糊集合 U 各元素的隶属度时，为了有较统一的参数变量，方便快速地解出模糊集合中各元素的隶属度。选取隶属度为 1 的点作为参照点最为恰当，由隶属函数性知可知，核点的隶属度等于 1，因此选核点作为参照点。按照所分析问题的属性，将定义支集中各元素对与核点的广义距离作为考量尺度，本着这一原则得到模糊子集 $\widetilde{A}$ 的隶属，而广义距离的表达式中应该既含有 x_i ，又包含 $\overline{x}$ 。所以 $\mu_{\tilde{A}}(x_i,\ \overline{x})$ 又可定义为：

$$\mu_{\tilde{A}}(x_i,\ \overline{x})=\nu_{\overline{A}}(D_{i1}) \tag{3-66}$$

式中，D_{i1} 为 $\widetilde{A}$ 支集中各元素对核点的广义距离，当变量由 $\mu\rightarrow\nu$ 时，相应地函数关系也将发生变化。将式（3-63）、式（3-66）代入式（3-64）可得：

$$\sum_{i=1}^{n}\frac{\partial\nu_{\tilde{A}}}{\partial D_{i1}}\cdot\frac{\mathrm{d}D_{i1}}{\mathrm{d}\overline{x}}=0 \tag{3-67}$$

由上式构造 D_{i1} 的函数表达式，其至少是 $\overline{x}$ 的二次多项式。考虑到函数表达形式与复杂程度，且当几何距离是马氏距离 $\omega_i=\omega_0=1$ 的一种表现形式时，引入马氏距离进行 D_{i1} 表达的构造，这样的数学表达式最为简单。构造函数表达式为：

$$D_{i1}=(x_i-\overline{x})^2\omega_{i1}(i=1,\ 2,\ \cdots,\ n) \tag{3-68}$$

式中，ω_{i1} 称为权重。

$$\omega_{i1}=\mathrm{const}=\omega_{01} \tag{3-69}$$

将式（3-68）代入式（3-67）得：

$$D_{i1}=(x_i-\overline{x})^2\omega_{01} \tag{3-70}$$

将式（3-69）式代入式（3-66）得：

$$\sum_{i=1}^{n}\frac{\partial\nu_{\underset{\sim}{A}}(D_{i1})}{\partial D_{i1}}\left[-2\omega_{01}\cdot(x_i-\overline{x})\right]=0 \tag{3-71}$$

由上式得：

$$\overline{x}=\frac{\sum_{i=1}^{n}\frac{\partial\nu_{\underset{\sim}{A}}(D_{i1})}{\partial D_{i1}}\cdot x_i}{\sum_{i=1}^{n}\frac{\partial\nu_{\underset{\sim}{A}}(D_{i1})}{\partial D_{i1}}} \tag{3-72}$$

据上式并考虑到确定隶属函数的三项基本原则，推断岩土样本参数均值隶属函数类型应该为：

$$\nu_{\underset{\sim}{A}}(D_{i1})=e^{-D_{i1}} \tag{3-73}$$

将式（3-68）式代入式（3-73）并考虑式（3-65）、式（3-66）得：

$$\mu_{\underset{\sim}{A}}(x_i)=\exp\left[-(x_i-\overline{x})^2\cdot\omega_{01}\right] \tag{3-74}$$

又根据量纲分析法，为保证隶属函数的形式是无量纲的，所以 ω_{01} 的量纲应该与 $(x_i-\overline{x})^2$ 呈倒数关系，据此可知：

$$\omega_{01}=\omega_{01}\left[((x_i-\overline{x})^2)(i=1, 2, \cdots, n)\right] \tag{3-75}$$

将式(3-75)代入式(3-74)可得隶属函数均值的通式为：

$$\mu_{\underset{\sim}{A}}(x_i)=\exp\{-(x_i-\overline{x})^2\omega_{01}\left[(x_i-\overline{x})^2;\ i=1, 2, \cdots, n\right]\} \tag{3-76}$$

根据之前分析，并结合模糊数字理论，建议取隶属函数形式为：

$$\omega_{01}=\frac{1}{(d_{1\max}-d_{1\min})/2} \tag{3-77}$$

式中，$d_{1\max}$、$d_{1\min}$ 是 $d_{1i}=(x_i-\overline{x})^2(i=1, 2, \cdots, n)$ 中的最大值、最小值。则式（3-76）可写成：

$$\mu_{\underset{\sim}{A}}(x_i)=\exp\left[-2(x_i-\overline{x})^2/(d_{1\max}-d_{1\min})\right] \tag{3-78}$$

2. 方差的隶属函数

为获得样本值的方差隶属函数，取区别于样本均值的一组样本值，令

$$\xi_i=(x_i-\overline{x})^2 \tag{3-79}$$

得到 $V=\{\xi_1, \xi_2, \cdots, \xi_n\}=\{((x_1-\overline{x})^2, (x_2-\overline{x})^2, \cdots, (x_n-\overline{x})^2)\}$，即模糊随机样本。根据这一样本求得试验样本的方差，方差样本的隶属函数须重新确定。设 $\widetilde{B}$ 是论域 V 上的模糊子集，论域中各元素对 $\widetilde{B}$ 的隶属度为 $\mu_{\underset{\sim}{B}}(\xi_i)$。依据样本均值统计特征类似的原则组成上标函数：

$$J_2=\sum_{i=1}^{n}\mu_{\underset{\sim}{B}}(\xi_i)=\max \tag{3-80}$$

以式（3-80）为出发点，依照样本均值同样的方法和步骤，将均值中 $x_i\rightarrow$

ξ_i，则得到总体样本方差所服从的模糊-随机统计公式为：

$$s^2=\frac{\sum_{i=1}^{n}\frac{\partial\nu_{\underset{\sim}{B}}(D_{i2})}{\partial D_{i2}}\xi_i}{\sum_{i=1}^{n}\frac{\partial\nu_{\underset{\sim}{B}}(D_{i2})}{\partial D_{i2}}} \tag{3-81}$$

进而得到样本方差所服从的模糊随机统计关系为：

$$\sigma^2=\frac{n}{n-1}s^2=\frac{n}{n-1}\cdot\frac{\sum_{i=1}^{n}\frac{\partial\nu_{\underset{\sim}{B}}(D_{i2})}{\partial D_{i2}}\xi_i}{\sum_{i=1}^{n}\frac{\partial\nu_{\underset{\sim}{B}}(D_{i2})}{\partial D_{i2}}} \tag{3-82}$$

式中，$D_{i2}=(\xi_i-\sigma^2)\cdot\omega_{02}$。

从而得到方差样本的隶属函数为：

$$\mu_{\underset{\sim}{B}}(\xi_i)=\nu_{\underset{\sim}{B}}(D_{i2})=\exp[-2(\xi_i-\sigma^2)^2/d_{2\max}-d_{2\min}] \tag{3-83}$$

式中，$d_{2\max}$、$d_{2\min}$ 分别是 $(\xi_i-\sigma^2)^2(i=1,2,\cdots,n)$ 中的最大值、最小值。

3. 协方差样本的隶属函数形式

为求两个岩土参数试验样本值（如 c、φ）之间的协方差，取样本值分别为 c：$(x_1,x_2,\cdots,x_n)$、φ：$(y_1,y_2,\cdots,y_n)$，组成协方差样本：

$$\eta_i=(x_i-\overline{x})(y_i-\overline{y}) \tag{3-84}$$

其取值为 $T=\{\eta_1,\eta_2,\cdots,\eta_n\}=\{(x_1-\overline{x})(y_1-\overline{y}),(x_2-\overline{x})(y_2-\overline{y}),\cdots,(x_n-\overline{x})(y_n-\overline{y})\}$，$\widetilde{C}$ 为论域 T 上的模糊子集。组成上标函数为：

$$J_3=\sum_{i=1}^{n}\mu_{\underset{\sim}{C}}(\eta_i)=\max \tag{3-85}$$

按照均值及方差隶属函数的构造方法，用前面的方法和步骤，可以得到协方差的隶属函数为：

$$m_{xy}=\frac{\sum_{i=1}^{n}\frac{\partial\nu_{\underset{\sim}{C}}(D_{i3})}{\partial D_{i3}}\eta_i}{\sum_{i=1}^{n}\frac{\partial\nu_{\underset{\sim}{C}}(D_{i3})}{\partial D_{i3}}} \tag{3-86}$$

$$D_{i3}=(\eta_i-m_{xy})^2\cdot\omega_{01} \tag{3-87}$$

$$\nu_{\underset{\sim}{C}}(D_{i3})=e^{-D_{i3}} \tag{3-88}$$

$$\mu_{\underset{\sim}{C}}(\eta_i)=\nu_{\underset{\sim}{C}}(D_{i3})=\exp[-2(\eta_i-m_{xy})^2/d_{3\max}-d_{3\min}] \tag{3-89}$$

式中，$d_{3\max}$、$d_{3\min}$ 分别是 $(\eta_i-m_{xy})^2(i=1,2,\cdots,n)$ 中的最大值、最小值。

参考文献

[1] Lawrence Leemis. Reliability-based Design in Civil Engineering [J]. Technometrics,

1989，31 (1)：126.
[2] Whitman R V. Evaluating calculated risk in geotechnical engineering [J]. Journal of Geotechnical Engineering，1984，110 (2)：145-186.
[3] Pine R J. Risk analysis design applications in mining geomechanics [J]. Transaction Institute of Mining and Metallurgy，1992，101 (Sect. A)：149-158.
[4] Tyler D B，Trueman T T，Pine R J. Rockbolt support design using a probabilistic method of key block analysis [C] //The 32nd US Symposium on Rock Mechanics (USRMS). American Rock Mechanics Association，1991.
[5] Hatzor Y，Goodman R E. Determination of the "design block" for tunnel supports in highly jointed rock [M] //Analysis and Design Methods，1995：263-292.
[6] Carter T G. Prediction and uncertainties in geological engineering and rock mass characterized assessments [C] //Proc. 4th Rock Mechanics and Rock Engineering Conf，1992.
[7] 陈祖煜. 土质边坡稳定性分析——原理、方法、程序 [M]. 北京：中国水利水电出版社，2003.
[8] Wolf T F. Probabilistic slope stability in theory and practice [C] //Uncertainty in the geologic environment ：From theory to practice，ASCE，1996：419-433.
[9] 祝玉学. 边坡可靠性分析 [M]. 北京：冶金工业出版社，1993.
[10] 王宇，魏献忠，邵莲芬. 路堑边坡锚固防护参数的响应面优化设计 [J]. 长江科学院院报，2011，28 (7)：20-23.
[11] 罗文强. Rosenblueth 方法在斜坡稳定性概率评价中的应用 [J]. 岩石力学与工程学报，2003，22 (2)：232-235.
[12] 罗文强，黄润秋，张倬元. 斜坡稳定性概率分析的理论与应用 [M]. 武汉：中国地质大学出版社，2003.
[13] 陈水利，李敬功，王向公. 模糊集理论及其应用 [M]. 北京：科学出版社，2005.
[14] 杨伦标，高英仪. 应用模糊数学 [M]. 北京：首都经贸大学出版社，1998.
[15] 胡高清. 模糊集理论基础 [M]. 武汉：武汉大学出版社，2004.
[16] Zimmeermann H J. Fuzzy Set Theory and its Application [M]. Springer，Dordrecht，1996.
[17] 邹开其等. 模糊系统与专家系统 [M]. 西安：西安交通大学出版社，1989.
[18] 张世海，刘叔军，欧进萍等. 基于二维隶属函数的场地模糊分类及其应用 [J]. 岩土工程学报，2005，27 (8)：912-918.
[19] 霍润科，李宁，马英军. 工程岩体 c，φ 值选取的模糊-关联分析 [J]. 岩石力学与工程学报，2004，23 (9)：1481-1485.
[20] 谭晓慧. 边坡稳定分析的模糊概率法 [J]. 合肥工业大学学报，2001，24 (3)：442-427.
[21] 边亦海，黄宏伟. SMW 工法支护结构失效概率的模糊事故树分析 [J]. 岩土工程学报，2006，28 (5)：664-669.
[22] 苏永华. 岩土参数模糊隶属函数的构造方法及应用 [J]. 岩土工程学报，12 (29)：1773-1779.
[23] 赵明华，程晔，曹文贵. 桥梁基桩桩端溶洞顶板稳定性模糊分析研究 [J]. 岩石力学与工程学报，2005，24 (8)：1376-1384.

[24] 王浩，庄钊文. 模糊可靠性分析中的隶属函数确定 [J]. 电子产品可靠性与环境实验，2000 (4)：2-7.

[25] 王宇，宋新龙等. 边坡工程模糊随机可靠度分析 [J]. 长江科学院院报，2011，28 (9)：31-34.

[26] 李胡生，熊文林. 岩土工程随机-模糊可靠度的概念和方法 [J]. 岩土力学，1993，2 (14)：26-33.

[27] 熊文林，李胡生. 岩石样本力学参数值的随机-模糊处理方法 [J]. 岩土工程学报，1992，14 (6)：101-108.

[28] 李胡生，魏国荣. 用随机-模糊线性回归方法确定岩石抗剪强度参数 [J]. 同济大学学报，1993，21 (3)：421-429.

[29] 李胡生. 用层次分析理论进行模糊综合评判确定岩体力学参数（上）[J]. 岩土工程师，1993，5 (2)：1-6.

[30] 李胡生. 用层次分析理论进行模糊综合评判确定岩体力学参数（下）[J]. 岩土工程师，1993，5 (3)：15-20.

[31] 李胡生，岩土参数随机-模糊统计中的隶属函数形式 [J]. 同济大学学报，1993，21 (3)：361-369.

[32] 李胡生，熊文林. 岩体力学参数的工程模糊处理 [J]. 水利学报，1994，(1)：76-85.

[33] 王海青，万世明. 材料样本试验参数值的模糊-随机处理方法 [J]. 焦作工学院学报，1997，16 (4)：7-12.

[34] 翟瑞彩，要明伦. 海底软黏土动剪切模量的数值计算与模糊概率分析 [J]. 岩土工程学报，1997，19 (6)：103-106.

[35] 李华晔，黄志全，刘汉东等. 岩基抗剪参数随机-模糊法和小浪底工程 c，φ 值计算 [J]. 岩石力学与工程学报，1997，16 (2)：155-161.

[36] 黄修云，魏莉萍，乔春生等. 隧道岩石力学参数的随机-模糊统计分析 [J]. 西部探矿工程，2000，12 (4)：5-7.

[37] 徐军，雷用，郑颖人. 岩土参数概率分析推断的模糊 BAYES 方法探讨 [J]. 岩土力学，2000，21 (4)：394-396.

[38] 徐卫亚，蒋中明. 岩土样本力学参数的模糊统计特征研究 [J]. 岩土力学，2004，25 (3)：342-346.

[39] 周雄华，李天斌，沈军辉等. 岩石抗剪强度的随机-模糊处理方法及在边坡稳定性评价中的应用 [J]. 西北水电，2003，(2)：38-41.

[40] 刘春. 边坡工程中岩石力学参数随机模糊选取研究 [J]. 岩土力学，2004，25 (8)：1327-1329.

[41] 刘春. 黄麦岭磷矿边坡岩体抗剪强度参数的随机-模糊处理法取值研究 [J]. 岩石力学与工程学报，2005，24 (4)：653-656.

[42] 王亚军. M-相模糊概率法在水布垭堆石坝心墙填料分类中的应用 [J]. 岩土工程技术，2004，18 (1)：11-15.

[43] 王鹏，李安贵，蔡美峰等. 基于随机-模糊理论的岩石抗剪强度参数的确定 [J]. 岩石力学与工程学报，2005，24 (4)：547-552.

第4章 模糊随机可靠性分析方法研究

4.1 可靠性分析在滑坡工程系统中的局限性

可靠性分析理念是在二值逻辑的基础上建立起来的，它反映了人们的精确思维方式，随机变量均值和方差都被假定为确定性数值，它将复杂的、模糊的系统可靠性问题简单地视为精确的数学问题，并不能真实地反映客观实际，特别是在滑坡工程中，不是所有的不确定性都是随机的，基于认知的不完全信息导致的不确定性就不能用概率理论来处理。滑坡工程中，首先由于岩土体本身具有模糊性，岩土体在地质历史形成过程中，不连续面的尺寸及角度在不同层次上不同，岩土体均质、连续、各向同性的假定在不同层面上可以认为是合理或不合理的，岩土体测试过程中，由于尺寸效应造成即使是同一岩组的试样结果仍有较大的差异。从而造成了实际工程模型与滑坡稳定性分析计算模型间的模糊性。其次，岩体的变形和破坏也具有模糊性。从岩土体测试曲线的分析来看，弹塑性变形是耦联产生的，从弹性变形发展到塑性变形并没有明显的标志，试件从完好到破坏，都是渐进变化的。最后岩体力学参数也具有模糊性，同一工程地质岩组中的岩体力学参数具有较强的空间变异性，没有客观存在的唯一真值。另外，由于同时掺杂岩体客观状态与人为主观判断的模糊性这两种模糊因素，也导致了岩体力学参数的模糊性[1-6]。因此，对滑坡这样一个复杂的系统，单纯用可靠性理论来评价是远远不够的，有必要发展既考虑随机性，又考虑模糊性的评价方法，即模糊随机可靠性分析方法。

4.2 基于模糊性与随机性相统一的分析模型

岩土工程的随机可靠度理论认为：抗力 R 和荷载 S 以及安全余度 Z 均为随机变量，破坏准则是确定的，破坏概率是一种随机概率。岩土工程的不确定性很高，由于地质上的各种因素，我们几乎不可能详细了解地质特性和与此相关的力学性质。在传统的滑坡可靠性分析当中，当给定了滑坡破坏事件的均值和方差后，就可以求得其极限状态下的可靠性指标。然而，这种做法存在两方面的不足：一是设计变量的均值和方差不可能精确给出，它们很大程度上受客观因素及人为因素的影响，具有较强的模糊性；二是传统可靠度以状态函数 $Z=0$ 作为滑坡稳定与失稳的界线，在零点两侧滑坡稳定与失稳，是突然变化的，显然这种一刀切的做法很不合理。因为实际工程中，滑坡稳定与破坏很难用一个明确的界线来划分，二者之间往往存在一个过渡状态，是一个模糊区间。正是因为滑坡系统中存在着大量的模糊性，系统的模糊性与随机性二者相互渗透、相互依存，也就造成了滑坡的工作状态、计算参数的输入和输出都带有随机-模糊色彩。如果将随机-模糊变量简化为纯随变量，这样将会影响滑坡稳定性评判结果的真实性。

从概率论的角度可将有关模糊-随机可靠性的问题归结为三大类：模糊事件，精确概率；确定事件，模糊概率；模糊事件，模糊概率。相应的模糊-随机可靠性指标也可分为三大类：模（糊事件）-精（确概率）型指标、清-模型指标和模-模型指标。滑坡工程系统作为一个系统是模糊的，主要体现在岩土体本身固有的模糊性、岩土体变形与破坏的模糊性及岩体力学参数的模糊性，滑坡从稳定到失稳的过程不是突发的，而是存在一定的模糊过渡区。因此滑坡稳定性评价分析中所求解的安全指标（稳定系数、破坏概率及可靠指标）是一个模糊事件的模糊概率问题。

本书既考虑滑坡破坏事件的模糊性，又考虑主要变量和参数的模糊性，在滑坡工程的可靠度分析中把模糊性和随机性统一，研究滑坡工程的模糊随机可靠度分析方法。

4.3 确定力学参数的模糊随机方法

4.3.1 岩土体力学参数的随机性和模糊性

滑坡工程以地球岩石圈中的岩体作为研究对象，岩体的成因、组成、结构、演化过程、生成年代及其所处的大地构造环境等对其工程力学性质产生很大的影响，表现为岩土体的不连续性、非均质、各向异性及多变的力学行为。迄今为止，人类对岩土体并没有完全充分地认识，还不能进行准确的描述与表达。滑坡岩土体的力学参数是研究坡体强度和变形分析的依据，是稳定性研究中不可缺少的组成部分。岩土体的原位（室内）试验中，一方面，由于岩土体性质的空间变异性、试样样品的不足、不完整的信息输入、计算时的假设、测试误差等导致了人们认识过程和数据分析处理的模糊性；另一方面，由于岩土体所赋存的复杂地质环境，受地应力、地下水等多种因素及受人为经验的影响，对地层剖面和坡体结构的认识不清而导致工程岩组的分类带有模糊性，同一岩组中不同位置的岩土以不同的隶属度从属于该岩组。这样，岩组的模糊性势必通过取样传给岩土样本，从而使岩土力学参数具有模糊不确定性。此外，用有限样本代替无限样本，分析中的假定、简化等也随之产生了模糊性。

4.3.2　岩土参数的模糊处理方法

用模糊随机方法确定或处理岩土材料，将其进行模糊处理目前主要有三种方法。

1. 岩土样本力学参数的随机-模糊处理方法

样本力学参数的随机性属于一种客观不确定性，体现在样本取样测试过程中；而其模糊性则属于一种主观不确定性，它体现在对不同岩组岩土体力学特性评判过程中的人为主观性。样本力学参数涉及信息的量，当对同一样本进行反复抽样测试，随着试验次数的增大样本的力学性质就可以无限逼近于母本；其模糊关系则涉及样本参数信息的内在意义，它标定了样本对模糊论域的隶属程度。为此很有必要对样本进行随机模糊处理，即求得样本随机-模糊变量的均值和方差。其次，岩石力学参数和岩体力学参数均为同时含有随机性和模糊性的随机-模糊变量，它们之间的关系是模糊关系。由于实际试验中数据有限，随机方法得到的样本只是总体的模糊反映。为了真实地反映总体，必须进行模糊分析，求出真值。结合第3章所阐述的岩土力学参数隶属函数的构造方法，下面进一步说明模糊随机处理的步骤。

（1）隶属函数的确定

根据第3章的推导，岩土参数隶属函数的确定通常采用分析推理法，即根据均值、方差随机样本的特征，构造隶属函数形式。

设 $\widetilde{A}$ 为论域 $U=(x_1, x_2, \cdots, x_n)$ 上的一个模糊子集，设 U 中各元素 $x_i(i=1, 2, \cdots, n)$ 对 $\widetilde{A}$ 的隶属度为 $\mu_{\widetilde{A}}(x_i)$ 。假定样本真值为 X，当试验所得值 $x_i(i=1, 2, \cdots, n)$ 与 X 相差越大，其隶属度越小；反之，当试验所得真值与 X 相差越小，其隶属度越大，结合前文的分析，选用正态模糊分布作为隶属函数，其分布形式为：

$$\mu_{\widetilde{A}}(x_i)=\exp[-k(x_i-X)^2] \quad k>0 \text{ 为常数} \tag{4-1}$$

式中，$x_i(i=1, 2, \cdots, n)$ 为试验值。

（2）均值和方差的模糊化处理计算

为使样本最大限度地逼近真值，必须使样本的整体隶属度最大，即：

$$J=\sum_{i=1}^{n}\mu_{\widetilde{A}}(x_i)=\mathrm{Max} \tag{4-2}$$

对式（4-2）求导，得：

$$\frac{\mathrm{d}J}{\mathrm{d}X}=\sum_{i=1}^{n}\mu(x_i)\left[2k(x_i-X)\right] \tag{4-3}$$

令式（4-3）为零，得：

$$\overline{x}=\frac{\sum_{i=1}^{n}\mu(x_i)\cdot x_i}{\sum_{i=1}^{n}\mu(x_i)}=\frac{\sum_{i=1}^{n}\exp\left[-k(x_i-X)^2\right]\cdot x_i}{\sum_{i=1}^{n}\exp\left[-k(x_i-X)^2\right]} \tag{4-4}$$

式中，$k=\frac{1}{(d_{\max}-d_{\min})/2}$；$d_i=(x_i-X)^2$。 (4-5)

同理可得标准差的表达式为：

$$\sigma^2=\frac{n}{n-1}\cdot\frac{\sum_{i=1}^{n}\exp\{-k'\left[(x_i-X)^2-\sigma^2\right]^2\}\cdot(x_i-X)^2}{\sum_{i=1}^{n}\exp\{-k'\left[(x_i-X)^2-\sigma^2\right]^2\}} \tag{4-6}$$

式中，$k'=\frac{1}{(d'_{\max}-d'_{\min})/2}$；$d'_i=\left[(x_i-X)^2-\sigma^2\right]$。 (4-7)

因为式（4-4）和式（4-6）都为隐函数，因此需要用迭代法计算，方法如下：

1）取初值 $X_0=\overline{x}$，$\sigma_0^2=\sigma^2$，$\overline{x}$ 和 σ^2 为样本的随机均值和方差。

2）分别由式（4-4）和式（4-6）计算参数的样本均值 X，样本方差 σ^2。

3）判断：若 $|X_0-\overline{x}|<\varepsilon_1$，$|\sigma_0^2-\sigma^2|<\varepsilon_2$，$\varepsilon_1$ 和 ε_2 为指定精度，则 X_0、σ_0^2 为所求；反之，重复迭代直至满足精度要求。

求得岩土样本均值和方差隶属函数的具体函数表达式，根据模糊截集理论，引入模糊状态约束水平 α（$\alpha\in(0,1]$），通过解方程 $\mu_{\tilde{c}}=\alpha$，$\mu_{\tilde{f}}=\alpha$ 即可分别求出黏聚力和内摩擦系数的均值和方差。

2. 基于随机-模糊回归确定力学参数

随机-模糊变量 c、f 之间的莫尔-库伦准则关系[1-3] 为：$\tau=c+f\cdot\sigma$，对于每一观测值均可用线性关系表示为：

$$\tau_i=c+f\cdot\sigma_i+\varepsilon_i \tag{4-8}$$

式中，τ_i，σ_i 为剪切强度试验相对应的剪应力和正应力；ε_i 为微小变动。取论域为：

$$U=\tau_i\quad(i=1,2,\cdots,n) \tag{4-9}$$

设 $\widetilde{R}$ 为 U 上的一个模糊线性函数关系子集，取样本 $\tau_i(\sigma_i)$ 对 $\widetilde{R}$ 的隶属函数为：

$$\mu_{\tilde{R}}(\tau_i(\sigma_i))=\exp(-D_i(\tau_i(\sigma_i),\overline{\tau}_i(\sigma_i))) \tag{4-10}$$

$$D_i(\tau_i(\sigma_i),\overline{\tau}_i(\sigma_i))=\left[\tau_i(\sigma_i)-\overline{\tau}_i(\sigma_i)\right]^2 \tag{4-11}$$

$$\mu_{\underset{\sim}{R}}(D_i)=\mu_{\underset{\sim}{R}}(\tau_i(\sigma_i)) \tag{4-12}$$

式中，$\bar{\tau}_i(\sigma_i)$ 为待定回归方程的计算值。根据随机模糊原理，按照样本值整体上隶属于模糊子集的程度最大的原则来求 $\hat{c}$，$\hat{f}$ 组成的目标函数：

$$J=\sum_{i=1}^{n}\mu_{\underset{\sim}{R}}(D_i)=\max \tag{4-13}$$

对应于式（4-13）

$$\begin{cases}\dfrac{\partial J}{\hat{f}}=\sum\limits_{i=1}^{n}\dfrac{\partial\mu_{\underset{\sim}{R}}(D_i)}{\partial D_i}\cdot\dfrac{\partial D_i}{\partial\hat{\tau}_i}\cdot\dfrac{\partial\hat{\tau}_i}{\partial\hat{f}}=0\\ \dfrac{\partial J}{\hat{c}}=\sum\limits_{i=1}^{n}\dfrac{\partial\mu_{\underset{\sim}{R}}(D_i)}{\partial D_i}\cdot\dfrac{\partial D_i}{\partial\hat{\tau}_i}\cdot\dfrac{\partial\hat{\tau}_i}{\partial\hat{c}}=0\end{cases} \tag{4-14}$$

从而得到求解最佳参数 $\hat{c}$，$\hat{f}$ 的方程，并建立抗剪参数的随机模糊线性回归方程 $\tau=\hat{c}+\hat{f}\sigma$ 。

3. 基于模糊数的岩土参数进行模糊处理

为了研究力学参数的模糊不确定性，也可以用模糊数来描述模糊随机变量，实际参数有随机性→模糊随机性的转换。这里说的随机性是基于岩土参数隶属函数未知，应用抽样随机性的数理统计方法确定参数随机性（均值、方差及变异系数）的情形；而模糊随机性是指借助于模糊数将随机参数模糊化，得出更模糊随机参数的情形。

模糊数大致可以分为线性和非线性两种，由于当前的研究水平很难判断哪种模糊类型更适合实际情况，因此现有的工程应用研究中大多采用线性模糊数形式，如梯形模糊数[3,4]。隶属函数分布形式为：

$$\mu_{\underset{\sim}{A}}(x)=\begin{cases}0 & x\leqslant a\\ \dfrac{x-a}{b-a} & a<x\leqslant b\\ 1 & b<x\leqslant c\\ \dfrac{x-c}{d-c} & c<x\leqslant d\\ 0 & d<x\end{cases} \tag{4-15}$$

其曲线如图 4-1 所示。

对于一个模糊随机变量 X，当其均值为 $E(X)$，标准差为 $\sigma(X)$ 时，可以考虑将参数 a、b、c、d 分别取为：

$$\begin{cases}a=E(X)-k_1\sigma(X)\\ b=E(X)-k_2\sigma(X)\\ c=E(X)+k_2\sigma(X)\\ d=E(X)+k_1\sigma(X)\end{cases} \tag{4-16}$$

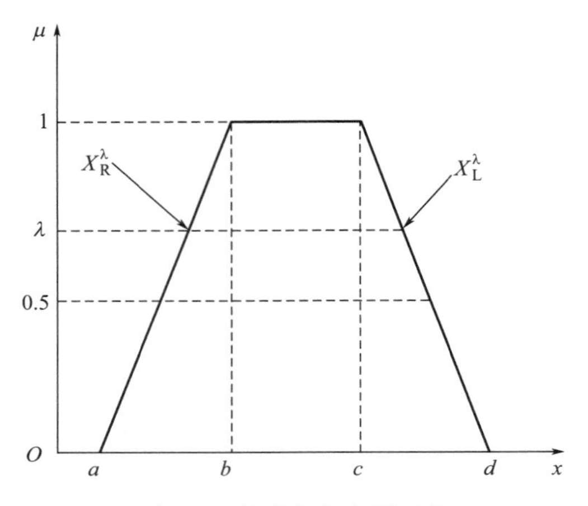

图 4-1　梯形分布隶属函数

式中，$k_1 > k_2$，k_1、k_2 取值范围为 0.5～3。

当取 λ_i 截集时，对应的两个 X 值分别为：

$$X_{\lambda_{i+}} = X_R^\lambda = b + V_{\lambda_i} \ , X_{\lambda_{i-}} = X_R^L = c + V_{\lambda_i} \tag{4-17}$$

式中，b、c 为 $\lambda = 1$ 时的变量值；V_{λ_i} 为由 b、c 到 λ_i 集点处增加或减少的部分。这样对应于不同的 λ_i 水平，即不同的隶属度，将得到对应的功能函数的点估计值。通过离散分析，模糊变量的模糊性就可以得到很好地认识，从而得到更为合理的分析结果。

然而，大量研究表明，岩土样本的物理力学参数如 c 值、φ 值、γ 值等的分布概型应当近似符合正态或对数正态分布形式。如果在刻画样本力学参数时采用线性模糊数很可能会造成某些重要相关信息的丢失，因此采用正态模糊来描述物理力学参数应该更为合理。正态隶属函数分布形式如下式所示。

$$\underset{\sim}{\mu}(x) = \exp\left[-\left(\frac{x-a}{\sigma}\right)^2\right] \quad -\infty < x < +\infty \tag{4-18}$$

由于岩土体物理力学参数都是正数，因此描述其模糊随机性的正态模糊数应该都是有界正模糊数，可定义正态模糊数的隶属函数为：

$$\mu_{\underset{\sim}{X}}(x) = \omega \cdot \exp\left[-\frac{(x-\underset{\sim}{m_X})^2}{2\underset{\sim}{\sigma_X^2}}\right] + \theta \tag{4-19}$$

式中，$\underset{\sim}{m_X}$、$\underset{\sim}{\sigma_X}$ 为模糊数学期望与方差，可用样本的平均值和标准差估计；ω、θ 为两个待定系数。

取向量映射的核 ker，令 $m_X = \ker \underset{\sim}{X}$

由于 $\omega + \theta = 1$，引入参数 k，并使得：

$$\mu_{\underset{\sim}{X}}(m_X \pm k\sigma_X) = 0 \tag{4-20}$$

解式（4-19）得：

$$\omega=(1-e^{-k^2/2})^{-1},\ \theta=1-(1-e^{-k^2/2})^{-1} \tag{4-21}$$

将式（4-20）代入式（4-17）得正态模糊数的隶属函数表达式为：

$$\mu_{\underset{\sim}{X}}(x)=\frac{\exp\left(-\dfrac{(x-m_X)^2}{2\sigma_X^2}\right)-\exp(-k^2/2)}{1-\exp(-k^2/2)} \tag{4-22}$$

函数图形如图 4-2 所示。

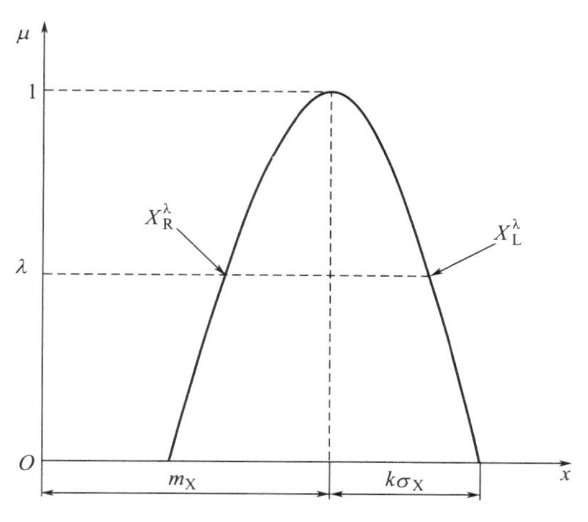

图 4-2　正态隶属函数

当 $\mu_{\underset{\sim}{X}}(x)=\lambda$ 时，有

$$x=m_X\pm\sigma_X\sqrt{-2\ln[\lambda+(1-\lambda)\exp(-k^2/2)]} \tag{4-23}$$

根据模糊分解定理：$\underset{\sim}{X}=\bigcup_{\lambda\in[0,1]}\alpha[x_L^\lambda,\ x_R^\lambda]$，其中：

$$x_L^\lambda=m_X-\sigma_X\sqrt{-2\ln[\lambda+(1-\lambda)\exp(-k^2/2)]}$$

$$x_R^\lambda=m_X+\sigma_X\sqrt{-2\ln[\lambda+(1-\lambda)\exp(-k^2/2)]} \tag{4-24}$$

当 X 近似服从对数分布时，由 $Y=\ln X$ 服从正态分布，同样可以推导出对数正态模糊数的隶属函数表达式。

上式中参数 k 控制着力学参数的最大取值空间，k 越大则力学参数的区间越大，参数的置信度越低越没把握；反之，一般认为，当参数为正态分布时，99.73%的数据落在（$m_X-3\sigma_X$，$m_X+3\sigma_X$）区间内，当滑坡岩土体的变异性较大，变异系数 V_X 超过 3 时，建议 k 值取 3。由力学参数非负性，即 $m_X-k\sigma_X\geqslant 0$，可知 $k\leqslant m_X/\sigma_X=1/V_X$。因此，$k$ 的取值应根据滑坡工程的实际情况而定，在 0.5～3.0 范围内选取。

4.4 确定极限状态方程的模糊随机方法

4.4.1 极限状态方程的模糊性

传统的可靠性分析理论建立的滑坡极限状态方程为：

$$Z=g(x_1, x_2, \cdots, x_n) \tag{4-25}$$

理论认为，当 $Z=0$ 时滑坡处于极限稳定状态；$Z>0$ 滑坡处于稳定状态；$Z<0$ 滑坡处于不稳定状态。

传统可靠性理论认为滑坡从稳定状态→失稳状态过渡是突变型的，滑坡的稳定与否被限定在零两侧附近无穷小的距离内，并以零点作为衡量滑坡稳定与失稳的尺度。然而，滑坡的破坏过程不是突发性的，其从破坏变形→发展→破坏存在一个模糊过程，即零点附近存在一个渐进过渡区域。为此，本书重新定义滑坡的模糊随机极限状态方程为：

$$\tilde{Z}=g(\tilde{X})=g(\tilde{X}_1, \tilde{X}_2, \cdots, \tilde{X}_n)\subseteq\tilde{b} \tag{4-26}$$

式中，$\tilde{b}$ 为模糊随机极限状态值，当 $\tilde{b}=0$ 时，即为传统意义上的可靠性功能函数。

由式（4-26）重新定义边坡的三种稳定状态为：①$\tilde{Z}=\tilde{b}$，定义滑坡处于模糊稳定性状态；②$\tilde{Z}<\tilde{b}$，定义滑坡处于失稳状态；③$\tilde{Z}>\tilde{b}$，定义滑坡处于稳定状态。

4.4.2 极限状态方程模糊性处理

鉴于以上分析，$\tilde{b}$ 的选取决定了极限状态方程的模糊性，工程上常选取零点附近的一个有界闭模糊数（如梯形模糊数、三角模糊数）反映功能函数的模糊极限状态，它将人们的认识与边坡失稳特征联系起来。采用常见的对称型的模糊数（如三角模糊数）可以使计算简便[4,5]。对于梯形模糊数书中已有描述，下面将重点介绍岩土工程中常用的三角模糊数，如图 4-3 所示，其隶属函数表达式为：

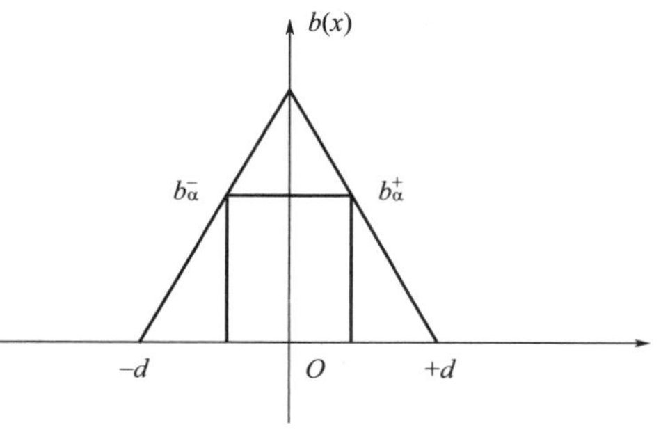

图 4-3 $\tilde{b}$ 的隶属函数

$$u_{\tilde{b}}(Z)=\begin{cases}\frac{1}{d}(z+d) & z\in[-d,0]\\ -\frac{1}{d}(z-d) & z\in[0,d]\\ 0 & z\in R-[-d,d]\end{cases} \tag{4-27}$$

即 $\tilde{b}=\bigcup_{\alpha\in(0,1]}\alpha[(\alpha-1)d,(1-\alpha)d]$。

式中，$\alpha\in[0,1]$ 为极限状态值 $\tilde{b}$ 的约束水平；Z 为模糊极限状态方程的物理变量；d 为其最大容许值，边坡工程中常取 $d\in[0.01W,0.1W]$，W 为岩土体重量。

当取 $\alpha\in(0,1]$ 时，$\tilde{b}=\bigcup_{\alpha\in(0,1]}\alpha[(\alpha-1)d,(1-\alpha)d]$ 成为普通集合。

当 $z\leqslant 0$ 时，令 $z=(\alpha-1)d$，则有 $\mathrm{d}z=d\cdot\mathrm{d}\alpha$，并且 $z=-d$ 时，$\alpha=0$。同理，当 $z>0$ 时，令 $z=(1-\alpha)d$，则有 $\mathrm{d}z=-d\cdot\mathrm{d}\alpha$，并且 $z=0$ 时，$\alpha=1$，$z=d$ 时，$\alpha=0$。

4.5　模糊随机可靠度计算方法概述

总体来讲，滑坡工程的模糊可靠性研究可以分为两种类型：一是以滑坡稳定的极限平衡方法为基础，计算其模糊可靠度。这种方法的优点是简单明了，容易计算出滑坡的整体可靠度，但缺点是必须预先知道滑坡的滑动面。二是以有限单元法分析为基础，计算每个单元的应力，从塑性区范围确定滑坡的滑移面，再采用极限平衡法计算其模糊可靠度；或从每个单元的应力先计算其局部模糊可靠度，最后从局部模糊可靠度推断滑坡的整体模糊可靠度。

从极限状态方程出发，无论是计算滑坡的整体可靠性指标，还是本书所研究的基于条块安全余量的滑坡渐进破坏可靠性指标，模糊随机可靠度研究均可分为两种类型，一是基于显式功能函数的可靠性计算，由功能函数的概率密度函数通过积分求得可靠度指标；另一种方法基于隐式功能函数求解，本书重点对这种方法进行研究。

4.6　基于显式功能函数的滑坡模糊随机可靠度研究

鉴于滑坡工程中同时存在的随机性和模糊性，滑坡的模糊随机可靠性分析可以在可靠性分析的基础利用模糊概率的方法来计算滑坡的稳定性，得出了滑坡失稳的模糊概率。不少专家学者在这方面进行了深入的研究，但归纳其立足点主要为：一是将滑坡稳定系数的隶属函数引入到概率密度函数中通过积分求解，二是给可靠性极限状态方程赋予模糊过渡区间，通过加权平均得到模糊随机可靠性指标。

4.6.1 基于稳定系数隶属函数的滑坡模糊随机可靠性分析

由第 2 章所描述的可靠性极限状态方程的形式，仅考虑安全余量定义的 $R\text{-}S$ 类：

$$Z=R-S \tag{4-28}$$

假设 R、S 服从正态分布（若不服从正态分布，可以进行当量正态化），设 μ_z 和 σ_z 分别为功能函数的均值和方差，则功能函数的概率密度函数为：

$$f(Z)=\frac{1}{\sqrt{2\pi}\sigma_z}\exp\left[-\frac{1}{2}\left(\frac{Z-\mu_z}{\sigma_z}\right)^2\right] \tag{4-29}$$

当考虑滑坡由“完全失稳”到“完全稳定”之间的中间过渡性时，引入可以表征滑坡稳定系数的隶属函数 $\mu_{\tilde{F}_S}(Z)$，根据模糊概率理论，可得滑坡的模糊随机可靠度为：

$$P_S=\int_{-\infty}^{+\infty}\mu_{\tilde{F}_S}(Z)\frac{1}{\sqrt{2\pi}\sigma_z}\exp\left[-\frac{1}{2}\left(\frac{Z-\mu_z}{\sigma_z}\right)^2\right]dZ \tag{4-30}$$

从而模糊可靠指标为：

$$\beta=\phi^{-1}(P_S) \tag{4-31}$$

模糊破坏概率为：

$$P_f=1-P_S \tag{4-32}$$

采用 $Z=F_S-1$ 作为滑坡模糊随机功能函数表达式，则滑坡的模糊随机可靠度的计算最终可归为求解 F_S 的隶属函数和密度函数。

这种解法的难点是稳定系数隶属函数的选取，评价的合理性很大程度上取决于边坡稳定隶属函数确定的正确性。然而隶属函数的准确确定不太现实，由边坡滑裂的统计结果作为模糊约束的土坡稳定隶属函数表达式仍然包含很多人为因素，需要更多的工程实例的检验和修正。

4.6.2 基于模糊极限状态方程的滑坡可靠度分析

对于相对简单的安全余量 $R\text{-}S$ 模型：

$$\tilde{Z}=g(\tilde{R},\tilde{S})=\tilde{R}-\tilde{S}=\tilde{b} \tag{4-33}$$

式中，$\tilde{R}$、$\tilde{S}$ 分别为模糊随机阻滑力和下滑力。在进行模糊随机概率计算时，本书采用 α-约束水平截集法。取 $\forall\alpha\in(0,1]$，得：

$$\tilde{Z}_\alpha=[Z_\alpha^-,Z_\alpha^+] \tag{4-34}$$

$$\widetilde{R}_{\alpha}=[R_{\alpha}^{-},\ R_{\alpha}^{+}] \tag{4-35}$$

$$\widetilde{S}_{\alpha}=[S_{\alpha}^{-},\ S_{\alpha}^{+}] \tag{4-36}$$

$$\widetilde{b}_{\alpha}=[b_{\alpha}^{-},\ b_{\alpha}^{+}] \tag{4-37}$$

$$\Rightarrow \widetilde{Z}_{\alpha}=(\widetilde{R}-\widetilde{S})_{\alpha}=[R_{\alpha}^{-}-S_{\alpha}^{+},\ R_{\alpha}^{+}-S_{\alpha}^{-}] \tag{4-38}$$

从而上式可等价表示为：

$$Z_{\alpha}^{-}=R_{\alpha}^{-}-S_{\alpha}^{+},\ Z_{\alpha}^{+}=R_{\alpha}^{+}-S_{\alpha}^{-} \tag{4-39}$$

设阻滑力 R_{α}^{-} 和下滑力 S_{α}^{+} 的概率密度函数分别为 $f_{R_{\alpha}^{-}}(r)$ 和 $f_{S_{\alpha}^{+}}(s)$ ，其中 r、s 分别是抗滑力和下滑力的基本变量，且量纲相同。

由可靠度定义可知，下滑力 S_{α}^{+} 落在区间 $[s,\ s+\Delta s]$ 内的概率为 $f_{S_{\alpha}^{+}}(s)\mathrm{d}s$ ，根据干涉理论，阻滑力 $R_{\alpha}^{-}>S_{\alpha}^{+}+b_{\alpha}^{-}$ 发生的概率为：

$$P_{s\alpha}^{-}=P(R_{\alpha}^{-}>S_{\alpha}^{+}+b_{\alpha}^{-})=\int_{-\infty}^{+\infty}f_{S_{\alpha}^{+}}(s)\mathrm{d}s\int_{s+b_{\alpha}^{-}}^{+\infty}f_{R_{\alpha}^{-}}\mathrm{d}r \tag{4-40}$$

从而 α 约束水平的破坏概率为：

$$P_{f\alpha}^{-}=1-P_{s\alpha}^{-} \tag{4-41}$$

若 R_{α}^{-} 和 S_{α}^{+} 均可近似地看作正态变量，则功能函数 Z_{α}^{-} 也为正态变量，由模糊概率理论可知，功能函数的概率密度函数为：

$$f_{Z_{\alpha}^{-}}(Z)=\frac{1}{\sqrt{2\pi}\sigma_{Z_{\alpha}^{-}}}\exp\left[-\frac{1}{2}\left(\frac{Z-m_{Z_{\alpha}^{-}}}{\sigma_{Z_{\alpha}^{-}}}\right)^{2}\right] \tag{4-42}$$

式中

$$m_{Z_{\alpha}^{-}}=m_{R_{\alpha}^{-}}-m_{S_{\alpha}^{+}} \tag{4-43}$$

$$\sigma_{Z_{\alpha}^{-}}=\sqrt{\sigma_{R_{\alpha}^{-}}^{2}+\sigma_{S_{\alpha}^{+}}^{2}} \tag{4-44}$$

$m_{R_{\alpha}^{-}}$ ，$m_{S_{\alpha}^{+}}$ 和 $\sigma_{R_{\alpha}^{-}}^{2}$ ，$\sigma_{S_{\alpha}^{+}}^{2}$ 分别为 R_{α}^{-} 和 S_{α}^{+} 的均值和方差。因此，α-约束水平可靠指标为：

$$\beta_{\alpha}^{-}=\frac{m_{Z_{\alpha}^{-}}-b_{\alpha}^{-}}{\sigma_{Z_{\alpha}^{-}}}=\frac{m_{R_{\alpha}^{-}}-m_{S_{\alpha}^{+}}-b_{\alpha}^{-}}{\sqrt{\sigma_{R_{\alpha}^{-}}^{2}+\sigma_{S_{\alpha}^{+}}^{2}}} \tag{4-45}$$

显然有

$$P_{s\alpha}^{-}=1-P_{f\alpha}^{-} \tag{4-46}$$

式中，$f(\cdot)$ 为标准正态分布函数。

同理可得：

$$\beta_{\alpha}^{-}=\frac{m_{Z_{\alpha}^{+}}-b_{\alpha}^{-}}{\sigma_{Z_{\alpha}^{+}}}=\frac{m_{R_{\alpha}^{+}}-m_{S_{\alpha}^{-}}-b_{\alpha}^{+}}{\sqrt{\sigma_{R_{\alpha}^{+}}^{2}+\sigma_{S_{\alpha}^{-}}^{2}}} \tag{4-47}$$

$$P_{s\alpha}^{+}=1-P_{f\alpha}^{+}=1-\phi(-\beta_{\alpha}^{+}) \tag{4-48}$$

总体上讲，模糊随机变量的标准差为定值，而以它的 α 截集为随机区间，且符合同一分布类型，采用这种方法使计算简便，令

$$\sigma_{R_{\alpha}^{+}}=\sigma_{R_{\alpha}^{-}},\sigma_{S_{\alpha}^{+}}=\sigma_{S_{\alpha}^{-}} \tag{4-49}$$

由模糊集合表现定理，$\forall\alpha\in(0,1]$

若宽度 $W(Z_{\alpha})\geqslant W(b_{\alpha})$，$\tilde{\beta}=\bigcup_{\alpha\in(0,1]}[\beta_{\alpha}^{-},\beta_{\alpha}^{+}]$； (4-50)

若宽度 $W(Z_{\alpha})\leqslant W(b_{\alpha})$，$\tilde{\beta}=\bigcup_{\alpha\in(0,1]}[\beta_{\alpha}^{+},\beta_{\alpha}^{-}]$。 (4-51)

滑坡稳定状态的判定，工程界往往借助某个确定的可靠度指标（如稳定系数 F、破坏概率 P_{f}、可靠性指标 β 等）来判断。但当 α 取值过于小时，结果比较分散，可不予考虑。为此可取 $0.75\leqslant\alpha\leqslant1.0$，将不同 α 时的结果加权平均处理应用于工程实践中。

4.7 基于隐式功能函数滑坡模糊随机可靠度研究

当滑坡稳定性极限状态功能函数为隐式表达时，模糊随机可靠度的计算可以借鉴传统可靠性理论的基于隐式功能函数求解的方法来计算。下面介绍三种重要的隐式功能函数的模糊随机可靠度计算方法。

4.7.1 基于 RSM 法与模糊随机理论的滑坡可靠性分析

将响应面法（RSM）与模糊概率理论结合来求解滑坡的可靠性指标，功能函数通过两步构造产生。首先由 RSM 法进行功能函数的一次构造，然后基于模糊理论进行功能函数的二次构造，最后计算滑坡的模糊可靠性指标[6-8]。

1. 基于 RSM 法功能函数一次构造

RSM 方法根据各种试验结果，采用统计推断的方法对极限状态方程在验算点附近进行重构。用 RSM 法重构复杂结构的近似功能函数，就是设计一系列变量值，每一组变量值组成一个试验点，然后逐点进行结构数值计算得到对应的一系列功能函数值，通过这些变量值和功能函数值来重构一个明确表达的函数关系。

在边坡稳定可靠度分析中，通常结合传统的稳定系数法来处理，即可得到边坡稳定可靠度分析的功能函数[8]：

$$G(X)=F_{S}(X)-1 \tag{4-52}$$

式中：X 为随机参数；$G(X)$ 为功能函数；$F_{S}(X)$ 为稳定系数方程。由于功能函数 $G(X)$ 无法明确表达，根据响应面法可以用一个近似多项式 $g(X)$ 作

为响应函数去代替真实的功能函数，因此，式（4-52）可以表示为：

$$g(X)=F'_{S}(X)-1 \tag{4-53}$$

响应函数的形式要满足2个要求：①其数学表达式在基本能够描述真实函数的前提下要尽量简单，以避免可靠性分析过于复杂；②响应函数中应设计尽可能少的待定系数以减少分析的工作量。同时满足这两方面要求时以多项式为最佳。文献［8］中提出了含一次项以及二次交叉项的响应面函数，但经对比发现带交叉项的与不带交叉项的二次多项式精度差异不大，而后者计算量要远远小于前者。基于以上考虑，本书采用不带交叉项的二次多项式作为响应面函数，可表示如下：

$$g(X)=a+\sum_{i=1}^{r}b_i x_i+\sum_{i=1}^{r}c_i x_i^2\ (i=1,2,\cdots,n) \tag{4-54}$$

式中：x_i 为随机变量；a、b_i、c_i 为待定系数。

利用响应面法完成边坡模糊随机分析功能函数的第一次构造过程如下：

（1）确定分析中所要考虑的随机变量。在确定每一个随机变量在实验点的取值时，一般考虑每个随机变量都有4个值，分别是均值 μ_i、方差 σ_i 和 $\mu_i\pm\sigma_i$。在目前的分析计算中，通常取 $m=1$，将 $g(\mu_i,\cdots,\mu_i\pm\sigma_i,\cdots,\sigma_i)$ 代入式（4-54）就得到 $2n+1$ 个方程。

（2）用边坡稳定分析的程序，求得每一试验点 $(\mu_i,\cdots,\mu_i\pm\sigma_i,\cdots,\sigma_i)$ 所对应的稳定系数。

（3）将每一试验点所对应的稳定系数值及相应的随机变量的值代入到第二步产生的 $2n+1$ 个方程中，得到了一个方程组，解线性方程组，就可以求得 a、b_i、c_i。再将每一个系数代入式（4-54）就得到了所要求的响应面函数，从而也就完成了稳定系数极限状态方程的第一次构造。

2. 基于模糊理论的功能函数二次构造

在边坡可靠性分析中，即使基本随机变量仅具有随机性，但其破坏失稳准则是模糊不明确的，边坡的破坏可以看作为一个随机事件，边坡的可靠度就是模糊随机事件的概率。

由于边坡失稳破坏的模糊性，使得功能函数 $Z=g(X)$ 的值仅反映了边坡稳定性适用程度的大小，其变化表示了边坡稳定适应性的损益。$Z>0$ 不表示边坡完全处于可靠状态，$Z<0$ 并不意味着边坡完全破坏，$Z=0$ 也不是滑坡可靠和破坏的失稳状态界线。

考虑边坡由“完全失稳”到“完全稳定”之间的中间过渡性时，引入可以表征边坡稳定性的隶属函数 $\underset{\sim}{\mu}_z$。当 $\underset{\sim}{\mu}_z\rightarrow 0$ 时，表示边坡极不稳定，失稳的可能性很大；当 $\underset{\sim}{\mu}_z\rightarrow 0.5$ 时，表示边坡处于极限状态，边坡稳定和失稳的可能性都为0.5；当 $\underset{\sim}{\mu}_z\rightarrow 1$ 时，表示边坡很稳定，失稳的可能性很小。

设边坡破坏失稳的模糊随机事件可表示为：

$$\underset{\sim}{E}=\{(z,\ \mu_{\underset{\sim}{E}}(z))\mid z\in\Omega\} \tag{4-55}$$

式中：$z\in\Omega$ 是模糊随机事件空间中的状态随机变量。

若 Z 的概率密度函数为 $f_Z(z)$，根据模糊数学理论可定义边坡破坏事件 $\underset{\sim}{E}$ 的概率为：

$$P_{\mathrm{f}}=\int_{-\infty}^{+\infty}\mu_{\underset{\sim}{E}}(z)f_Z(z)\,\mathrm{d}z \tag{4-56}$$

式中，$\mu_{\underset{\sim}{E}}(z)$ 为边坡失稳隶属函数，应为递减函数，使边坡的破坏程度随稳定系数的增大而减小。

设基本随机变量 X 的联合概率密度函数为 $f_X(x)$，则边坡破坏事件 $\widetilde{E}$ 的概率可表示为：

$$P_{\mathrm{f}}=\int_{-\infty}^{+\infty}\mu_{\underset{\sim}{E}}[g_X(x)]f_X(x)\,\mathrm{d}x \tag{4-57}$$

若 X 是独立随机变量，式（4-57）又可写成：

$$P_{\mathrm{f}}=\int_{-\infty}^{+\infty}\cdots\int_{-\infty}^{+\infty}\mu_{\underset{\sim}{E}}[g_X(x)]f_{X_1}(x_1)f_{X_2}(x_2)\cdots f_{X_n}(x_n)\,\mathrm{d}x_1\mathrm{d}x_2\cdots\mathrm{d}x_n \tag{4-58}$$

计算式（4-57）和式（4-58）的多重积分得到边坡的可靠性指标比较困难，下面通过隶属函数补函数来解决这一问题[7]。

边坡稳定系数隶属函数 $\mu_{\underset{\sim}{F}}(z)$ 为递增函数，则相应边坡失稳时的破坏隶属函数 $\mu_{\underset{\sim}{E}}(z)$ 应为递减函数，即随着稳定系数的增大，破坏概率变小，且 $0\leqslant\mu_{\underset{\sim}{E}}(z)\leqslant 1$，因此可将 $1-\mu_{\underset{\sim}{E}}(z)$ 看作随机变量 X_{n+1} 的累积分布函数 $F_{X_{n+1}}(x_{n+1})$。于是式（4-57）变为：

$$P_{\mathrm{f}}=\int_{-\infty}^{+\infty}\{1-F_{X_{n+1}}[g_X(x)]\}f_X(x)\,\mathrm{d}x=\int_{-\infty}^{+\infty}\int_{g_X(x)}^{+\infty}f_{X_{n+1}}(x_{n+1})f_X(x)\,\mathrm{d}x\,\mathrm{d}x_{n+1} \tag{4-59}$$

其中新的随机变量 X_{n+1} 的累积分布函数和概率密度函数分别为：

$$F_{X_{n+1}}(x_{n+1})=1-\mu_{\underset{\sim}{E}}(x_{n+1}) \tag{4-60}$$

$$f_{X_{n+1}}(x_{n+1})=-\frac{\partial\,\mu_{\underset{\sim}{E}}(x_{n+1})}{\partial\,x_{n+1}} \tag{4-61}$$

上述做法把隶属函数的补函数视为一个新随机变量的累积分布函数，类似于非正态随机变量的当量化，具有一定的普遍性。其实在式（4-60）中，也可以直接令 $F_{X_{n+1}}(x_{n+1})$ 为标准正态分布函数 $\phi(x_{n+1})$，相应地式（4-61）中的 $f_{X_{n+1}}(x_{n+1})$ 为标准正态概率密度函数 $\phi(x_{n+1})$，类似于映射变量法的处理，则所得的 X_{n+1} 为标准正态分布变量。

由式（4-59）可知，边坡模糊随机可靠度问题的失效域为 $\{x\mid g_X(x)\leqslant$

$x_{n+1}\}$，因此相应的等效功能函数为：

$$Z_e = g_X(x) - X_{n+1} \tag{4-62}$$

于是，式（4-62）右侧等于0即为模糊极限状态方程，以式（4-60）和式（4-61）为补充条件，可以利用经典可靠度分析方法计算模糊随机可靠度。

得到了模糊极限状态方程后则可按照显示功能函数模糊随机可靠性计算进行求解。

4.7.2 滑坡可靠性分析的 FUZZY-PEM 法

滑坡可靠性分析的模糊点估计法，是建立在统计矩点估计法（罗森布鲁斯 Rosenblueth 法）之上的。它将边坡稳定性极限状态方程由模糊随机集向普通随机集转化，然后利用点估计法求解边坡的可靠度指标。为了更好地与模糊随机理论结合进行滑坡可靠性求解，首先介绍一下可靠性工程中常用的统计矩点估计法。

1. 点估计法

点估计法（PEM）是由 Rosenblueth 于1975年提出的一种矩估计近似方法，于20世纪80年代初被引入结构工程的可靠性分析中。当各种状态变量的概率分布未知时，只需它们的均值和方差，有目的的选择或设计一些特殊组成的点（通常取两个随机变量均值对称的两个点），就可以求得状态函数（稳定系数或安全储备）的各阶矩，且在状态函数的假定概率分布条件下求得边坡的可靠性指标。

对一般的滑坡稳定性问题，取功能函数 $Z=g(X)=g(x_1, x_2, \cdots, x_n)$，式中：$x_1$，$x_2$，…，$x_n$ 为重度、黏聚力、摩擦系数等影响边坡稳定性的随机变量。k 阶原点矩用 PEM 表示为：[9,10]

$$E(Z^k) = P_{1+} P_{2+} \cdots P_{n+} Z_{++L} + P_{1-} P_{2-} \cdots P_{n-} Z_{--L} \tag{4-63}$$

其中：

$$\begin{aligned} Z_{++L} &= g(X_{1+}, X_{2+}, \cdots, X_{n+}) \\ Z_{--L} &= g(X_{1-}, X_{2-}, \cdots, X_{n-}) \end{aligned} \tag{4-64}$$

$$X_{i+} = \mu_{i+} + \sigma_{xi}\sqrt{\frac{P_{i-}}{P_{i+}}}, \quad X_{i-} = \mu_{i-} + \sigma_{xi}\sqrt{\frac{P_{i+}}{P_{i-}}} \tag{4-65}$$

$$P_{i+} = \frac{1}{2}\left[1 - \sqrt{1 - \frac{1}{1+(C_{sxi}/2)^2}}\right], \quad P_{i-} = 1 - P_{i+} \tag{4-66}$$

式中：C_{sxi} 为随机变量 X_i 的偏度系数。当偏度系数未知时，可以假定 $C_{sxi}=0$，设 n 个状态变量互相关联，则每一组合的概率 P_j 取决于变量间的相关系数 ρ_{ij}：

$$P_j = \frac{1}{2^n}[1 + e_1 e_2 \rho_{12} + e_2 e_3 \rho_{23} + \cdots + e_{n-1} e_n \rho_{(n-i)n}] \tag{4-67}$$

其中 $e_i(i=1, 2, \cdots, n)$ 取值为：当 x_i 取 X_{i+} 时，$e_i=1$；当 x_i 取 X_{i-} 时，$e_i=-1$。

取 $2n$ 个点时，其取值点的所有组合有 2^n 个，因此函数 Z 的均值点估计为：

$$\mu_z=E(Z)=\sum_{j=1}^{2^n}P_jZ_j \tag{4-68}$$

如此可推出状态函数 Z 的概率分布的各阶矩表达式。

（1）一阶矩 M_1，均值 μ_z：

$$M_1=E(Z)\approx\sum_{j=1}^{2^n}P_jZ_j \tag{4-69}$$

（2）二阶矩 M_2，即方差 σ^2：

$$M_2=E[(Z-\mu_z)^2]\approx\sum_{j=1}^{2^n}P_jZ_j^2-\mu_z^2 \tag{4-70}$$

（3）三阶矩 M_3：

$$M_3=E[(Z-\mu_z)^3]\approx\sum_{j=1}^{2^n}P_jZ_j^3-3\mu_z\sum_{j=1}^{2^n}P_jZ_j^2+2\mu_z^3 \tag{4-71}$$

（4）四阶矩 M_4：

$$M_4=E[(Z-\mu_z)^4]\approx\sum_{j=1}^{2^n}P_jZ_j^4-4\mu_zM_3-6\mu_z^2M_2-\mu_z^4 \tag{4-72}$$

由功能函数的各阶矩可求得滑坡可靠指标 β、变异系数 δ、偏度系数 C_s 及峰度系数 E_k。

$$\beta=\frac{M_1}{\sqrt{M_2}}, \delta=\frac{\sqrt{M_2}}{M_1}, C_s=\frac{M_3}{M_2^{3/2}}, E_k=\frac{M_4}{M_2^2} \tag{4-73}$$

以功能函数 $Z=g(x, y)$ 为例，包含两个随机变量，每个随机变量取两个计算点，则有

$$\begin{aligned} Z_{++}&=g[(\mu_x+\sigma_x), (\mu_y+\sigma_y)], Z_{+-}=g[(\mu_x+\sigma_x), (\mu_y-\sigma_y)] \\ Z_{-+}&=g[(\mu_x-\sigma_x), (\mu_y+\sigma_y)], Z_{--}=g[(\mu_x-\sigma_x), (\mu_y-\sigma_y)] \end{aligned} \tag{4-74}$$

因此，功能函数 Z 的期望和方差分别为：

$$\mu_Z=E(Z)=P_{++}Z_{++}+P_{+-}Z_{+-}+P_{-+}Z_{-+}+P_{--}Z_{--} \tag{4-75}$$

$$\sigma_Z^2=\mathrm{Var}[Z]=E[Z^2]-(E[Z])^2 \tag{4-76}$$

其中：

$$P_{++}=P_{--}=\frac{1}{4}(1+\rho_{XY}), P_{+-}=P_{-+}=\frac{1}{4}(1-\rho_{XY}) \tag{4-77}$$

据此可求得滑坡的可靠性指标和破坏概率。

2. FUZZY-PEM 原理

在点估计法及上文所述的模糊截集理论的基础上，提出模糊点估计法，它不

但与模糊理论相结合，而且对统计矩点估计法进行改进，在处理过程中不需要知道模糊变量的具体特征，对影响边坡稳定性的各个力学参数都进行模糊随机处理，并在（0，1）区间上取有限个 λ 约束水平，从而使得分析结果更加符合工程实际。

功能函数为 $Z=g(x_1, x_2, \cdots, x_n)$，考虑到随机变量 x_i 的随机性与模糊性，本书对每个变量 x_i 均采用正态模糊数处理。对应于不同的 λ 水平，取不同的隶属度，将分别得到对应的功能函数的点估计上限值 x_i^+ 和下限值 x_i^-（即上文中所指 x_{L}^{λ} 和 x_{R}^{λ}）。

当功能函数在（0，1）区间上取一个 λ 约束水平时，得到 λ 处 r 阶原点矩为：

$$z_{\lambda i}^{r}=p_{+}g^{r}(x_{\lambda i}^{+})+p_{-}g^{r}(x_{\lambda i}^{-})\quad(i=1, 2, \cdots, n;\ r=1, 2, \cdots)\tag{4-78}$$

式中：$(x_{\lambda i}^{+})$、$(x_{\lambda i}^{-})$ 为 $N\times1$ 阶向量，代表所有上限值和下限值的组合；p_{+}、p_{-} 为权重因数。文献［1］推导出考虑模糊随机变量的功能函数的 k 阶原点矩为：

$$E(z^{r})=\frac{\sum_{i=1}^{m}\alpha_{i}z_{\lambda i}^{r}}{m}\tag{4-79}$$

对比 PEM 公式可以发现，式（4-79）中忽略了中间的 2^n-2 项，显然是不准确的。因为 PEM 公式中不仅有参数纯上下界的组合，还有上下界混合在一起形成的组合。研究发现，当将正确的 PEM 公式代入式（4-79）时，将得不出功能函数合理的 k 阶矩，因此必须对式（4-79）进行修正。采用模糊理论中的加权平均，m 个 α 水平下考虑模糊随机性的状态函数的 k 阶原点矩为：

$$E(z^{r})=\frac{\sum_{i=1}^{m}\lambda_{i}z_{\lambda i}^{r}}{\sum_{i=1}^{r}\lambda_{i}}\tag{4-80}$$

可靠指标为：

$$\beta=\frac{E(Z)}{\sigma(Z)}\tag{4-81}$$

对滑坡工程来说，若以稳定系数 F_{s} 为极限状态方程，表达式为 $F_{\mathrm{s}}=g(c, \varphi, \gamma, H, \cdots)$，当有 n 个变量时，每个变量取 2 个点，则有 2^n 种组合，可由状态方程求解 2^n 个状态函数值。因此，r 个 λ 水平下考虑模糊随机性的状态函数的期望值和方差值分别为：

$$E(F_{\mathrm{s}})=\frac{\sum_{i=1}^{m}\lambda_{i}F_{\mathrm{s}\lambda_{i}}}{\sum_{i=1}^{r}\lambda_{i}}\tag{4-82}$$

$$\sigma^2(F_s)=\frac{\sum_{i=1}^{r}\sum_{j=1}^{2^n}\lambda_i p_j F^2_{s_j\lambda_i}}{\sum_{i=1}^{r}\lambda_i}-[E(F_s)]^2 \tag{4-83}$$

由此，可求得边坡的可靠性指标为：

$$\beta=\frac{E(F_s)-1}{\sigma(F_s)} \tag{4-84}$$

4.7.3 滑坡可靠性分析的最大熵方法

目前常用的滑（边）坡可靠性分析方法有一次二阶矩法（FORM）、二次二阶矩法（SORM）、响应面法（RSM）、蒙特卡罗模拟方法（MCSM）、点估计法（PEM）、随机有限元法（S-FEM）、基于人工神经网络的可靠性分析方法等。许多学者对边坡工程可靠性问题进行了研究，并取得了一定的进展[10-17]。但目前的可靠性分析中仍存在一些问题：①计算时所需要的大量统计资料难以获得，进行可靠性分析时，都是以正确的分布概型和准确的统计参数为前提，然而，基本随机变量的样本容量、统计推断方法都会影响基本随机变量的分布概型和参数统计的确定，进而影响到可靠性分析的计算结果；②当前常用的蒙特卡罗模拟法，其计算工程量巨大，收敛速度慢，耗费机时，计算效率低，妨碍其在工程中的应用；③一次二阶矩法作为一种比较成熟的通用方法，实质是将非正态随机变量“当量正态化”转化为正态分布概型，然后求其可靠指标或破坏概率。该方法有两点不足：一是验算点需要通过多次迭代方能得到，而对于每一次迭代，都需要将非正态变量在迭代点处“当量正态化”，当非正态变量比较多时，计算工作量很大；二是非正态变量的“当量正态化”处理，只用到了原随机变量的均值和方差信息，并未考虑样本的偏态、对称性、峭度等内在的因素，且用验算点处的分布概率值相等的局部条件进行当量化，与整体的当量化相去甚远[18]，甚至有时计算误差较大。

累积分布函数是随机变量统计特征的完整描述，数字特征如各阶矩也能描述随机变量某些方面的重要特征。因此，在进行可靠度分析时，对于基本随机变量可以不考虑其实际概率分布，而是从基本资料统计分析中得到随机变量的各阶矩求得功能函数的各阶矩，通过最大熵原理或函数逼近等途径，拟合出功能函数的概率密度函数，直接求得边坡工程的破坏概率。基于最佳平方逼近原理确定的概率密度函数，直接由样本矩生成，能较好地逼近大多数经典概率分布，但是容易产生龙格现象，导致震荡[19,20]，计算求解困难。将最大熵原理用于计算结构失效概率等许多方面，引起了广泛关注[21-23]，它在考虑样本方差和均值的同时，考虑了与样本的偏态、对称性、峭度等有关的高阶中心矩，这就使得结果更加合理可靠。最大熵原理拟合功能函数的概率密度函数求解破坏概率时，现阶段常用的方法是对功能函数的分布密度函数 $f(Z)$ 在均值附近进行截尾处理，用 $f(Z)$ 在有限域内的积分值近似地代替无限域上的积分值，而将两尾部上的积分值忽略不计，从而造成了积分区间的缺失，计算误差较大。鉴于此，本书提出一种新的计算方法，将 Pearson（皮尔逊）系统引入到可靠性分析当中，通过 Pearson 曲线族获得功能函数的各阶中心矩，基于最大熵原理拟合得到功能函数的最大熵密度函数，借助 MATLAB 软件，采用区间截断法和 Gauss-Kronrod（高斯-克朗罗德）数值积分法分别确定最大熵密度函数的拉格朗日系数和边坡的破坏概率。算例分析表明，该方法的计算效率和精度较高，结果可靠，为边坡的可靠性分析提供了一条新的途径。

1. 最大熵原理

（1）基本原理

Shannon 将热力学熵的概念引入信息论，用以表示系统的不确定性、稳定程度和信息量。若随机事件有 n 个可能的结果，每个结果出现的概率为 p_i（$i=1$，2，…，n），为度量此事件的不确定性，Shannon 引入以下函数：

$$H=-c\sum_{i=1}^{n}p_i\ln p_i \tag{4-85}$$

其中 $c>0$，为常数，因此 $H\geqslant 0$。H 称为 Shannon 熵。显然，必然事件只出现一种结果，其 $p_i=1$，没有不确定性，$H=0$；若所有的 p_i 都相等（$p_i=1/n$），H 取得最大值 $c\ln n$，表明人们对试验结果一无所知，事件的不确定性最大[24]。

若随机事件服从概率密度函数为 $f_X(x)$ 的连续分布，Shannon 熵定义为：

$$H=-c\int_{-\infty}^{+\infty}f_X(x)\,\mathrm{d}x \tag{4-86}$$

信息是在一种情况下能减少不确定性的任何事物。Shannon 熵在事件发生前，是该事件不确定性的度量；在事件发生后，是人们从该事件中所得到的信息的度量，因此，Shannon 熵也称为信息熵。在所给定的条件下，所有可能的概率分布中存在一个使信息熵取极大值的分布，这就称为最大熵原理。熵最大就意味着获得的总信息量最少，在已知数据一定的情况下，所添加的信息量就最少，它使熵在已知信息附加约束的条件下最大化。

（2）边坡稳定最大熵密度函数

考虑随机变量 X 的前 m 阶原点矩 ν_{X_i}（$i=1$，2，…，n）作为约束条件，即在下列条件下使式（4-87）取得最大值：

$$\nu_{X_i}=E(X^i)=\int_{-\infty}^{+\infty}x^i f_X(x)\,\mathrm{d}x\ (i=1，2，\cdots，n) \tag{4-87}$$

常用消元法、拉格朗日（Lagrange）乘子法、罚函数法等求得约束条件下的最大值。考虑到计算精度，选取拉格朗日乘子法来解决上述问题。利用拉格朗日乘子及式（4-86）和式（4-87），引进修正的函数为：

$$L=-c\int_{-\infty}^{+\infty}f_X(x)\ln f_X(x)\mathrm{d}x+\sum_{i=0}^{m}\lambda^i\left[\int_{-\infty}^{+\infty}x^i f_X(x)\mathrm{d}x-\nu_{X_i}\right] \tag{4-88}$$

式中，λ_0，λ_1，…，λ_m 为待定系数。在稳定点处有 $\frac{\partial L}{\partial f_X(x)}=0$，即

$$\ln f_X(x)=-1+\frac{1}{c}\sum_{i=0}^{m}\lambda_i x^i \tag{4-89}$$

令 $a_0=1-\frac{\lambda_0}{c}$，$a_i=-\frac{\lambda_i}{c}$（$i=1$，2，…，$m$），可得到最大熵密度函数为：

$$f_X(x)=\exp(-\sum_{i=0}^{m}a_i x^i) \tag{4-90}$$

式中，a_0，a_1，…，a_m 为待定系数。边坡工程可靠性功能函数的最大熵密函数的求解也就转化为求解上述系数。

式（4-87）等价于给定 X 的中心矩：

$$\mu_{X_i}=E[(X-\mu_X)^i]=\int_{-\infty}^{+\infty}(x-\mu_X)^i f_X(x)\mathrm{d}x(i=0,1,\cdots,m) \tag{4-91}$$

式中，$\mu_X=\nu_{X_1}$，为 X 的均值。

通常可以得到 X 的前四阶中心矩，即

$$\begin{cases}\mu_{X0}=1,\ \mu_{X1}=0,\ \mu_{X2}=\sigma_X^2\\ \mu_{X3}=C_{sX}\sigma_X^3,\ \mu_{X4}=C_{kX}\sigma_X^3\end{cases} \tag{4-92}$$

式中，σ_X 为标准差；C_{sX} 为偏态系数；C_{kX} 为峰度系数。几种典型概率分布的三、四阶中心矩系数见表 4-1，根据该表很容易计算出三、四阶中心矩。

典型概率分布的三、四阶中心矩系数　　表 4-1

概型	正态分布	对数正态分布	指数分布
偏态系数 C_{sX}	0	0.324	2
峰值系数 C_{kX}	3	3.514	9

2. 基于 Pearson 系统的高阶矩计算

Pearosn 曲线族是由英国学者皮尔逊（Pearosn）于 1903 年首先提出的。一般的广义高斯和 Cauchy 概率密度函数模型属于对称的分布簇，由于这些模型的自然梯度算法可能不会成功地分离出具有强烈非对称分布的独立源（如 gamma 函数）或靠近零峭度的非高斯源，因此可以用 Pearson 系统来建模。同样，X 的高阶矩的表达式有时是相当复杂的，不易获得，为了较为简便的得到更高阶的中心矩，可以借助具有广泛适应性的 Pearson 曲线族（或称 Pearson 系统）。

在 Pearosn 系统中，认为随机变量 X 的概率密度函数 $f_X(x)$ 由下面常微分方程确定：

$$\frac{1}{f_X(x)}\frac{\mathrm{d}f_X(x)}{\mathrm{d}x}=\frac{x-d}{c_0+c_1x+c_2x^2} \tag{4-93}$$

其中 c_0、c_1、c_2、d 是依赖于待估计函数的分布参数，将上式积分可得到一个曲线族，Pearosn 将曲线族分为 13 种线型。式（4-94）为 Pearosn 曲线族的一般形式，参数 d、c_0、c_1 和 c_2 可用 X 的前四阶中心矩表示，即：

$$\begin{cases} c_0 = -\dfrac{\mu_{X2}(4\mu_{X2}\mu_{X4} - 3\mu_{X2}^3)}{10\mu_{X2}\mu_{X4} - 12\mu_{X3}^2 - 18\mu_{X2}^3} \\ c_1 = -\dfrac{\mu_{X3}(3\mu_{X2}^3 + \mu_{X4})}{10\mu_{X2}\mu_{X4} - 12\mu_{X3}^2 - 18\mu_{X2}^3} \\ c_2 = -\dfrac{2\mu_{X2}\mu_{X4} - 3\mu_{X3}^2 - 6\mu_{X2}^3}{10\mu_{X2}\mu_{X4} - 12\mu_{X3}^2 - 18\mu_{X2}^3} \\ d = c_1 \end{cases} \tag{4-94}$$

曲线族的各阶中心矩存在着以下递推关系：

$$\mu_{X(k+1)} = -\frac{k(c_0\mu_{X(k-1)} + c_1\mu_{Xk})}{1 + (k+2)c_2}(k = 1, 2, \cdots) \tag{4-95}$$

各阶 μ_{Xi} 可能相差悬殊，为此将 X 转换成标准随机变量 $Y = (X - \mu_X)/\sigma_X$，以免在计算时溢出中断求解。X 和 Y 的各阶中心矩存在以下关系：

$$\begin{aligned} \mu_{Xi} &= E[(X - \mu_X)^i] = E[(\sigma_X Y)^i] \\ &= \sigma_X^i E(Y^i) = \sigma_X^i \mu_{Yi} = \sigma_X^i \nu_{Yi} \quad i = 0, 1, \cdots, m \end{aligned} \tag{4-96}$$

利用式（4-92）和式（4-96），及 $\mu_Y = 0, \sigma_Y = 1, \nu_{Yi} = \mu_{Yi}$，$Y$ 的前四阶矩可表示为：

$$\begin{cases} \nu_{Y0} = 1, \ \nu_{Y1} = 0, \ \nu_{Y2} = 1 \\ \nu_{Y3} = C_{sY} = C_{sX}, \ \nu_{Y4} = C_{kY} = C_{kX} \end{cases} \tag{4-97}$$

对于标准随机变量 Y，确定 Pearson 系统参数的式（4-94）可以写为：

$$\begin{cases} c_0 = -\dfrac{4C_{kY} - 3C_{sY}}{10C_{kY} - 12C_{sY}^2 - 18} \\ c_1 = -\dfrac{C_{sY}(3 + C_{kY})}{10C_{kY} - 12C_{sY}^2 - 18} \\ c_2 = -\dfrac{2C_{kY} - 3C_{sY}^2 - 6}{10C_{kY} - 12C_{sY}^2 - 18} \\ d = c_1 \end{cases} \tag{4-98}$$

而式（4-94）只需将其中的 X 换成 Y，可用于递推更高阶的矩 $\nu_{Yi} = \mu_{Yi}(i = 1, 2, \cdots)$。得出上式后，可将其编入 MATLAB 程序中。

3. 功能函数各阶中心矩的确定

对于任意的功能函数，目前较好的办法就是将其展开成 Taylor 级数并取至二次项，用基本变量的各阶矩来估计功能函数的各阶矩，通常情况下只考虑其前四阶矩即可满足精度要求，具体作法如下：

设边坡可靠性功能函数为 $Z=g(X)$，其中 $X=(X_1, X_2, \cdots, X_n)^{\mathrm{T}}$ 中 X_i 的统计矩为 μ_{X_i}、ν_{X_i}、C_{sX_i} 和 C_{kX_i}，前四阶中心矩为 μ_{X_i1}、μ_{X_i2}、μ_{X_i3} 和 μ_{X_i4}。将功能函数在验算点 x^* 处作 Taylor 级数展开并取至二次项，得：

$$Z_Q=g_X(x^*)+(X-x^*)^{\mathrm{T}}\nabla g_X(x^*)+\frac{1}{2}(X-x^*)^{\mathrm{T}}\nabla^2 g_X(x^*)(X-x^*) \tag{4-99}$$

Z_Q 的均值为：

$$\mu_{Z_Q}=E(Z_Q)=g_X(\mu_X)+\frac{1}{2}\sum_{i=1}^{n}\frac{\partial^2 g_X(\mu_X)}{\partial X_i^2}\mu_{X_i2} \tag{4-100a}$$

第 2～4 阶中心矩可分别由 Taylor 级数展开求取功能函数 Z 的前四阶中心矩的估计值求得，除此之外还可以用概率论的点估计法求 Z 的各阶原点矩 $\nu_{Zi}(i=1, 2, \cdots)$。但其计算精度都要比 Taylor 级数展开法低。如果需要还可以利用式（4-95）得到更高阶矩。

$$\text{二阶中心矩 } \mu_{Z_Q2}=E[(Z_Q-\mu_{Z_Q})^2] \tag{4-100b}$$

$$\text{三阶中心矩 } \mu_{Z_Q3}=E[(Z_Q-\mu_{Z_Q})^3] \tag{4-100c}$$

$$\text{四阶中心矩 } \mu_{Z_Q4}=E[(Z_Q-\mu_{Z_Q})^4] \tag{4-100d}$$

4. 拉格朗日系数及破坏概率计算

本书采取用区间截断法[25]来确定区间变量的函数值域区间，用高斯-克朗罗德数值积分法分别确定最大熵密度函数的拉格朗日系数和边坡的破坏概率。

将功能函数 Z 标准化为 $Y=(Z-\mu_Z)/\sigma_Z$，满足约束条件式（4-97）的随机变量 Y 的最大熵密度函数 $f(y)$ 仍是式（4-90）的形式。将式（4-90）和式（4-97）代入式（4-98），得到积分方程组：

$$\nu_{X_i}=E(X^i)=\int_{-\infty}^{+\infty}y^i\exp\left(-\sum_{j=0}^{m}a_j y^j\right)\mathrm{d}y=\nu_{Yi}\ (i=0, 1, \cdots, m) \tag{4-101}$$

从中解出 $f(y)$ 中的 Lagrange 系数 a_0，a_1，…，a_n。

边坡的破坏概率为：

$$P_f=P_r(Z\leqslant 0)=P_r\left(Y\leqslant -\frac{\mu_Z}{\sigma_Z}\right)=\int_{-\infty}^{-\frac{\mu_Z}{\sigma_Z}}\exp\left(-\sum_{i=0}^{m}a_i y^i\right)\mathrm{d}y \tag{4-102}$$

（1）区间截断法

设 $A_{i\lambda}=[a_{i\lambda}^{\mathrm{L}}, a_{i\lambda}^{\mathrm{R}}]$（$i=1, 2, \cdots, n$）（$n$ 为变量个数）为输入随机变量 A_i 在 λ 截集水平值时的区间值，$B_\lambda=[b_\lambda^{\mathrm{L}}, b_\lambda^{\mathrm{R}}]$ 为函数在 λ 截集水平时的值域区间，由 $A_{i\lambda}$ 的中心值 $A_{i\lambda0}=(a_{i\lambda}^{\mathrm{L}}+a_{i\lambda}^{\mathrm{R}})/2$ 可求得相应 B_λ 的中心值 $B_{\lambda0}$，当 $B_{\lambda0}$ 接近于 0 时，截断法失效，而当 $B_{\lambda0}$ 离 0 较远时，b_λ^{L}、b_λ^{R} 与其中心值 $B_{\lambda0}$ 的相对偏差 Δ_1、Δ_2 的计算公式可表述为：

$$\Delta_1=|(b_\lambda^{\mathrm{L}}-B_{\lambda0})/B_{\lambda0}| \tag{4-103}$$

$$\Delta_2 = |(b_\lambda^L - B_{\lambda 0})/B_{\lambda 0}| \tag{4-104}$$

总的相对偏差 $\Delta=\Delta_1+\Delta_2$，对于保守设计总是希望 Δ 大于真实值，现假设函数值域区间的最大相对偏差为 $2t$，t 可为所有输入区间变量相对其中心值偏差最大的值，用截断区间 $[c_\lambda^L, c_\lambda^R]$ 来表示 B_λ 的最终取值区间，具体取值如下：

1）当 $\Delta_1 \leqslant t$，$\Delta_2 \leqslant t$ 时

$$c_\lambda^L = b_\lambda^L，c_\lambda^R = b_\lambda^R \tag{4-105}$$

2）当 $\Delta_1 > t$，$\Delta_2 > t$ 时

$$c_\lambda^L = B_0 + t(b_\lambda^L - B_0)/\Delta_1$$
$$c_\lambda^R = B_0 + t(b_\lambda^R - B_0)/\Delta_1 \tag{4-106}$$

3）当 $\Delta_1 \leqslant t$，$\Delta_2 > t$ 时

$$c_\lambda^L = b_\lambda^L，c_\lambda^R = B_0 + t(b_\lambda^R - B_0)/\Delta_1 \tag{4-107}$$

4）当 $\Delta_1 > t$，$\Delta_2 \leqslant t$ 时

$$c_\lambda^L = B_0 + t(b_\lambda^L - B_0)/\Delta_1，c_\lambda^R = b_\lambda^R \tag{4-108}$$

根据上述区间数运算规则及区间截断法进行边坡可靠性最大熵密度函数拉格朗日系数的计算，可以得到更加符合实际情况的函数值域区间，也提高了可靠性评价的准确性。

（2）Gauss-Kronrod 数值积分法

当 a_0，a_1，…，a_m 确定后，采用高斯-克朗罗德数值积分法，利用 MATLAB 软件，其统计学工具箱中的 quadgk 函数可直接处理具有无穷区间的一维积分问题。该积分方法特别适用于高精度和震荡数值积分，支持无穷区间，并且能够处理端点包含奇点的情况，同时还支持沿着不连续函数积分，复数域线性路径的围道积分法[26]。

（3）算例计算及计算精度比较

据文献［18］给出的算例，极限状态方程为 $Z=g(R, S)=R-S=0$，R 为抗力，S 为荷载。已知 $\mu_R=125$，$\mu_S=62.5$，R 和 S 的变异系数 V_R 和 V_S 为：$V_R=0.16$，$V_S=0.15$，当 R 服从对数正态分布，S 服从正态分布时，求可靠性指标 β 和破坏概率 P_f。

根据本书所介绍的方法，高矩中心矩取至四阶（也可更高），采用基于最大熵原理的二次四阶矩方法进行计算。计算过程可概括为：

1）利用式（4-100a），计算功能函数均值；

2）利用式（4-100b）～式(4-100d）计算 μ_{Zi}；

3）利用式（4-92）$_{X\to Z}$ 的后两式计算 C_{sZ} 和 C_{kZ}；

4）利用式（4-97）$_{X\to Z}$ 计算 ν_{Yi}；

5）利用式（4-96）$_{X\to Y}$ 和式（4-98）计算高阶矩 ν_{Yi}；

6）由式（4-101）求解 a_0，a_1，…，a_m；

7）利用式（4-102）计算破坏概率 P_f。

采用区间截断法优化求解，经计算最大熵密度函数的拉格朗日系数分别为：$a_0=0.0105$；$a_1=-0.0514$；$a_2=0.4566$；$a_3=0.1440$；$a_4=0.9379$。

由 Gauss-Kronrod 数值积分法计算破坏概率 $P_f=4.6869e-004$；可靠性指标 $\beta=3.307$。

用文献［8］的计算方法得：$P_f=6.41e-004$；$\beta=3.22$；

用 R-F 计算方法得：$P_f=3.018e-004$；$\beta=3.43$；

用 MCSM 模拟 10^4 次，计算结果为：

$P_f=4.834e-004$；$\beta=3.3$。

以上计算结果可以看出，采用上述方法计算出的可靠度指标和其他计算方法的计算结果非常接近，保证了计算精度要求，该方法可推广使用。

参考文献

［1］ 李胡生，熊文林. 岩土工程随机-模糊可靠度的概念和方法［J］. 岩土力学，1993，2（14）：26-33.

［2］ 熊文林，李胡生. 岩石样本力学参数值的随机-模糊处理方法［J］. 岩土工程学报，1992，14（6）：101-108.

［3］ 李胡生，魏国荣. 用随机-模糊线性回归方法确定岩石抗剪强度参数［J］. 同济大学学报，1993，21（3）：421-429.

［4］ 王宇，曹强，李晓等. 边坡渐进破坏模糊随可靠性研究［J］. 工程地质学报，2011，19（6）：853：858.

［5］ 王鹏，李安贵，蔡美峰等. 基于随机-模糊理论的岩石抗剪强度参数的确定［J］. 岩石力学与工程学报，2005，24（4）：547-552.

［6］ 王浩，庄钊文. 模糊可靠性分析中的隶属函数确定［J］. 电子产品可靠性与环境实验，2000（4）：2-7.

［7］ 王宇，宋新龙等. 边坡工程模糊随机可靠度分析［J］. 长江科学院院报，2011，28（9）：31-34.

［8］ 王宇，王春磊，汪灿等. 边坡可靠性评价的向量投影响应面研究及应用［J］. 岩土工程学报，2011，33（9）：1435-1439.

［9］ 王宇，贾志刚，李晓等. 边坡模糊随机可靠性分析的模糊点估计法［J］. 岩土力学，2012，36（2）：1795-1800.

［10］ 王小礼，罗辉，王宇. 有限元强度折减法在边坡可靠性研究中的应用［J］. 路基工程，2010，2010（4）：143-146.

［11］ Christian J T，Ladd C C，Baecher G B. Reliability applied to slope stability analysis［J］. Journal Geotechnical Engineering Division，1994，120（12）：2180-2207.

［12］ Christian J T，Urzua A. Probabilistic evaluation of earthquake-induced slope failure［J］. Journal of Geotechnical and Geoenvironmental Engineering，1998，124（11）：1140-1143.

[13] 谭晓慧.边坡稳定可靠度分析方法的探讨 [J].重庆大学学报（自然科学版），2001，24（6）：40-44.

[14] 杨超，徐光黎，申艳军等.基于结构面网络模拟的节理岩质边坡可靠性分析 [J].工程地质学报，2014，22（06）：1221-1226.

[15] 宋云连，汲敏，李树军.高边坡结构可靠度的二次处理有限元分析 [J].工程地质学报，2008，16（4）：522-527.

[16] 张宏涛，赵宇飞，李晨峰.基于多项式混沌展开的边坡稳定可靠性分析 [J].岩土工程学报，2010，8（32）：1254-1259.

[17] 张亚国，张波，李萍等.基于点估计法的黄土边坡可靠度研究 [J].工程地质学报，2011，19（4）：615-619.

[18] 李镜培，高大钊.计算可靠性指标β的高阶矩方法 [C].第四届全国岩土力学数值分析与解析方法讨论会论文集.上海：同济大学出版社，1991.

[19] 邓建，李夕兵，古德生.工程结构可靠性分析的最佳平方逼近法 [J].计算力学学报，2002，19（2），212-216.

[20] Siddal J N. Probabilistic Engineering Design：Principles and Applications [M]. New York：Marcel Dekker Inc. 1983，92-125.

[21] 章光，朱维申，白世伟.计算近似失效概率的最大熵密度函数法 [J].岩石力学与工程学报，1995，14（2）：119-129.

[22] Zografos K. On maximum entropy characterization of pearson's type Ⅱ and Ⅶ multivariate distribution [J]. Journal of Multivariate Analysis，1999，71（1）：67-75.

[23] Ernani V Volpe，Donald Baganoff. Maximum entropy pdfs and the moment problem under near-Gaussian conditions [J]. Probabilistic Engineering Mechanics，2003，18（1）：17-29.

[24] 赵国藩.工程结构可靠性理论与应用 [M].大连：大连理工大学出版社，1996.

[25] 吕震宙，冯蕴雯，岳珠峰.改进的区间截断法及基于区间分析的非概率可靠性分析方法 [J].计算力学学报，2002，19（3）：260-264.

[26] 王宇，张慧，贾志刚.边坡工程可靠性分析最大熵方法 [J].工程地质学报，2012，20（1）：52-57.

第5章

降雨作用下滑坡渐进破坏演化机制

5.1　滑坡渐进破坏分析模型

滑坡渐进破坏模糊概率的计算是以条块的安全余度为基础的，在分析时将任一条块的安全余度视为随机变量，根据不同的稳定性分析模型，推导出其相应的极限状态方程。滑坡破坏的发展过程，首先从滑动面上失稳概率最大的条块开始，然后不断向相邻条块发展转移，坡体内应力重新调整，向新的平衡状态过渡，扩展至失稳概率较大的一侧，直到滑坡失稳破坏。随着扩展破坏进行，破坏范围不断增大，当破坏发展到极限状态时，形成边坡的整体滑移，形成滑坡。在扩展破坏过程中，已经破坏了的条块，滑面上抗剪强度降为残余强度，抗剪强度余量由未发生破坏的条块承担[1]。对图 5-1 所示的边坡，发生渐进破坏的面很可能就是潜在的最危险滑面，破坏失稳可能由某一条块的底滑面开始，然后向邻区扩展。对任意土条 i，其抗滑力 $R_i=cl_i+N_if$，下滑力 S_i，则土条 i 的安全储备定义为：

$$SM_i=R_i-S_i=cl_i+N_if-S_i \tag{5-1}$$

式中：c 为黏聚力；$f(=\tan\varphi)$ 为内摩擦系数；l_i 第 i 条块底面长度；N_i 为作用于条块底面的有效正应力。采用不同的稳定性计算模型，N_i 和 S_i 具有不同的表达式。

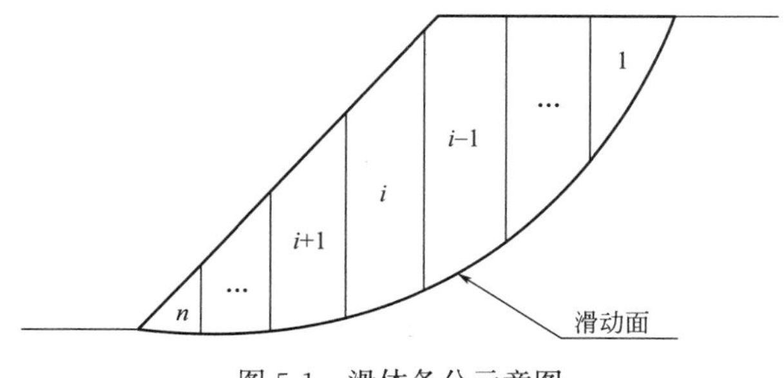

图 5-1　滑体条分示意图

基于条分法的滑坡稳定性分析，无论是天然滑坡还是工程滑坡，在许多情况下坡体内均存在着孔隙水压力，虽然在进行稳定性分析时不同的分析方法对其作用的处理及结果有所差异，但由于孔隙水压力的存在对稳定性有着重大影响的结论是一致的。在条分法原理的基础上，下面将分别对天然状态（或静水位线）滑坡、考虑孔隙水压力影响的滑坡以及降雨入渗条件下的滑坡条块的安全余量表达式进行推导分析。

5.1.1　条分法基本原理

瑞典圆弧法又称为瑞典法或费伦纽斯（Fellenins）法，它是最简单最古老的一种分析方法，它是条分法的一种，隶属于刚体极限平衡法，是一种定量评价方法。根据对条块间作用力的不同假设类型，又细分出多种分析方法，但它们都是基于相同原理。将滑坡稳定问题视为平面应变问题，滑裂面是以半径为 r、圆心为 O 的圆弧，以竖直划分方式将滑动面（AC）之上的土体（$ABCD$）分为若干个条块（宽度为 b），土条高为 h，如图 5-2 所示，由于宽度相对很小，条块底部可视为直线，且底部倾角为 θ。根据极限平衡法分析原则，作如下几个假定：①只考虑破坏面上的岩土体的极限平衡状态，忽略岩土体的变形，将岩土体作刚体处理；②破裂面上的强度由 c、φ 值控制，即遵守摩尔-库伦强度定律；③滑体中的应力，以正应力和剪应力的方式集中作用在滑面上；④以平面（二维）问题处理。假定所有土条的稳定系数都相等且满足摩尔-库仑定律。1955 年，毕肖普（A. W. Bishop）明确了土坡稳定系数的定义：

$$F_s=\frac{\tau_f}{\tau_m} \tag{5-2}$$

式中：F_s 为稳定安全系数；τ_f 为沿整个滑动面上的抗剪强度（符合摩尔-库仑定律）；τ_m 为沿滑裂面实际产生的剪应力。

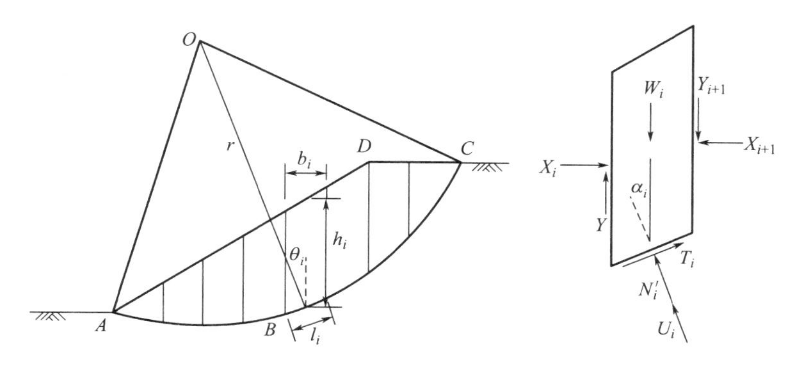

图 5-2　条分法力学原理

对第 i 个分条进行受力分析：

土条底部有效反力为 $N_i'=\sigma' l$，土条底部孔隙水压力 $u'=ul_i$，从而得：

$$N=(\sigma'+u)l_i \tag{5-3}$$

根据式（5-3）知，土条底部切应力为：

$$T_i = \tau_m l_i = \frac{\tau_f}{F_s} l_i \tag{5-4}$$

考虑整个滑体力矩平衡有

$$\sum T_i r = \sum W_i r \sin\theta_i \tag{5-5}$$

将式（5-3）、式（5-4）代入式（5-5），可解得稳定系数为：

$$F_s = \frac{\sum \tau_f l_i}{\sum W_i \sin\theta_i} = \frac{\sum [c' + (\sigma - u) \cdot \tan\varphi'] l_i}{\sum W_i \sin\theta_i} = \frac{\sum (c' l_i + N'_i \cdot \tan\varphi')}{\sum W_i \sin\theta_i} \tag{5-6}$$

由上式可得，滑坡天然状态（或静水压力作用）下安全余量功能函数的表达式为：

$$SM_i = R_i - S_i = (c'_i l_i + N'_i \cdot \tan\varphi'_i) - W_i \sin\theta_i \tag{5-7}$$

以上各式中，S_i 为第 i 条块滑体下滑力（kN/m）；R_i 为第 i 条块抗滑力（kN/m）；N_i 为第 i 条块滑面法线上的反力（kN/m）；c'_i 为第 i 条块滑动面上有效内聚力（kPa）；φ'_i 为第 i 条块滑带土的有效内摩擦角（°）；l_i 为第 i 条块滑动面长度（m）；α_i 为第 i 条块底面倾角（°）；W_i 为第 i 条块的自重（kN/m），且有 $W_i = \gamma bh$ ，土体饱和时取 $W_i = \gamma_{sat} bh$ ；γ 为岩土体的天然容重（kN/m^3）；γ' 为岩土体的浮容重（kN/m^3）；γ_{sat} 为岩土体的饱和容重（kN/m^3）。

5.1.2 考虑孔隙水压力的条块安全余量功能函数确定

考虑坡体的渗流作用时，当滑体（或部分）在水位线（浸润线）以下，或由于荷载效应作用有超静水压力时，滑体含水量增加，导致岩土体抗剪强度下降。因此在建立滑体条块安全余量功能函数状态方程时必须将孔隙水压力作用的影响考虑进去，上一节已经进行了相关的推导。考虑孔隙水压力的滑坡稳定分析，可分为有效应力法和总应力法，通常，若作用于滑体的孔隙水压力 U 方便计算时，应考虑采用有效应力法，考虑孔隙水压力的稳定性分析方法，计算结果更可靠，思路也更清晰[2]。本节所给出的常规考虑孔隙水压力影响的边坡稳定分析方法都是基于有效应力法的。接下来将介绍工程中常用的瑞典条分法、容重替代法、简化毕肖（Bishop）法及传递系数法，考虑孔隙水压力的安全余度功能函数的确定。

（1）瑞典条分法

对土条 i，由沿土条底部法线方向建立的力平衡条件可解得有效法向反力为：

$$N'_i = W_i \cos\theta_i - u l_i \tag{5-8}$$

孔隙水压力 U 的确定可采用以下方法：过土条底部中点作等势线与浸润线的相交线段，线段竖直高度 h，将其作为土条底部上的平均孔隙水压力水头，从而作用于土条底部总的孔隙水压力为：$U = u l_i = \gamma_w h_w l_i$。

对于孔隙水压力的计算，根据研究对象的不同，考虑两种情况，即“水土合算”和“水土分算”。本书中按前一种情况，将颗粒骨架与孔隙水作为整体计算，土的重度，浸润线以上取土的天然容重，浸润线以下取为土的饱和容重 γ_{sat} 。土条 i 的重量 W_i 即为：

$$W_i = W_{i1} + W_{i2} = \gamma h_{2i} b_i + \gamma_{sat} h_{1i} b_i \tag{5-9}$$

将式（5-8）、式（5-9）代入式（5-3），得到安全余量功能函数的表达式为：

$$SM_i = R_i - S_i = c' l_i + (W_i \cos\theta_i - \gamma_w h_w l_i) \cdot \tan\varphi' - W_i \sin\theta_i \tag{5-10}$$

$$SM_i = R_i - S_i = c'_i l_i + b_i (\gamma h_{1i} + \gamma' h_{2i}) \cos\theta_i \tan\varphi'_i - W_i \sin\theta_i \tag{5-11}$$

（2）容重替代法

容重替代法指的是在计算滑坡抗滑力时浸润线下部岩土体采用浮容重替代饱和容重，而在计算下滑力时，浸润线以下部分土重仍采用饱和重，该方法是在瑞典条分法的基础上发展而来。陈仲颐认为，虽然该方法使用简便，但是只适用于浸润线的坡度平缓的情况，否则误差相当大，且偏于不安全。

基于容重替代法的安全余量功能函数表达式为：

$$SM_i = R_i - S_i = c'_i l_i + b_i (\gamma h_{1i} + \gamma' h_{2i}) \cos\theta_i \tan\varphi'_i - W_i \sin\theta_i \tag{5-12}$$

与式（5-10）相比，孔隙水压力项不再出现，即孔隙水压力对滑弧稳定性的作用用近似的方法替换了。该式为式（5-8）的近似表达式。

（3）简化的 Bishop 法

Bishop 法是一种适合于圆弧形破坏滑动面的滑坡稳定性分析方法。但它不要求滑动面为严格圆弧，而只是近似圆弧即可。假定各土条之间的切向条间力略去不计，即假定条间力的合力是水平的，这样由竖直方向的力平衡方程可以解得有效法向反力 N'_i：

$$N'_i = \left(W_i - \frac{c' l_i}{F_s} \sin\theta_i - u l_i \cos\theta_i\right) / \cos\theta_i + \frac{\tan\varphi' \sin\theta_i}{F_s} \tag{5-13}$$

把式（5-13）代入式（5-8），则简化 Bishop 法的安全余量功能函数为：

$$SM_i = R_i - S_i = \frac{1}{m_{\theta_i}} [c'_i b_i + (W_i - u b_i) \tan\varphi'] - W_i \sin\theta_i \tag{5-14}$$

式中：$m_{\theta_i} = \cos_{\theta_i} + \dfrac{\sin\theta_i \tan\varphi'}{F_s}$，当 $m_{\theta_i} \geqslant 0.2$ 时误差较小，当 $m_{\theta_i} < 0.2$ 时，计算误差较大。由于参数 m_{θ_i} 中包含有稳定系数 F_s ，因此不能直接求出稳定系数，而需要用迭代试算的方法求解。

（4）传递系数法

传递系数法又称为剩余推力法或不平衡推力传递法，该方法为规范中推荐的方法，也是基于条分法对滑坡进行稳定性分析。当考虑孔隙水压力作用时，将条块中各力分解为该条块平行于滑面方向上和垂直滑面方向上，由图 5-3 知第 i 条块的孔隙水压力：$N_{Wi} = \gamma_W h_{iW} L_i$ ，即近似等于浸润面以下土体的面积 $h_{iW} L_i$ 乘

以水的重度 γ_W 。

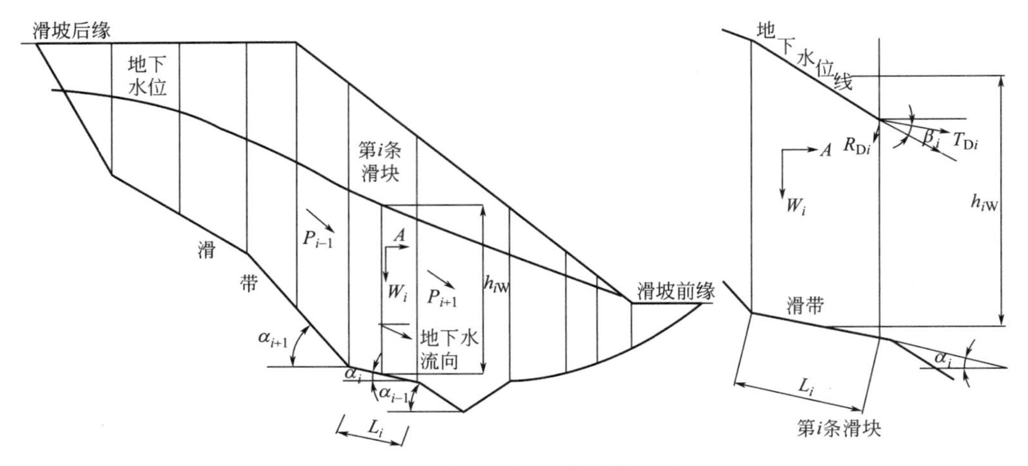

图 5-3　传递系数法计算模型图

渗透压力产生的平行滑面分力、垂直滑面分力分别为：

$$T_{Di}=\gamma_W h_{iW} L_i \sin\beta_i \cos(\alpha_i-\beta_i) \tag{5-15}$$

$$R_{Di}=\gamma_W h_{iW} L_i \sin\beta_i \sin(\alpha_i-\beta_i) \tag{5-16}$$

式中及图中，L_i 为第 i 条块的滑面长度（m）；α_i 为第 i 条块的滑面倾角（°）；β_i 为第 i 条块地下水流向；A 为地震加速度。

从而，第 i 条块的抗滑力为：

$$R_i=[W_i(\cos\alpha_i-A\sin\alpha_i)-N_{Wi}-\gamma_W h_{iW} L_i \sin\beta_i \sin(\alpha_i-\beta_i)]\tan\varphi_i+C_i L_i \tag{5-17}$$

第 i 条块的下滑力为：

$$T_i=W_i\sin\alpha_i+A\cos\alpha_i+\gamma_W h_{iW} L_i \sin\beta_i \cos(\alpha_i-\beta_i) \tag{5-18}$$

由以上各式可得到安全余量功能函数表达式为：

$$SM_i=R_i-S_i=cl_i+N_i f_i-S_i \tag{5-19}$$

式中：$f_i=\tan\varphi_i$，当 i 条块未破坏时取其峰值强度，当 i 条块已破坏时取其残余强度。

5.1.3　降雨条件下条块安全余量功能函数确定

考虑降雨入渗的滑坡稳定分析，孔隙水压力影响的计算是建立在非饱和土理论基础之上的，实际上可以看作是考虑孔隙水压力影响的滑坡稳定性分析的特例。但是，常规的考虑孔隙水压力影响的计算方法是建立在饱和土理论基础之上，一般采用有效抗剪强度参数 c'、φ'，地下水位以上由负孔隙水压力提供的部分抗剪强度通常忽略不计；然而当考虑降雨作用时，负孔隙水压力在提高土的强度方面的作用不可忽略。相比一般的考虑孔隙水压力的滑坡稳定性分析降雨作用影响的特殊性表现在：①滑坡是非饱和土坡；②坡体内孔隙水压力分布是暂态的，浸润面的位置可能会随时间变化；③滑坡土体重度随雨水入渗而变化，对土体稳定性影响较大；土体随着水分的入渗会发生软化，抗剪强度因而降低。这些特征性的存在，使得在降雨条件下滑坡稳定性分析时，有两个问题急需解决：①降雨入渗作用引起的暂态孔隙水压力和土体容重变化的定量计算；②由于降雨入渗引起的土体软化的强度计算。近几年来，非饱和土力学理论为解决以上问题提供了新的思路。本书考虑基于极限平衡法的滑坡稳定性分析，在研究非饱和土的抗剪强度的基础上，对常用的条分法进行改进。

当前，非饱和土抗剪强度公式有主要有以下两种[3-5]：

(1) 毕肖普等（1960年）提出了以有效应力表达的非饱和土抗剪强度公式：

$$\tau_f = c' + [(\sigma - u_a) + \chi(u_a - u_w)]\tan\varphi' \tag{5-20}$$

式中：c'、φ' 为有效内聚力和有效内摩角；χ 为经验参数；σ、u_a、u_w 分别为总应力、孔隙气压力和孔隙水压力。由于经验参数 χ 受多种因素的影响较难测定，基质吸力 $u_a - u_w$ 的值也较难测定，妨碍了该方法在工程中的应用推广。

(2) 弗雷德朗德（Frediund）等于1978年提出了非饱和土抗剪强度公式，即：

$$\tau_f = c' + (\sigma - u_a)\tan\varphi' + (u_a - u_w)\tan\varphi^b \tag{5-21}$$

式中：φ^b 为抗剪强度随基质吸力（$u_a - u_w$）而变化的内摩擦角，是基质吸力的函数；其他符号含义与式（5-20）相同。

随着人们对非饱和土土力学理论与实践研究的深入，对认识负孔隙水压力（或基质吸力）提高土的抗剪强度方面起到了关键作用。另外，基质吸力量测仪器的研发，为在滑坡稳定性分析时适当考虑负孔隙水压力提供的抗剪强度提供了帮助。这类方法是传统的极限平衡分析方法的延伸（Fredlund，1997）。

作用于任一土条 i 底面上抗剪力的分力见图5-4，土条上的受力分析见图5-5。

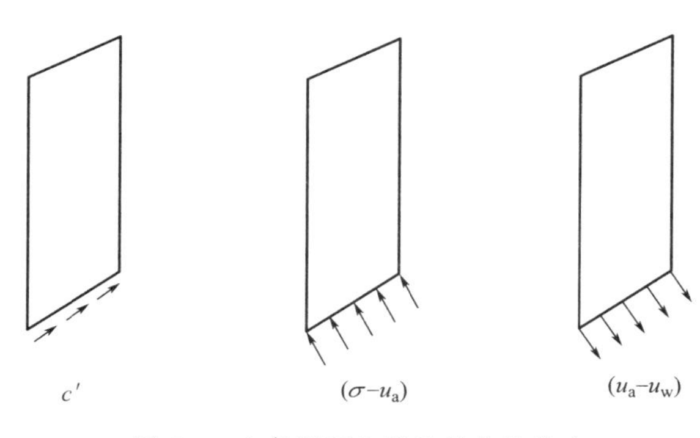

图5-4　土条底面上的抗剪力的分力

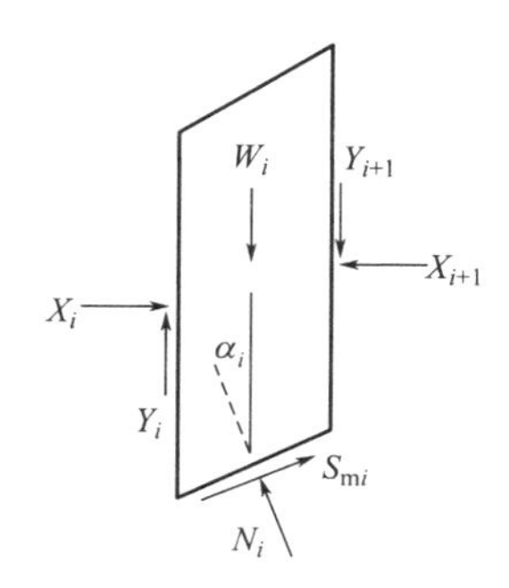

图5-5　土条受力分析图

根据非饱和土抗剪强度的式（5-20）可以得到土条底部的抗剪力为：

$$T_{mi}=l_i\left[c'+(\sigma-u_a)\tan\varphi'+(u_a-u_w)\tan\varphi^b\right] \tag{5-22}$$

按照条分法的思想，建立整个滑体的力矩平衡方程为：

$$\sum S_{mi}r=\sum W_i r\sin\beta\theta_i \tag{5-23}$$

进而可以得到稳定系数的表达式与安全余量功能函数，分别为：

$$F_s=\frac{\sum\left[c'l_i+\left(N-u_w l_i\dfrac{\tan\varphi^b}{\tan\varphi'}-u_a l_i\left(1-\dfrac{\tan\varphi^b}{\tan\varphi'}\right)\right)\tan\varphi'\right]}{W_i\sin\theta_i} \tag{5-24}$$

$$SM_i=R_i-S_i=c'l_i+\left[N-u_w l_i\frac{\tan\varphi^b}{\tan\varphi'}-u_a l_i\left(1-\frac{\tan\varphi^b}{\tan\varphi'}\right)\right]\tan\varphi'-W_i\sin\theta_i \tag{5-25}$$

由条块的垂直方向的平衡方程$\sum\overline{Y}=0$得：

$$W_i-(Y_R-Y_L)-S_{mi}\sin\theta_i-N_i\cos\theta_i=0 \tag{5-26}$$

将式（5-24）代入式（5-26），可得：

$$N_i=\frac{1}{m_{\theta i}}\left[W_i-(Y_R-Y_L)-\frac{c'l_i\sin\theta_i}{F_s}+u_a\frac{l_i\sin\theta_i}{F_s}(\tan\varphi'-\tan\varphi^b)+u_w\frac{l_i\sin\theta_i}{F_s}\tan\varphi^b\right] \tag{5-27}$$

式中：$m_{\theta_i}=\cos_{\theta_i}+\dfrac{\sin\theta_i\tan\varphi'}{F_s}$。

在大多数情况下，孔隙气压力u_a为大气压力，则上式可变为：

$$N_i=\frac{1}{m_{\theta i}}\left[W_i-(Y_R-Y_L)-\frac{c'l_i\sin\theta_i}{F_s}+u_w\frac{l_i\sin\theta_i}{F_s}\tan\varphi^b\right] \tag{5-28}$$

对于简化的 Bishop 法，有$(Y_R-Y_L)=0$，则式（5-28）可简化为：

$$N_i=\frac{1}{m_{\theta i}}\left[W_i-\frac{c'l_i\sin\theta_i}{F_s}+u_w\frac{l_i\sin\theta_i}{F_s}\tan\varphi^b\right] \tag{5-29}$$

这样安全余量功能函数的表达式为：

$$SM_i=R_i-S_i=c'l_i+\left(N_i-u_w l_i\frac{\tan\varphi^b}{\tan\varphi'}\right)\tan\varphi'-W_i\sin\theta_i \tag{5-30}$$

上式则为降雨条件下，简化 Bishop 法表示的安全余量功能函数表达式，白河滑坡渐进破坏分析也是基于此公式进行的。

5.2 滑坡渐进破坏过程及模糊破坏概率计算

5.2.1 模糊随机变量的选取

上一节主要论述了不同条件、不同方法的土条安全余量功能函数表达式。安

全余量 SM_i 的极限状态方程基本随机变量主要包括：条块的几何形态参数 l_i、α_i；滑体及滑带岩土体物理力学参数 c_i 、φ_i 、γ_i 以及孔隙水压力 U 等。显然，如果考虑所有状态变量的不确定性，计算模型将十分复杂，而且也没必要。因此，可在分析各个变量随机特征及其对安全余度影响程度的基础上，选取稳定性影响大的基本随机变量来进行分析。

模糊随机变量作为一种非确定性变量，它反映了模糊性与随机性双重特性。滑坡工程的模糊性集中体现在滑坡破坏现象、岩土体物理力学参数的模糊性方面。参照模糊概率理论，这种可靠性问题的计算属于模糊事件条件下的模糊概率。滑坡的力学参数同时具有随机性与模糊性特征，可更加客观地反映边坡的实际状态，以模糊随机变量为基本变量建立可靠性模型，用来进行滑坡可靠性分析将更加合理，计算结果更符合客观实际。在计算分析中，功能函数中基本随机变量的多少直接关系到求解的复杂程度。通过对影响边坡稳定的一些参数进行敏感性分析，可近似选择随机变量的个数而又不影响分析问题的精度。因此，本书中，把黏聚力和内摩擦系数作为随机正态变量，为了简化计算，只考虑岩土力学参数均值的模糊性，把方差作为一个确定数，求解得到模糊随机参数的概率分布。功能函数的选取为基于降雨条件下滑坡安全余量的表达式，公式中考虑了基质吸力作用，更接近滑坡所处的真实情况。

5.2.2　局部破坏模糊概率计算

假定滑坡渐进破坏时的破坏面为稳定系数最小的面，采用有效方法获得滑动面以后，将滑弧上的土条分为若干块，这里指的局部破坏是对于任一土条而言的。对土条进行编号，若滑坡为推移式渐进破坏模式，则从坡顶开始编号 $1\rightarrow n$ 到坡脚；若为牵引式渐进破坏模式，从坡脚开始编号 $1\rightarrow n$ 到坡顶。考虑条块安全余量隶属函数的模糊概率分析是在传统可靠性理论上引入了安全余量隶属函数进行计算。首先对基于传统可靠性理论的条块破坏概率进行推导，然后结合安全余量的隶属函数求解局部破坏的模糊概率。

若对于第 i 个土条其下滑力大于滑动力时，安全余量为 0，此时该土条破坏。用 P_{fi} 表示土条 i 的破坏概率，则：

$$P_{fi}=P\left[SM_i\leqslant 0\right]=\int_{-\infty}^{0}f(SM_i)\,dx \tag{5-31}$$

若安全余量是正态分布的，因此其概率密度函数为：

$$P_{fi}=P(SM_i\leqslant 0)=\int_{-\infty}^{0}\frac{1}{\sqrt{2\pi}\sigma_{SM_i}}e^{-\frac{(x-\overline{SM}_i)^2}{2\sigma_{SM_i}^2}}\,dx \tag{5-32}$$

式中，SM_i 为第 i 土条的安全余量均值；σ_{SM_i} 为第 i 土条的安全余量标准差。

根据概率公式，若 Y 为 n 个随机变量的函数，则：

$$Y=g(x_1, x_2, \cdots, x_n) \tag{5-33}$$

将该函数按均值展开成泰勒级数，取一阶近似，得 Y 值的均值和方差的表达式为：

$$E(Y)=g(u_{x_1}, u_{x_2}, \cdots, u_{x_n}) \tag{5-34}$$

$$\mathrm{var}(Y)=\sum_{i=1}^{n} c_i^2 \mathrm{var}(x_i)+\sum_{i\neq j}^{n}\sum_{i\neq j}^{n} c_i c_j \mathrm{cov}(x_i, x_j) \tag{5-35}$$

式中：c_i 和 c_j 分别代表偏导数 $\partial g/\partial x_i$ 和 $\partial g/\partial x_j$，将安全余量的表达式代入上式得：

$$E(SM_i)=\bar{c}l_i+\bar{f}N_i-S_i \tag{5-36}$$

$$\mathrm{var}(SM_i)=l_i^2\mathrm{var}(c)+N_i^2\mathrm{vac}(f)+2l_iN_i\mathrm{cov}(c, f) \tag{5-37}$$

式中：$\mathrm{var}(c)$、$\mathrm{vac}(f)$ 分别为黏聚力 c 和内摩擦系数 f 的方差；$\mathrm{cov}(c, f)$ 为黏聚力和内摩擦系数的协方差。

得到了安全余量的均值和方差后，便可求局部破坏概率 P_{fi}：

$$P_{fi}=P(SM_i\leqslant 0)=\int_{-\infty}^{0}\frac{1}{\sqrt{2\pi}\sigma_{SM_i}}e^{-\frac{(x-\overline{SM}_i)^2}{2\sigma_{SM_i}^2}}dx \tag{5-38}$$

若要求上式的解析解比较困难，而求得数值解则不难。

作变量代换：$t=(x-\overline{SM_i})/\sigma_{SM_i}$

$$\widetilde{P}_{fi}=\int_{-\infty}^{\frac{\overline{SM}_i}{\sigma_{SM_i}}}\frac{1}{\sqrt{2\pi}}e^{-\frac{t^2}{2}}dt=1-\phi\left(\frac{\mu_i}{\sigma_i}\right)=1-\phi(\beta_i) \tag{5-39}$$

式中：β_i 为第 i 土条的可靠指标；μ_i、σ_i 为土条安全余量的均值和方差 $\overline{SM_i}$、σ_{SM_i}。

然而实际上，滑坡局部破坏为一模糊事件，所有使边坡发生局部破坏的 SM_i 组成的模糊子集合为 $\widetilde{SM}_i$，按照模糊概率的求解方法，局部破坏的模糊概率应为：

$$\widetilde{P}_{fi}=\int_{-\infty}^{0}\widetilde{\mu}_i(SM)f(SM)dx=\int_{-\infty}^{0}\widetilde{\mu}_i(SM)\frac{1}{\sqrt{2\pi}\sigma_{SM_i}}e^{-\frac{(x-\overline{SM}_i)^2}{2\sigma_{SM_i}^2}}dx \tag{5-40}$$

式中：$\widetilde{\mu}_i(SM)$ 为局部破坏的隶属函数，根据大量边坡实例的统计研究表明，土坡局部破坏的隶属函数为：

$$\widetilde{\mu}_i(SM_i)=\begin{cases}1 & SM\leqslant a\\ \exp[-0.6932(SM/a-1)^2] & SM>a\end{cases} \tag{5-41}$$

式中：a 为常数，其取值与斜坡体的物理力学性质有关[6]。函数分布形式见图 5-6。

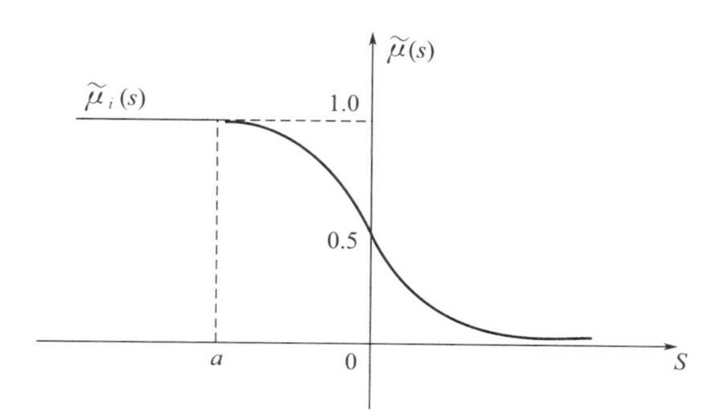

图 5-6 土坡局部破坏隶属函数

将式（5-38）代入式（5-37）得：

$$\widetilde{P}_{fi}=\phi\left(\frac{a-\overline{SM}_i}{\sigma_{SM_i}}\right)+\frac{1}{\sqrt{2\pi}\sigma_{SM_i}}\int_a^{+\infty}\exp\left\{-\left[\frac{(x-\overline{SM}_i)^2}{2\sigma_{SM_i}}+0.6932\left(\frac{\overline{SM}_i+\sigma_{SM_i}t}{a}-1\right)\right]\right\}\mathrm{d}x \tag{5-42}$$

要得到上式的数值解可用变量代换法，按照不考虑安全余量隶属函数的情况下的方法计算，由于实际工程中安全余量隶属函数中参数 a 的确定比较困难，不利于工程推广。

因为条块 i 安全余量的功能函数表达式为上文中推导的 R-S 形式，因此，局部破坏模糊概率的计算可以采用模糊随机可靠性计算方法。

在分析白河滑坡渐进破坏过程，计算条块的局部破坏模糊概率时，运用基于模糊极限状态方程的局部破坏概率计算，由于条块安全余量功能函数为典型的 R-S 类型，对于第 i 块，均有

$$\widetilde{SM}_i=\widetilde{Z}_i=g(\widetilde{R}_i,\ \widetilde{S}_i)=\widetilde{R}_i-\widetilde{S}_i \tag{5-43}$$

式中，$\widetilde{R}_i$、$\widetilde{S}_i$ 分别为模糊随机阻滑力和下滑力。在计算条块局部破坏模糊概率时不仅考虑了随机变量的模糊随机性，同样也考虑了极限状态方程的模糊性，所以采用基于模糊极限状态方程进行条块破坏概率分析，模糊极限状态方程为：

$$\widetilde{SM}_i=g(\widetilde{R}_i,\ \widetilde{S}_i)=\widetilde{R}_i-\widetilde{S}_i=\widetilde{b}_i \tag{5-44}$$

其他计算过程详见第 4 章。

5.2.3 渐进破坏的扩展破坏过程

针对两类典型的滑坡渐进破坏模式，滑坡破坏从第 i 条开始，发展到第 $i+1$ 条块，从工程实际考虑，土条 i 的破坏不能直接传到第（$i+2$）条，也不能回传到第（$i-1$）条，因此仅有两种可能：①破坏终止于第 i 条；②破坏发展到第（$i+1$）条。当最后一个土条破坏后，便没有了进一步的发展对象，于是破坏停

留在状态 n（最后条块）的概率为 1。把后者发生的模糊概率记为 $\tilde{P}_{i,\ i+1}$，则破坏终止于第 i 条块的模糊概率为 $\tilde{P}_{i,\ i}=1-\tilde{P}_{i,\ i+1}$。借助概率统计中的马尔可夫链，传播概率尺度 $\tilde{P}_{i,\ i}$ 和 $\tilde{P}_{i,\ i+1}(i=1,\ 2,\ \cdots,\ n)$ 用矩阵形式表示为[6]：

$$[\tilde{P}]=\begin{bmatrix} \tilde{P}_{1,\ 1} & \tilde{P}_{1,\ 2} & 0 & \cdots & 0 & 0 & \cdots & 0 & 0 \\ 0 & \tilde{P}_{2,\ 2} & \tilde{P}_{2,\ 3} & \cdots & 0 & 0 & \cdots & 0 & 0 \\ 0 & 0 & \tilde{P}_{3,\ 3} & \cdots & 0 & 0 & \cdots & 0 & 0 \\ \vdots & \vdots & \vdots & \vdots & \vdots & \vdots & \vdots & \vdots & \vdots \\ 0 & 0 & 0 & \cdots & \tilde{P}_{i,\ i} & \tilde{P}_{i,\ i+1} & 0 & 0 & 0 \\ 0 & 0 & 0 & \cdots & 0 & \tilde{P}_{i+1,\ i+1} & \cdots & 0 & 0 \\ \vdots & \vdots & \vdots & \vdots & \vdots & \vdots & \vdots & \vdots & \vdots \\ 0 & 0 & 0 & \cdots & 0 & 0 & \cdots & \tilde{P}_{n-1,\ n-1} & \tilde{P}_{n-1,\ n} \\ 0 & 0 & 0 & \cdots & 0 & 0 & \cdots & 0 & 1 \end{bmatrix} \tag{5-45}$$

5.2.4 扩展破坏模糊概率计算

只有当第 i 条块破坏后，才会导致第 $i+1$ 条块的破坏。因而，计算结果实际上是一个条件概率。破坏从第 $i\rightarrow i+1$ 分条依次传播，扩展到第 $i+1$ 条块的概率 $\tilde{P}_{i,\ i+1}$ 可表示为：

$$\tilde{P}_{i,\ i+1}=\tilde{P}\left[SM_{i+1}\leqslant 0\,|\,SM_{i}\leqslant 0\right] \tag{5-46}$$

由条件概率定义得，式（5-46）可以表示为：

$$\tilde{P}_{i,\ i+1}=\frac{\tilde{P}\left[(SM_{i+1}\leqslant 0)\ \text{and}(SM_{i}\leqslant 0)\right]}{\tilde{P}(SM_{i+1}\leqslant 0)} \tag{5-47}$$

由中心极限定理得，具有正态分布的两相邻土条之间的连接部位是服从两维正态分布的，其联合概率密度函数为：

$$f(SM_{i},\ SM_{i+1})=\frac{1}{2\pi\sigma_{SM_{i}}\sigma_{SM_{i+1}}\sqrt{1-\rho^{2}_{SM_{i},\ SM_{i+1}}}}\exp\left\{\frac{-1}{2(1-\rho^{2}_{SM_{i},\ SM_{i+1}})}\cdot\left[\left(\frac{x-m_{SM_{i}}}{\sigma_{SM_{i}}}\right)^{2}-2\rho_{SM_{i},\ SM_{i+1}}\left(\frac{x-m_{SM_{i}}}{\sigma_{SM_{i}}}\right)\left(\frac{x-m_{SM_{i+1}}}{\sigma_{SM_{i+1}}}\right)+\left(\frac{y-m_{SM_{i+1}}}{\sigma_{SM_{i+1}}}\right)^{2}\right]\right\} \tag{5-48}$$

对于两个相邻条块 SM_i 和 SM_{i+1}，其联合正态分布形式，由均值 m_{SM_i} 和 $m_{SM_{i+1}}$，标准差 σ_{SM_i} 和 $\sigma_{SM_{i+1}}$，二者的相关系数 $\rho_{SM_i,\ SM_{i+1}}$ 共 5 个参数确定。相关系数可按下式计算：

$$\rho_{SM_i, SM_{i+1}} = \frac{\mathrm{cov}(SM_i, SM_{i+1})}{\sigma_{SM_i}\sigma_{SM_i+1}} \tag{5-49}$$

同理第 $i+1$ 条块的安全余量功能函数为：

$$SM_{i+1} = R_{i+1} - S_{i+1} = c_{i+1}l_{i+1} + N_{i+1}f_{i+1} - S_{i+1} \tag{5-50}$$

由式（5-49）、式（5-50）可知：

$$E(SM_{i+1}) = \bar{c}l_{i+1} + \bar{f}N_{i+1} - S_{i+1} \tag{5-51}$$

$$\mathrm{var}(SM_{i+1}) = l_{i+1}^2\mathrm{var}(c) + N_{i+1}^2\mathrm{vac}(f) + 2l_{i+1}N_{i+1}\mathrm{cov}(c, f) \tag{5-52}$$

根据数理统计知识，相邻两个条块的安全余量协方差为：

$$\mathrm{cov}(SM_i, SM_{i+1}) = \left(\frac{\partial SM_i}{\partial c}\right)\left(\frac{\partial SM_{i+1}}{\partial c}\right)\mathrm{var}(c) + \left(\frac{\partial SM_i}{\partial f}\right)\left(\frac{\partial SM_{i+1}}{\partial f}\right)\mathrm{var}(f) + \left[\left(\frac{\partial SM_i}{\partial c}\right)\left(\frac{\partial SM_{i+1}}{\partial c}\right) + \left(\frac{\partial SM_i}{\partial f}\right)\left(\frac{\partial SM_{i+1}}{\partial f}\right)\right]\mathrm{cov}(c, f) \tag{5-53}$$

即：

$$\mathrm{cov}(SM_i, SM_{i+1}) = l_i l_{i+1}\mathrm{var}(c) + N_i N_{i+1}\mathrm{var}(f) + (l_i N_{i+1} + l_{i+1}N_i)\mathrm{cov}(c, f) \tag{5-54}$$

由以上5个参数可知 SM_i 和 SM_{i+1} 的联合概率密度函数为：

$$f(SM_i, SM_{i+1}) = \frac{1}{2\pi\sigma_{SM_i}\sigma_{SM_{i+1}}\sqrt{1-\rho_{SM_i, SM_{i+1}}^2}}\exp\left\{\frac{-1}{2(1-\rho_{SM_i, SM_{i+1}}^2)}\left[\left(\frac{x-m_{SM_i}}{\sigma_{SM_i}}\right)^2 - 2\rho_{SM_i, SM_{i+1}}\left(\frac{x-m_{SM_i}}{\sigma_{SM_i}}\right)\left(\frac{x-m_{SM_{i+1}}}{\sigma_{SM_{i+1}}}\right) + \left(\frac{y-m_{SM_{i+1}}}{\sigma_{SM_{i+1}}}\right)^2\right]\right\} \tag{5-55}$$

扩展破坏概率表达式中，分子的计算如下：

$$\widetilde{P}[(SM_{i+1} \leqslant 0)\,\mathrm{and}\,(SM_i \leqslant 0)] = \int_{-\infty}^{0}\int_{-\infty}^{0} f(x, y)\,\mathrm{d}x\,\mathrm{d}y \tag{5-56}$$

上式无法得到解析解，只能得到数值解，作变量代换得：

$$t_1 = \frac{x - \overline{SM}_i}{\sigma_{SM_i}},\quad t_2 = \frac{x - \overline{SM}_{i+1}}{\sigma_{SM_{i+1}}}$$

再令 $x = \mathrm{e}^{t_1}$，$y = \mathrm{e}^{t_2}$ 可得：

$$\widetilde{P}[(SM_{i+1} \leqslant 0)\,\mathrm{and}\,(SM_i \leqslant 0)] = \int_{0}^{-\frac{\overline{SM}_i}{\sigma_{SM_i}}}\int_{0}^{-\frac{\overline{SM}_{i+1}}{\sigma_{SM_{i+1}}}} \frac{1}{2\pi xy\sqrt{1-r^2}}\exp\left[\frac{1}{-2(1-r^2)}(\ln^2 x + \ln^2 y - 2r\ln x\ln y)\right]\mathrm{d}x\,\mathrm{d}y \tag{5-57}$$

上式可在 MATLAB 软件中利用辛普森变步长积分法求解。

5.2.5 滑坡渐进破坏的模糊概率推导

用 F_n 表示渐进破坏发展到破坏面上所有土条 n 的事件，土条 i 要发生破坏必须同时具备两个条件：①土条 $i-1$ 先发生破坏；②土条 $i-1$ 的破坏传递至土条 i ，按照此规律得：

$$\widetilde{P}(F_n)=\widetilde{P}_{f,1}\cdot\prod_{i=1}^{n-1}\widetilde{P}_{i,i+1} \tag{5-58}$$

式中，$\widetilde{P}_{f,1}$ 表示土条 1 的模糊破坏概率，“$\prod$”表示连乘积。因为共有 n 个土条，所以 $\widetilde{P}_{n,n}=1$。

5.3 白河滑坡渐进破坏模糊随机可靠性分析

白河滑坡为岩土混合滑坡，是最常出现破坏的推移型滑坡，受岩土界面控制的软弱结构面常发育为滑坡的滑动面。滑坡变形始于后缘的拉张裂缝，变形向前后发展直到贯通。在降雨条件下，裂缝充水，一方面产生孔隙水压力，另一方面雨水渗入软弱结构面产生软化作用。降雨是滑坡发生的主要诱因，为了能计算分析在降雨条件下滑坡渐进破坏的过程，有必要首先对降雨条件下滑坡的非稳定渗流场进行模拟，以渗流的模拟结果，考虑因降雨作用产生的基质吸力对滑坡稳定的影响，结合降雨条件下条块安全余量功能函数的表达式，分析滑坡渐进破坏过程。

5.3.1 滑坡地下水非稳定渗流模拟

1. 滑坡计算模模型的建立

根据白河滑坡的工程地质条件，参照实际情况，选取滑坡Ⅱ－Ⅱ主剖面作为模拟剖面。剖面走向为 225°，前缘至白河前面的教学楼背面，高程约为 561m，后缘为钻孔 ZK07 处高程，高程约为 630.5m，该处发育一条深大裂缝（图 5-7），可认为滑坡变形破坏始于此。滑坡体组成物质为：第四系残坡积碎块石土、第四系滑堆积夹碎石夹粉质黏土、含粉质黏土滑带以及角闪片岩滑床。为计算方便，对模拟进行简化，模拟计算分析中仅考虑两种物质成分：滑体碎石夹粉质黏土及滑带含碎石粉质黏土，角闪片岩滑床则视为不透水的隔水层。

采用 ROCSCIENCE-SLIDE 有限元软件进行滑坡地下水稳定渗流和非稳定渗流的计算，取上部覆堆积粉质黏土夹碎石层和含粉质黏土滑带建立渗流计算模型，采用三角形三节点单元类型，共划分为 1887 个节点，2573 个单元。白河滑坡渗流边界条件具体设定为：土岩接触面（角闪片岩层）为隔水边界，即底面边界的流量为0；初始渗流场模拟分析时，左边界（参考白河实际水位）视为定水头边界（高程564m）；右边界在初始渗流场中通过参数调整模拟反演得出白河滑坡坡后定水位水头边界，H=596.88m；滑坡坡面在降雨过程中已知流量边界。

2. 滑坡计算模模型参数的选取

计算模糊参数包括土体物理力学参数及降雨参数。

为反映降雨条件下滑坡渐进破坏模糊随机过程，在模糊随机可靠性计算时，土条的受力分析考虑了降雨作用基质吸力的影响，因此在渗流模拟时，土体的物理力学参数也应当为模糊随机参数。滑体滑带的天然、饱和容重等由渗透试验确定，不考虑其模糊随机性；滑坡堆积层和滑带的抗剪强度指标，采用随机-模糊统计获得岩土样本值，取抗剪强度的均值；饱和渗透系数和饱和体积含水量函数的确定方法如下：首先根据工程地质类比法，参照已有的滑坡实例（如弈川谭头滑坡等）室内、野外试验数据或经验数值，类比滑带土的物质结构及组成，对比滑坡所处的地质背景及滑带土的发育特征，确定白河滑坡滑带土的土水特征参数取值范围，然后取2010年7月降雨影响的某一特定时段，对输入参数进行多次调整，将每次模拟结果与水文监测孔的水位深度比较，反演出对应持时工况下白河滑坡的实际地下水位，以此作为非饱和渗流模拟的初始条件，获得非稳定渗流的相关参数；对于非饱和渗透系数，采用ROCSCIENCE-SLIDE提供的Van-Genuchten公式插值代替土水特征和渗透性函数插值的方法确定。

渗流模拟饱和状态参数及稳定分析各材料的基本物理力学参数见表5-1，非饱和参数土水特征曲线及渗透系数曲线如图5-7所示。

滑坡渗流模拟计算参数选取 **表5-1**

岩性	天然重度 γ	饱和重度 γ_{sat}	饱和体积含水量	饱和渗透系数	抗剪强度指标	
					有效内聚力	有效内摩擦角
	(kN·m^{-3})	(kN·m^{-3})	(%)	(10^{-7}m/s)	c (kPa)	φ (°)
滑坡堆积层	20.6	22.8	40	6.95	35.5	33.2
滑带	19.4	21.2	30	0.0655	18.4	17.2

通过渗流反演模拟得到初始条件下的等水头彩色云图，如图5-8所示，以稳定渗流模拟稳定地下水位，作为降雨条件下非稳定渗流的初始条件。初始时间为2010年7月3日；反演得到滑坡后缘定水头高度H=596m；前缘定水头边界，水头高度H=564m；其余为降雨入渗流量边界。通过模拟反演，对比实际水文孔监测资料：3号水文孔，监测水位565.4m，模拟值为566.6m，相差1.2m；4号水文孔，监测水位589.4m，模拟值为591.2m，相差1.8m。初始状态下滑坡的整体稳定性计算结果见图5-9。

3. 降雨作用下非稳定渗流模拟

根据相关资料：2010年7月3日、19日、23日，豫西伏牛山腹地及边缘地

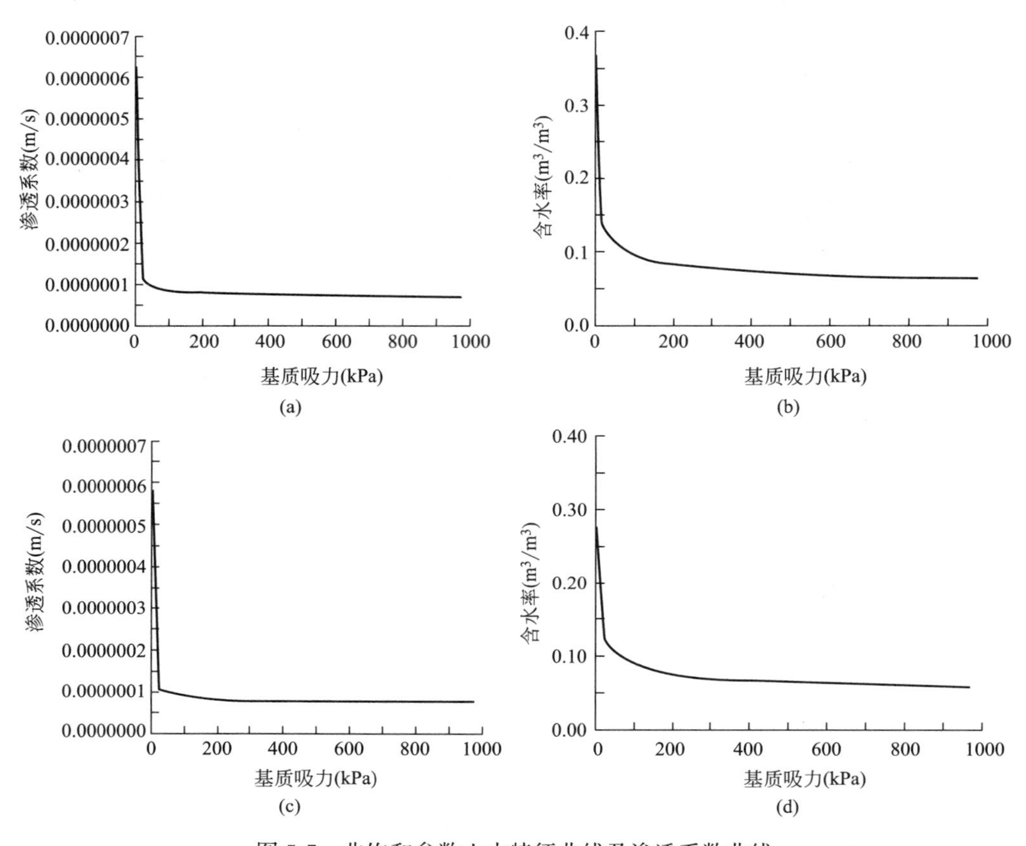

图 5-7 非饱和参数土水特征曲线及渗透系数曲线

（a）滑坡堆积层渗透系数曲线；（b）滑坡堆积层土水特征曲线；

（c）滑带土渗透系数曲线；（d）滑带土土水特征曲线

区频遭暴雨袭击，处于伊河上游的“嵩县段”洪峰迭起，给防汛工作带来了前所未有的压力。2010 年 7 月 24 日，在又遭遇了一次 24 小时超 110mm 的强降雨后，伊河陆浑水库以上的栾川、潭头、东湾等水文站，在不同时段分别测算到了伊河近几十年来的最大洪峰流量。考虑降雨入渗对滑坡稳定性的影响，由地下水稳定渗流模糊作为降雨入渗的初始条件，在得到的稳定流动态孔隙水压力分布情况下，设定非稳定渗流边界函数，分别对降雨发生后 10 天的滑坡渗流场及稳定状态进行模糊计算。考虑到篇幅问题，本书仅列举出初始状态下、降雨持时 1 天、2 天、3 天、5 天、7 天对不同的降雨情形的总水头与稳定性计算结果，如图 5-10 所示，不同的降雨情形的孔隙水压力与稳定性计算结果如图 5-11 所示。

5.3.2 滑坡渐进破坏模糊概率计算分析

本书以白河滑坡的渗流模拟剖面为计算剖面（图 5-8），通过室内试验、经验

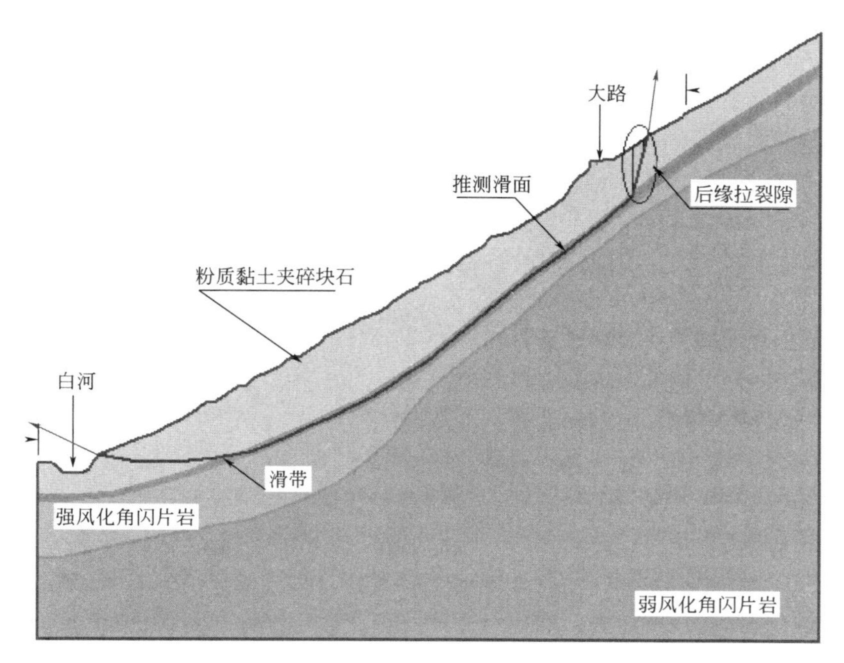

图 5-8　白河滑坡计算模型

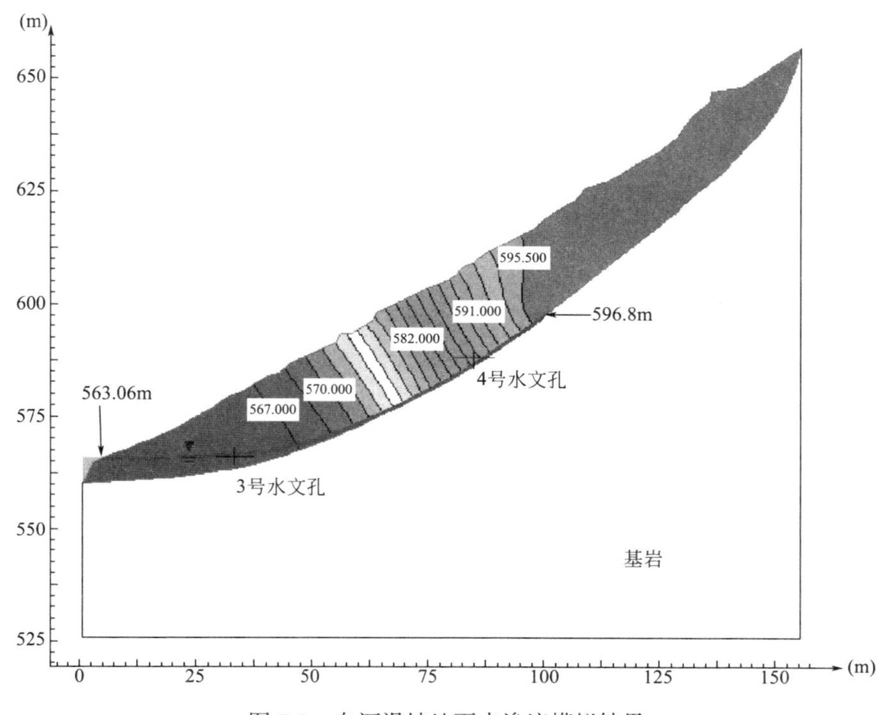

图 5-9　白河滑坡地下水渗流模拟结果

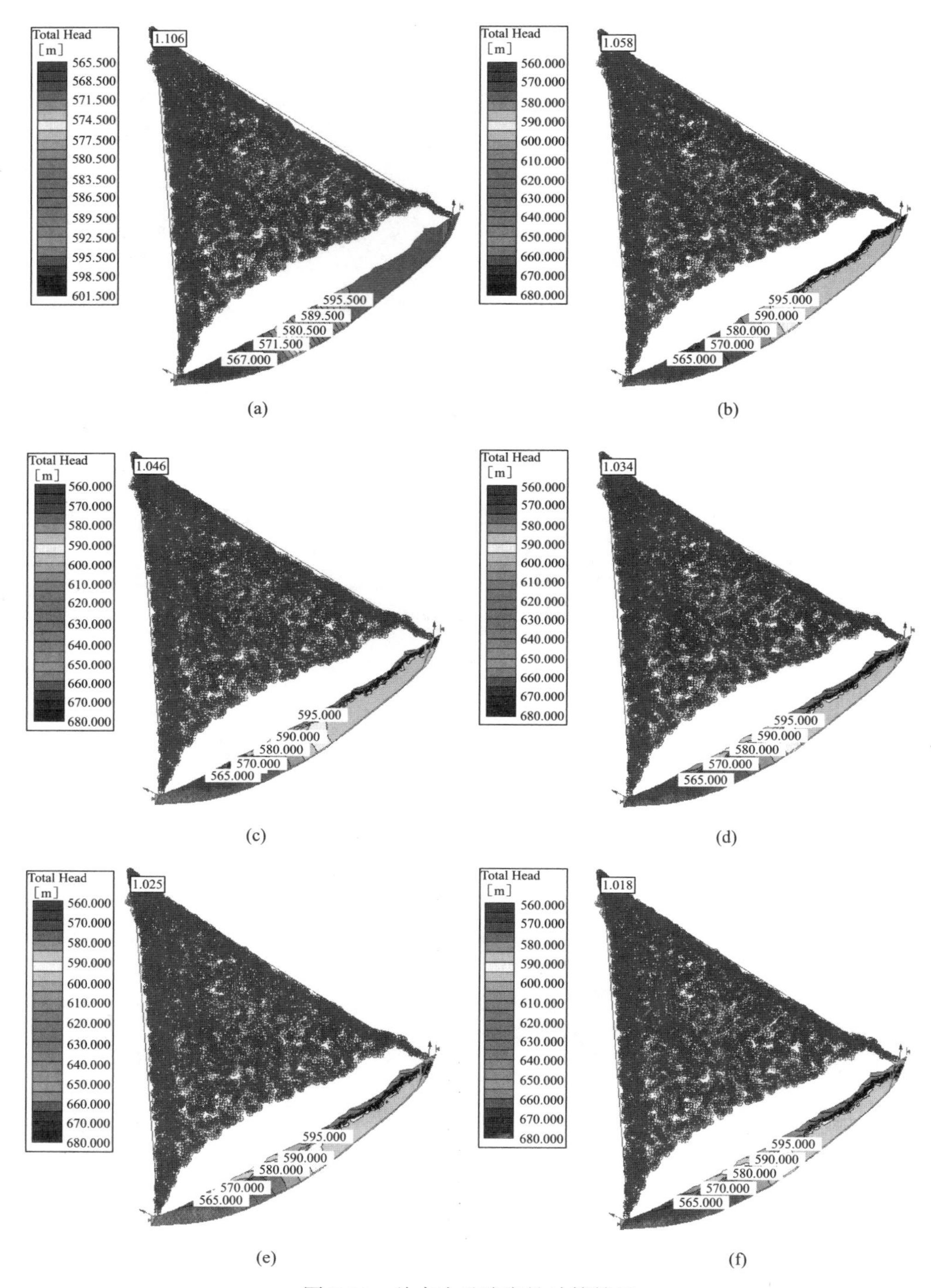

图 5-10　总水头及稳定性计算结果

(a) 初始状态；(b) 降雨 1 天；(c) 降雨 2 天；(d) 降雨 3 天；(e) 降雨 5 天；(f) 降雨 7 天

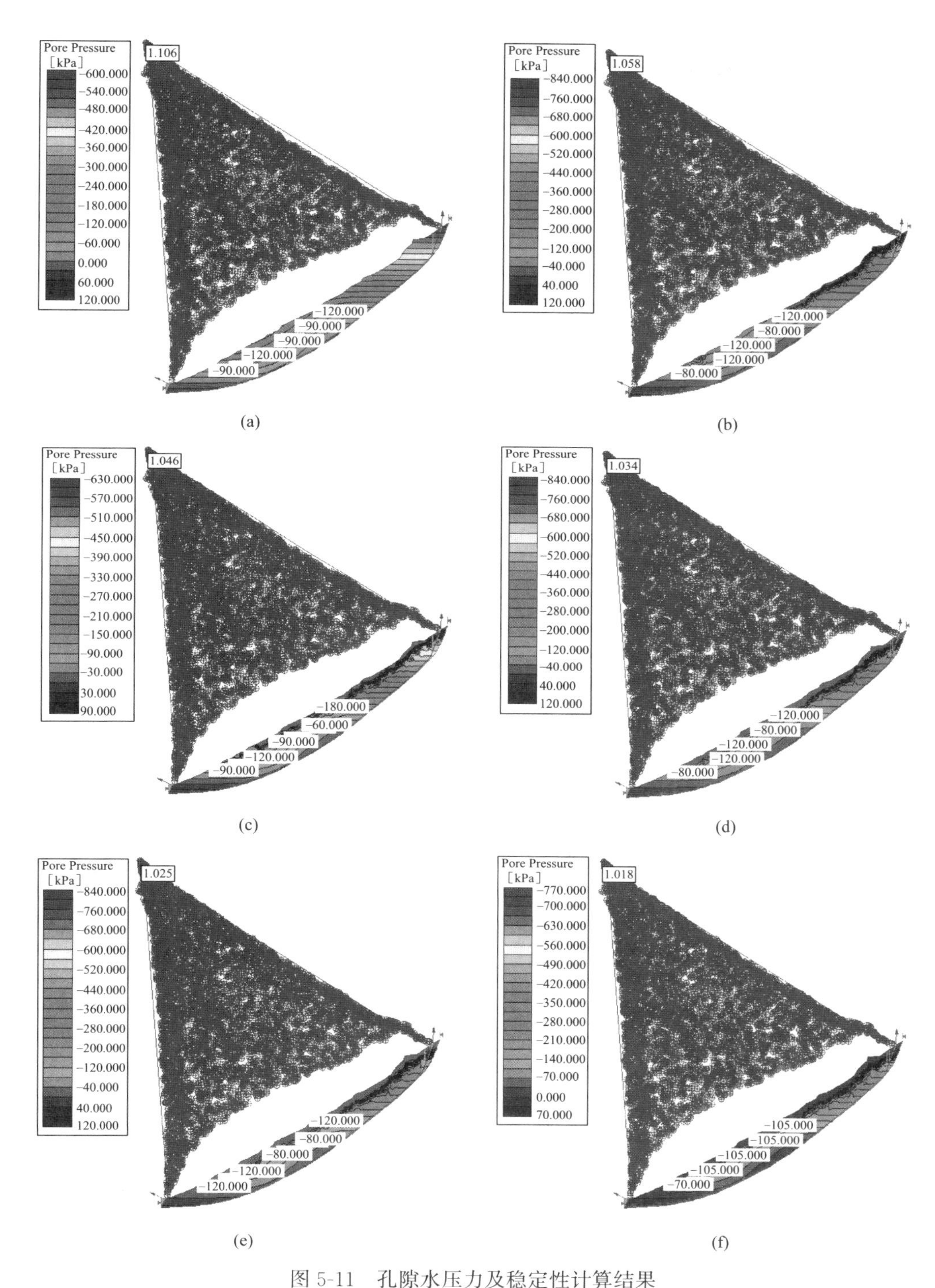

图 5-11　孔隙水压力及稳定性计算结果

(a) 初始状态；(b) 降雨 1 天；(c) 降雨 2 天；(d) 降雨 3 天；(e) 降雨 5 天；(f) 降雨 7 天

值类比及统计指标综合确定各类计算参数，采用样本力学参数的随机-模糊处理方法对参数进行模糊化处理，隶属函数选用符合岩土参数分布的正态模糊数。不考虑土体重度的模糊性，计算黏聚力和内摩擦系数为服从正态分布的模糊随机数，为了简化计算，只考虑岩土力学参数均值的模糊性，把方差作为一个确定数来处理，求解得到模糊随机参数的概率分布。

在降雨作用下白河滑坡非稳定渗流场模拟的基础上，根据前面推导的考虑降雨作用的孔隙水压力的滑坡渐进破坏安全余度概率模型，对不同降雨条件下滑坡的渐进破坏概率进行分析，由于模型较为复杂，可在 MATLAB 中编写程序计算。

1. 力学参数模糊化处理

（1）对滑坡堆积层，天然状态下 $\gamma=20.6\mathrm{kN/m^3}$；饱水状态下 $\gamma_{\mathrm{sat}}=22.8\mathrm{kN/m^3}$，黏聚力的模糊均值为 35.5kPa，内摩擦系数的模糊均值为 0.65，变异系数分别为 $\delta_{\mathrm{c}}=0.3$，$\delta_{\mathrm{f}}=0.1$，隶属函数分别为：

$$\mu_{\tilde{c}}=\exp\left(-\frac{(c-35.5)^2}{1.16^2}\right),\ \mu_{\tilde{f}}=\exp\left(-\frac{(f-0.65)^2}{0.02^2}\right)$$

标准差分别为 $\sigma_{\mathrm{c}}=6.68$，$\sigma_{\mathrm{f}}=0.065$，相关系数 $\rho_{\mathrm{c,f}}=-0.2$。

因为在模糊随机可靠性的分析过程中，只涉及滑带土的数值计算问题，滑坡堆积层物理力学参数基于模糊统计分析计算，不考虑其黏聚力与内摩擦系数的模糊数。

（2）对滑带土，天然状态下 $\gamma=19.4\mathrm{kN/m^3}$；饱和状态下 $\gamma_{\mathrm{sat}}=21.2\mathrm{kN/m^3}$，黏聚力的模糊均值为 18.4kPa，内摩擦系数的模糊均值 0.31，变异系数分别为 $\delta_{\mathrm{c}}=0.2$，$\delta_{\mathrm{f}}=0.1$，隶属函数分别为：

$$\mu_{\tilde{c}}=\exp\left(-\frac{(c-18.4)^2}{1.2^2}\right)\quad \mu_{\tilde{f}}=\exp\left(-\frac{(f-0.31)^2}{0.03^2}\right)$$

标准差分别为 $\sigma_{\mathrm{c}}=3.68$，$\sigma_{\mathrm{f}}=0.031$，相关系数 $\rho_{\mathrm{c,f}}=-0.2$。

为了便于计算分析，只考虑力学参数均值的模糊性，认为其方差是一个确定的常数。根据模糊截集理论，令模糊状态水平 $\alpha\in(0,1]$，求解方程 $\mu_{\tilde{c}}=\exp\left(-\frac{(c-18.4)^2}{1.2^2}\right)=\alpha$，$\mu_{\tilde{f}}=\exp\left(-\frac{(f-0.31)^2}{0.03^2}\right)=\alpha$，得出黏聚力和内摩擦系数均值的模糊数。

2. 极限状态方程的模糊化处理

模糊随机极限状态 $\tilde{b}$ 的选取决定了极限状态方程的模糊性，采用岩土工程中常用的三角模糊数，$\tilde{b}=\bigcup_{\alpha\in(0,1]}\alpha[(\alpha-1)d,(1-\alpha)d]$，取 d 为条块重量的 0.1 倍左右。

3. 模糊随机可靠度的计算

首先，确定计算模型，采用有效方法确定滑坡最危险滑面。由白河滑坡孕育的地质背景得，该滑坡为一顺层古基岩滑坡，滑动面呈近直线形，滑坡变形破坏始于上部的拉张裂缝（高程约 635m），沿下覆基岩软弱接触面滑动。简化的 Bishop 法是国际公认的一种比较精确的计算方法，本书采用该方法，通过重复迭代，设置滑面搜索路径，并结合滑坡地质特征较准确地得到滑坡的滑动面，即破坏从后缘拉张裂缝变形开始，中部沿基岩接触面滑动，前缘于教学楼后面剪出。当抗剪强度取均值时，搜索确定边坡最危险滑动面，并与实际滑动对比修正，如图 5-12 所示。

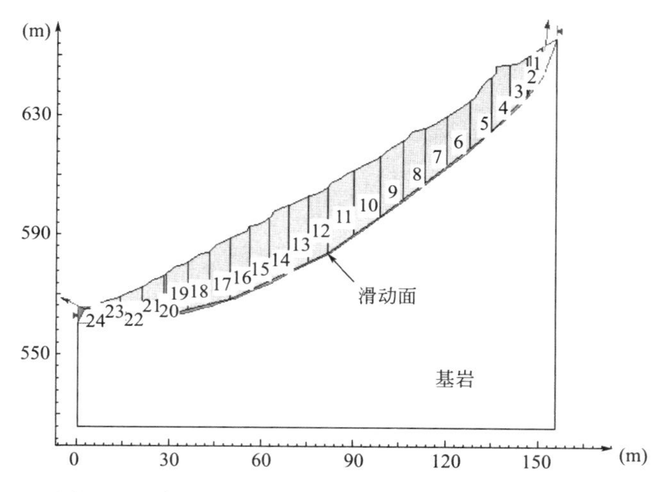

图 5-12 白河滑坡渐进破坏概率计算剖面及条块编号

相关研究表明，不同的条分数将得到不同的分析结果。分条数量对计算影响主要有三种原因：①衰减局部平均误差，关系到破坏转移、扩展的速率；②随着滑带分条数量的增多，破坏概率转移过程中，每条扩展破坏条块发生破坏转移的长度变小，从而造成扩展破坏的可能性大大增加，反之亦然；③分析采用与滑坡真实滑动面相逼近的折线滑面的拟合程度。滑坡从局部破坏开始，到扩展转移至整体失稳的过程，破裂面的转移、扩展不是一次完成的，而是逐点完成的[7]。但是，实际分析计算时，往往在分条过程中，都是将条块划分为一定长度的线段，用一定的长度代替这种点连接，这种离散过程对计算结果影响较大。从理论上讲，为了更接近于真实滑坡的渐进破坏过程，要求分条数量无限大，并且每个条分的滑面长度保证无限小，这样做能够更加逼近滑坡破坏转移、扩展的真实过程。然而，工程实际中这种做法是不可取的，只要分条数量满足计算精度要求就可以了。本书将滑面条分为 24 块（坡顶拉裂缝处有一条块，面积很小，可以忽略），如图 5-12 所示。

其次，在分条的基础上，获得各条块的几何参数（如条块倾角、基底长度、条块面积等)，将土条的物理力学参数代入条块安全余量功能函数的表达式，因为安全余量功能函数涉及了基质吸力作用，基质吸力来源于非稳定渗流计算结果，考虑到计算效率，渗流计算时土体物理力学参数均采用随机变量的均值，不进行模糊截集计算分析。在安全余度功能函数已知的情况下，结合 α-水平集对随机变量和极限状态方程进行模糊化，通过加权平均处理，求出各个条块的模糊破坏概率，也就是局部破坏概率（在求解局部破坏概率过程）。在此基础上，可以求得扩展破坏概率及滑坡渐进破坏的模糊概率。

（1）滑坡局部破坏模糊概率

以降雨持时 1 天为例，从坡顶向坡脚编号（1～24），如图 5-12 所示。提取条块 1～24 的几何参数等相关信息，如长度、宽度、倾角、重量、条块底部的抗滑力、滑动力等参与计算。根据条块安全余度 R-S 的表达式，$SM_i=R_i-S_i=cl_i+N_if-S_i$（$N_i$ 为作用于条块底面的有效正应力），采用不同的稳定性计算模型，N_i 和 S_i 具有不同的表达式。本书采用简化的 Bishop 法，考虑降雨条件下，安全余度功能函数表达式中涉及基质吸力及孔隙水压力作用的影响，因此它们的计算是可靠性分析的重点。得到从坡脚到坡顶的条块底面法向力、抗剪力（剪应力）、孔隙水压力及基质吸力后，代入安全余度表达式进行可靠性分析。

① 以第 6 条块为例，$W_6=2331.24\text{kN}$，$N_6=3884.933\text{kN}$，$l_6=9.25799\text{m}$，$S_6=1262.88\text{kN}$，代入安全余量函数表达式得：

$$SM_i=R_i-S_i=c'l_i+\left(N-u_{\mathrm{w}}l_i\frac{\tan\varphi^{\mathrm{b}}}{\tan\varphi'}-u_{\mathrm{a}}l_i\left(1-\frac{\tan\varphi^{\mathrm{b}}}{\tan\varphi'}\right)\right)\tan\varphi'-W_i\sin\theta_i=\tilde{b}$$

整理得条块 6 的模糊极限状态方程为：

$$SM_6=9.25799\tilde{c}+3884.933\tilde{f}-1262.88-\tilde{b}=0$$

② 以第 12 条块为例，$W_{12}=2839.79\text{kN}$，$N_{12}=2755.04\text{kN}$，$l_{12}=7.00901\text{m}$，$S_{12}=926.791\text{kN}$，代入安全余量函数表达式得：

$$SM_i=R_i-S_i=c'l_i+\left(N-u_{\mathrm{w}}l_i\frac{\tan\varphi^{\mathrm{b}}}{\tan\varphi'}-u_{\mathrm{a}}l_i\left(1-\frac{\tan\varphi^{\mathrm{b}}}{\tan\varphi'}\right)\right)\tan\varphi'-W_i\sin\theta_i=\tilde{b}$$

整理得模糊极限状态方程为：

$$SM_{12}=7.00901\tilde{c}+2755.04\tilde{f}-926.791-\tilde{b}=0$$

取 $d=0.1W_i$，滑带土的 $\mu_{\tilde{c}}$，$\mu_{\tilde{f}}$ 分别取 $\alpha=0.75$，0.8，0.85，0.9，0.95，1.0 时，计算条块 6 和条块 12 的局部破坏概率，见表 5-2 和表 5-3，加权求和得到滑坡第 6 条块、第 12 条块局部破坏的模糊可靠性指标分别为 0.9466 和 0.6684，模糊破坏概率为 0.1737 和 0.2614。按同样的计算方法，用 MATLAB 编制相应的程序依次求得其他条块的局部破坏的模糊概率，同时，也计算了不考虑因子模糊性的常规破坏概率。降雨持时 1 天，各条块安全储备的均值、标准差、协方差以及各条分的常规破坏概率均列于表 5-4 中。按以上计算思路，可分别求出降雨1天、2天、3天、5天、7天时的局部破坏概率、转移概率及滑坡渐进破坏的模糊概率，见表5-4～表5-8。降雨1天、2天、3天、5天、7天时的局部破坏概率、条块间的相关系数及滑坡渐进破坏的模糊概率，分别见图5-13～图5-16。

条块 $6\lambda_i$ 水平局部破坏模糊可靠度计算 **表5-2**

α	c^-	c^+	f^-	f^+	b^-	b^+	β^-	β^+	P_f^-	P_f^+
0.75	17.7564	19.0436	0.2939	0.3261	−58.2810	58.2810	0.8577	1.0304	0.1955	0.1514
0.8	17.8331	18.9669	0.2958	0.3242	−46.6248	46.6248	0.8276	1.0943	0.2039	0.1369
0.85	17.9162	18.8838	0.2979	0.3221	−34.9686	34.9686	0.8046	1.0835	0.2105	0.1393
0.9	18.0105	18.7895	0.3003	0.3197	−23.3124	23.3124	0.7922	1.0959	0.2141	0.1366
0.95	18.1282	18.6718	0.3032	0.3168	−11.6562	11.6562	0.7982	1.0900	0.2124	0.1379
1.0	18.4000	18.4000	0.3100	0.3100	0	0	0.9441	0.9441	0.1726	0.1726

条块 $12\lambda_i$ 水平局部破坏模糊可靠度计算 **表5-3**

α	c^-	c^+	f^-	f^+	b^-	b^+	β^-	β^+	P_f^-	P_f^+
0.75	17.7564	19.0436	0.2939	0.3261	−70.9993	70.9993	0.9315	0.4054	0.1758	0.3426
0.8	17.8331	18.9669	0.2958	0.3242	−56.7994	56.7994	0.8313	0.5056	0.2029	0.3066
0.85	17.9162	18.8838	0.2979	0.3221	−42.5996	42.5996	0.7382	0.5986	0.2302	0.2747
0.9	18.0105	18.7895	0.3003	0.3197	−28.3997	28.3997	−0.0192	1.3561	0.5077	0.0875
0.95	18.1282	18.6718	0.3032	0.3168	−14.1999	14.1999	0.5919	0.7450	0.2770	0.2281
1.0	18.4000	18.4000	0.3100	0.3100	0	0	0.6684	0.6684	0.2519	0.2519

降雨持时1天局部破坏概率核算表 **表5-4**

条块编号	m_{SM_i}	σ_{SM_i}	$cov(SM_i, SM_{i+1})$	$\rho_{SM_i,SM_{i+1}}$	$\tilde{P}_{fi}$	P_{fi}
1	−664.6370	655.6781			0.9343	0.8446
2	38.6709	38.7455	1308.4497	0.9251	0.1964	0.1544
3	136.6034	122.2738	3254.0164	0.9700	0.1851	0.1320
4	600.0159	542.6534	15509.0400	0.9337	0.1872	0.1344
5	131.3308	131.4666	16672.1801	0.9336	0.1792	0.1645
6	111.7962	114.5465	15048.6894	0.9993	0.1737	0.1815
7	98.4462	108.2358	12396.5285	0.9998	0.1912	0.2044
8	86.9143	105.2332	11389.8695	0.9999	0.2012	0.2284
9	71.7156	96.3897	10139.1936	0.9995	0.2146	0.2430
10	76.4305	109.6876	10573.0827	1.0000	0.2564	0.2453

续表

条块编号	m_{SM_i}	σ_{SM_i}	$cov(SM_i, SM_{i+1})$	$\rho_{SM_i, SM_{i+1}}$	$\widetilde{P}_{fi}$	P_{fi}
11	79.6000	115.4731	12664.3414	0.9998	0.2673	0.2443
12	56.2370	81.2016	9375.1393	0.9998	0.2614	0.2393
13	59.8716	84.4913	6860.5098	0.9999	0.2781	0.1744
14	62.5531	86.3301	7294.1948	1.0001	0.2453	0.2344
15	59.7409	81.3785	7024.4663	0.9998	0.2519	0.2314
16	56.0639	77.5997	6314.3834	0.99991	0.3031	0.2350
17	56.4746	79.9569	6204.8204	1.0000	0.3052	0.2400
18	48.0224	68.5229	5470.4706	0.9984	0.2944	0.2417
19	41.3362	57.69651	3942.4295	0.9971	0.2315	0.2369
20	4.5923	6.3873	368.50506	0.9999	0.2587	0.2361
21	70.6927	75.4622	286.9433	0.9961	0.2154	0.1744
22	50.61741	46.5763	1379.2303	0.9593	0.1605	0.1386
23	33.94452	34.5102	714.90465	0.9046	0.1739	0.1627
24	12.23819	15.4143	251.6277	0.9807	0.1870	0.2136

降雨持时 2 天局部破坏概率核算表 **表 5-5**

条块编号	$\widetilde{m}_{SM_i}$	$\widetilde{\sigma}_{SM_i}$	$cov(SM_i, SM_{i+1})$	$\rho_{SM_i, SM_{i+1}}$	$\widetilde{P}_{fi}$	P_{fi}
1	−646.0816	551.0000			0.9113	0.8795
2	35.2941	35.0000	1310.4470	0.9618	0.1763	0.1566
3	121.6589	121.9517	3226.5139	0.9929	0.1649	0.1592
4	115.3042	126.5019	15426.8652	1.0000	0.1802	0.1810
5	114.9443	131.1355	16585.7695	0.9998	0.2122	0.1904
6	97.2178	114.2580	14972.9226	0.9993	0.2286	0.1974
7	84.4598	107.9652	12334.3789	0.9999	0.2351	0.2170
8	73.1806	104.9675	11332.6953	1.0000	0.2449	0.2428
9	58.8844	96.1457	10087.9578	0.9996	0.2909	0.2701
10	61.7596	109.4381	10522.3258	1.0000	0.2989	0.2863
11	64.2831	115.2225	12608.0796	0.9999	0.3073	0.2885
12	45.4395	80.9532	9326.1947	0.9998	0.3082	0.2873
13	48.7991	84.3037	6824.2931	0.9999	0.3119	0.2814
14	51.3219	86.1701	7264.4943	1.0000	0.2787	0.2757
15	49.0972	81.2431	6999.7766	0.9999	0.2894	0.2728
16	45.8399	77.4771	6293.9080	0.9999	0.2917	0.2770

续表

条块编号	$\tilde{m}_{SM_i}$	$\tilde{\sigma}_{SM_i}$	$cov(SM_i, SM_{i+1})$	$\rho_{SM_i, SM_{i+1}}$	$\tilde{P}_{fi}$	P_{fi}
17	46.0657	79.9837	6197.0821	1.0000	0.3179	0.2823
18	38.7973	68.4594	5467.0748	0.9984	0.3305	0.2855
19	33.3893	57.6418	3935.0099	0.9972	0.3497	0.2812
20	3.7129	6.3888	368.2447	0.9999	0.2804	0.2806
21	57.7169	90.8980	287.1608	0.9962	0.1727	0.2627
22	41.5028	61.5089	1380.5292	0.9594	0.1506	0.2499
23	28.0439	44.8947	715.5637	0.9049	0.1739	0.2661
24	10.1942	18.4922	252.0031	0.9814	0.1986	0.2907

降雨持时3天局部破坏概率核算表 表5-6

条块编号	m_{SM_i}	σ_{SM_i}	$cov(SM_i, SM_{i+1})$	$\rho_{SM_i, SM_{i+1}}$	$\tilde{P}_{fi}$	P_{fi}
1	−339.7400	117.0084			0.9972	0.9982
2	31.6591	26.3950	806.6678	0.7612	0.1169	0.1152
3	106.0005	121.5524	3184.3803	0.9925	0.2135	0.1916
4	98.9104	125.9952	15314.7862	1.0000	0.2074	0.2162
5	97.6739	130.6336	16456.0901	0.9998	0.2374	0.2273
6	81.8896	113.8583	14863.4087	0.9993	0.2491	0.2360
7	69.7694	107.5751	12246.8001	0.9999	0.2633	0.2583
8	58.7295	104.5851	11250.6048	1.0000	0.2854	0.2872
9	45.3499	95.7669	10011.5360	0.9996	0.3073	0.3179
10	46.3370	109.0775	10446.3347	0.9973	0.3277	0.3355
11	48.1496	114.8462	12525.4837	0.9999	0.3319	0.3375
12	34.1381	80.6722	9263.4811	0.9998	0.3571	0.3361
13	37.1277	84.0256	6778.1734	0.9999	0.3618	0.3293
14	39.5091	85.9415	7221.3190	1.0000	0.364	0.3229
15	37.8949	81.0464	6964.3110	0.9999	0.3744	0.3200
16	35.0845	77.3026	6264.5352	0.9999	0.3816	0.3250
17	35.0389	79.9439	6180.0427	1.0000	0.3889	0.3306
18	29.0842	68.3679	5456.9374	0.9984	0.4013	0.3353
19	25.0226	57.5644	3924.4391	0.9972	0.3623	0.3319
20	2.7866	6.3911	367.8829	0.9991	0.3541	0.3314
21	34.0176	78.9547	297.7306	0.9978	0.1217	0.3333
22	20.7657	46.9981	1430.7559	0.9553	0.1019	0.3293
23	9.8318	34.4750	697.5427	0.8859	0.1021	0.3878
24	26.8147	16.2678	242.9240	0.9598	0.0912	0.0496

降雨持时 5 天局部破坏概率核算表 　　表 5-7

条块编号	$\widetilde{m}_{SM_i}$	$\tilde{\sigma}_{SM_i}$	$cov(SM_i, SM_{i+1})$	$\rho_{SM_i,SM_{i+1}}$	$\widetilde{P}_{fi}$	P_{fi}
1	−145.8260	46.9364			0.9994	0.9991
2	28.9276	26.2816	801.0025	0.9493	0.1447	0.1355
3	93.9014	121.3242	3164.2754	0.9924	0.1987	0.2195
4	86.3105	125.7372	15254.7336	1.0000	0.2391	0.2462
5	84.4133	130.3991	16392.9235	0.9998	0.2695	0.2587
6	70.1037	113.6612	14811.0177	0.9993	0.2755	0.2687
7	58.4737	107.3838	12203.8580	0.9999	0.3141	0.2930
8	47.6031	104.3972	11210.4240	1.0000	0.3389	0.3242
9	34.9616	95.5864	9974.6850	0.9996	0.3462	0.3573
10	34.4595	108.9000	10409.6753	1.0000	0.3775	0.3758
11	35.7305	114.6598	12484.7926	0.9999	0.3819	0.3777
12	25.4771	80.5617	9235.7576	0.9998	0.3821	0.3759
13	28.1749	83.9050	6759.1755	0.9999	0.3967	0.3685
14	30.4099	85.8341	7201.9374	1.0000	0.3769	0.3616
15	29.2499	80.9492	6947.2597	0.9999	0.3884	0.3589
16	26.7806	77.2138	6249.8292	0.9999	0.3926	0.3644
17	26.4676	79.9025	6169.7400	1.0000	0.4128	0.3702
18	21.5694	68.3223	5450.4432	0.9984	0.4193	0.3761
19	18.5499	57.5263	3919.2024	0.9972	0.4233	0.3736
20	2.0673	6.3922	367.7035	1.0000	0.3711	0.3732
21	22.9549	78.9896	297.8851	0.9978	0.1936	0.1857
22	13.1477	32.0855	1431.6545	0.9553	0.1672	0.1410
23	5.0583	24.5499	697.7896	0.8859	0.1995	0.1184
24	25.5342	34.3100	243.0729	0.9603	0.1347	0.1284

降雨持时 7 天局部破坏概率核算表 　　表 5-8

条块编号	$\widetilde{m}_{SM_i}$	$\tilde{\sigma}_{SM_i}$	$cov(SM_i, SM_{i+1})$	$\rho_{SM_i,SM_{i+1}}$	$\widetilde{P}_{fi}$	P_{fi}
1	−351.0188	36.9402			1.0000	1.0000
2	27.0420	26.2034	799.3983	0.8259	0.1671	0.1510
3	85.5230	121.1640	3150.3776	0.9923	0.1983	0.2401
4	77.5877	125.5568	15212.7441	1.0000	0.2755	0.2683
5	75.2494	130.2379	16349.1817	0.9998	0.2909	0.2817
6	61.9355	113.5263	14775.1255	0.9993	0.3134	0.2927

续表

条块编号	$\widetilde{m}_{SM_i}$	$\widetilde{\sigma}_{SM_i}$	$cov(SM_i, SM_{i+1})$	$\rho_{SM_i,SM_{i+1}}$	$\widetilde{P}_{fi}$	P_{fi}
7	50.6432	107.2522	12174.4200	0.9999	0.3269	0.3184
8	39.9185	104.2674	11182.7716	1.0000	0.3671	0.3509
9	27.7683	95.4600	9949.1000	0.9996	0.4057	0.3856
10	26.2419	108.7770	10384.1744	1.0000	0.4045	0.4047
11	27.1276	114.5308	12456.6586	0.9999	0.4229	0.4064
12	19.4809	80.4830	9216.3431	0.9998	0.4293	0.4044
13	21.9545	83.8136	6745.2142	0.9999	0.4116	0.3967
14	24.0947	85.7579	7187.6967	1.0000	0.3942	0.3894
15	23.2593	80.8823	6935.3591	0.9999	0.4217	0.3868
16	21.0222	77.1531	6239.7641	0.9999	0.4283	0.3926
17	20.5139	79.8745	6162.7367	1.0000	0.4307	0.3987
18	16.3567	68.2908	5446.0052	0.9984	0.4368	0.4054
19	14.0632	57.4999	3915.5878	0.9972	0.4407	0.4034
20	1.5679	6.3929	367.5813	1.0000	0.4091	0.4031
21	15.2696	94.3816	298.0061	0.9978	0.0519	0.0357
22	7.8573	61.9651	1432.3017	0.9554	0.0944	0.1195
23	1.7435	44.2969	697.9950	0.8859	0.1345	0.1146
24	24.6398	18.3810	243.1760	0.9607	0.1100	0.1900

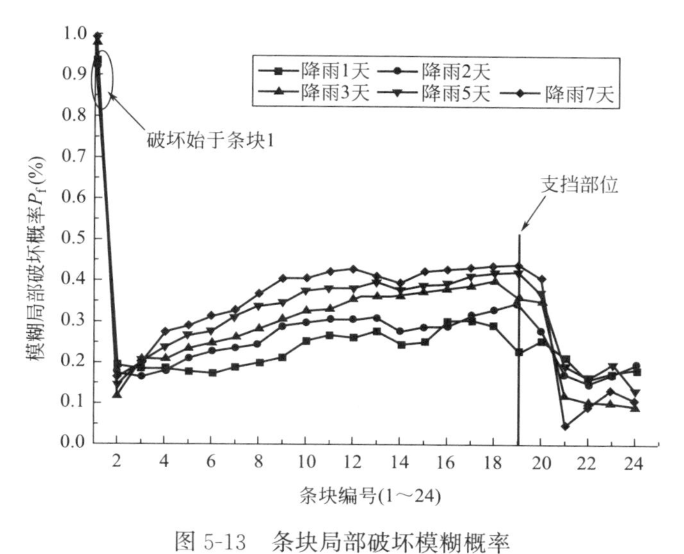

图5-13　条块局部破坏模糊概率

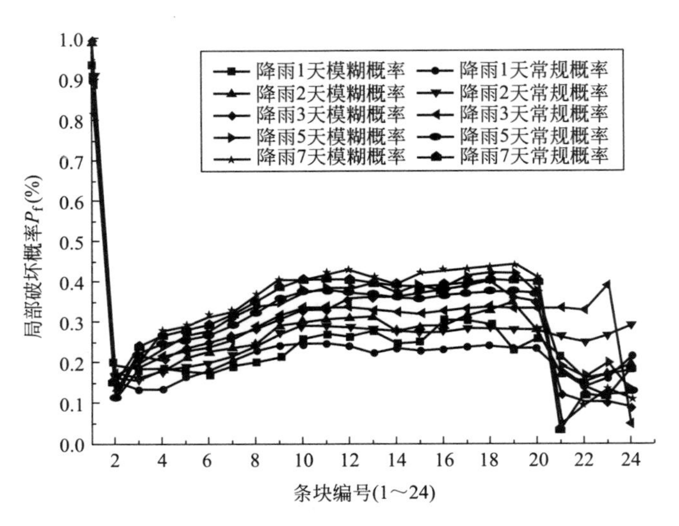

图 5-14　局部破坏概率对比曲线图

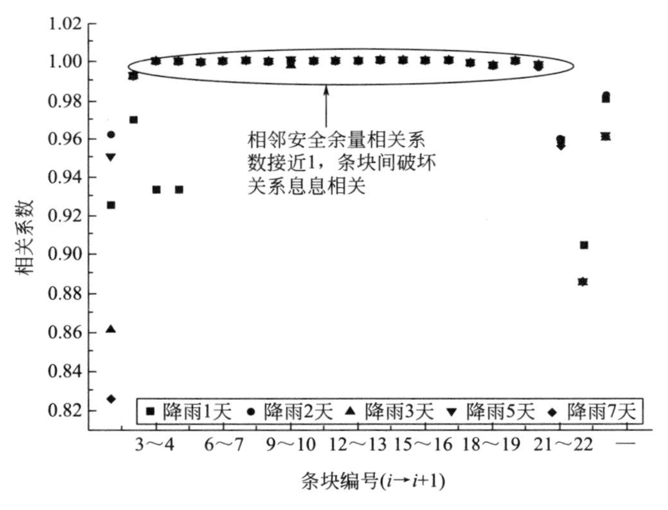

图 5-15　条块间相关系数

根据表 5-4～表 5-8 的不同降雨天数的滑坡局部破坏计算结果，并结合图 5-13～图 5-16 可知：

1）图 5-13 中，不同降雨状态下，条块 1 的局部破坏概率最大，该条块位于裂缝所处位置，这与滑坡破坏始于后缘的拉张裂缝这一实际情况相吻合，从而也印证了白河滑坡破坏始于后缘，不断向前发展的推移式渐进破坏模式。从后缘向前发展，滑坡的局部破坏概率总体呈增长趋势，第 12～19 条块，因滑面倾角较陡，破坏概率较大；条块 21～24 的局部破坏概率较小，为滑坡中的抗滑部位。

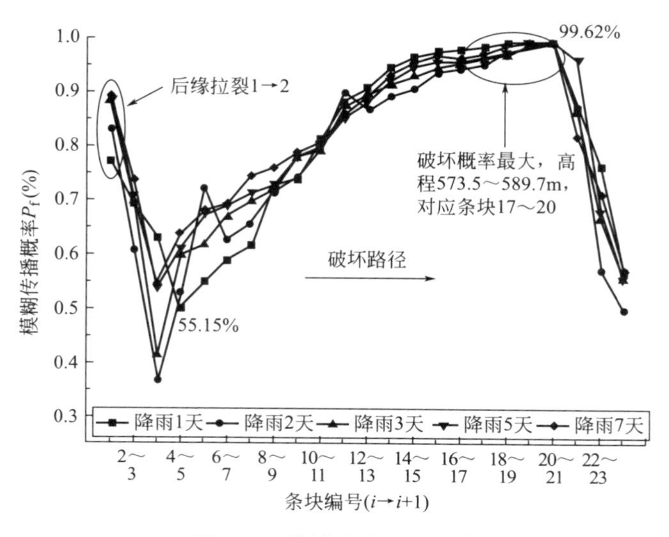

图 5-16 滑坡渐进破坏概率

降雨作用使得中部条块滑体饱水软化，进一步增加了其破坏的可能性。

2）图 5-13 中，白河滑坡各条块的模糊破坏概率并不等于常规破坏概率，各条块局部破坏概率大多大于常规的破坏概率，并且不同降雨工况下，滑坡的最危险条块并不相同。然而，理论化的隶属函数包含了较多人为因素，使模糊随机可靠性分析与人们的经验认识一致，在同时考虑滑坡力学参数和安全余度极限状态方程模糊性时，可靠性计算结果更加真实、可靠。

3）不同的降雨条件下，滑坡不同条块局部模糊破坏概率均不相等，且相差较大。然而，基于极限平衡法的稳定性计算，无论是确定性分析中的整体稳定系数法，还是考虑了岩土体参数随机性的计算方法，在计算时都得出了同样的结论，即滑面上各点的安全指标（稳定系数、破坏概率及可靠性指标）是相同的，沿整个滑面没有变化。这一结论有失合理性，值得进一步研究。

4）不同降雨条件下，除坡顶条块 1 外，局部破坏概率最大的条块出现位置有所差别。降雨 1 天时，在第 17 条块，破坏概率为 30.52%；2 天时，在第 19 条块，破坏概率为 34.97%；3 天时，在第 18 条块，破坏概率为 40.13%；5 天、7 天时在第 19 条块，分别为 42.33%和 44.07%，在此滑坡防治设计时，应优先考虑在此处设置抗支挡结构。

5）图 5-14 中，相邻条块安全余量的相关系数均接近于 1，这也说明条块间的破坏关系是息息相关的，它们间的破坏存在着传递性，一个土条的安全与否受其他土条的制约，同样该土条的破坏也会影响到其他条块。

6）不同降雨作用下，同一条块的局部破坏概率呈增大趋势，体现了随时间增加降雨对条块稳定性的影响。降雨时间的不同，降雨量不同，不同的降雨量通常只改变坡体入渗范围。雨水入渗量不断增加、地下水位线越高，会有更多条块因滑带饱水软化或孔隙水压力增加，使条块局部破坏概率增大。条块局部破坏概率越高，低安全储备条块增加，从而渐进破坏发展的规模或范围也就越大。

（2）滑坡扩展破坏模糊概率

在滑坡条块局部破坏概率已知的前提下，将结果代入式（5-58）和式（5-55），便可求得滑坡渐进破坏的模糊概率传播矩阵，因条块较多，难以用矩阵形式表达，这里只将矩阵中第一主对角线和第二主对角线中的元素列出，矩阵中其他元素为 0。

1）降雨 1 天主对角线元素值

$\tilde{P}_{1,1}=0.2286$	$\tilde{P}_{1,2}=0.7714$	$\tilde{P}_{2,2}=0.1042$	$\tilde{P}_{2,3}=0.8958$	$\tilde{P}_{3,3}=0.6681$	$\tilde{P}_{3,4}=0.3319$
$\tilde{P}_{4,4}=0.4583$	$\tilde{P}_{4,5}=0.5417$	$\tilde{P}_{5,5}=0.4485$	$\tilde{P}_{5,6}=0.551$	$\tilde{P}_{6,6}=0.4298$	$\tilde{P}_{6,7}=0.5902$
$\tilde{P}_{7,7}=0.3835$	$\tilde{P}_{7,8}=0.6165$	$\tilde{P}_{8,8}=0.2745$	$\tilde{P}_{8,9}=0.7255$	$\tilde{P}_{9,9}=0.2582$	$\tilde{P}_{9,10}=0.7418$
$\tilde{P}_{10,10}=0.1876$	$\tilde{P}_{10,11}=0.8124$	$\tilde{P}_{11,11}=0.1562$	$\tilde{P}_{11,12}=0.8832$	$\tilde{P}_{12,12}=0.0915$	$\tilde{P}_{12,13}=0.9085$
$\tilde{P}_{13,13}=0.0519$	$\tilde{P}_{13,14}=0.9481$	$\tilde{P}_{14,14}=0.0336$	$\tilde{P}_{14,15}=0.9664$	$\tilde{P}_{15,15}=0.0245$	$\tilde{P}_{15,16}=0.9755$
$\tilde{P}_{16,16}=0.0185$	$\tilde{P}_{16,17}=0.9815$	$\tilde{P}_{17,17}=0.0141$	$\tilde{P}_{17,18}=0.9859$	$\tilde{P}_{18,18}=0.0038$	$\tilde{P}_{18,19}=0.9962$
$\tilde{P}_{22,22}=0.2341$	$\tilde{P}_{22,23}=0.7659$	$\tilde{P}_{23,23}=0.4409$	$\tilde{P}_{23,24}=0.5591$	$\tilde{P}_{24,24}=1$	

2）降雨 2 天主对角线元素值

$\tilde{P}_{1,1}=0.1681$	$\tilde{P}_{1,2}=0.8319$	$\tilde{P}_{2,2}=0.3926$	$\tilde{P}_{2,3}=0.6074$	$\tilde{P}_{3,3}=0.6309$	$\tilde{P}_{3,4}=0.3691$
$\tilde{P}_{4,4}=0.4503$	$\tilde{P}_{4,5}=0.5297$	$\tilde{P}_{5,5}=0.2798$	$\tilde{P}_{5,6}=0.7202$	$\tilde{P}_{6,6}=0.3719$	$\tilde{P}_{6,7}=0.6281$
$\tilde{P}_{7,7}=0.3443$	$\tilde{P}_{7,8}=0.6557$	$\tilde{P}_{8,8}=0.2845$	$\tilde{P}_{8,9}=0.7155$	$\tilde{P}_{9,9}=0.2553$	$\tilde{P}_{9,10}=0.7447$
$\tilde{P}_{10,10}=0.2164$	$\tilde{P}_{10,11}=0.7936$	$\tilde{P}_{11,11}=0.1015$	$\tilde{P}_{11,12}=0.8985$	$\tilde{P}_{12,12}=0.1316$	$\tilde{P}_{12,13}=0.8684$
$\tilde{P}_{13,13}=0.1058$	$\tilde{P}_{13,14}=0.8942$	$\tilde{P}_{14,14}=0.0923$	$\tilde{P}_{14,15}=0.9077$	$\tilde{P}_{15,15}=0.0634$	$\tilde{P}_{15,16}=0.9366$
$\tilde{P}_{16,16}=0.0538$	$\tilde{P}_{16,17}=0.9461$	$\tilde{P}_{17,17}=0.0475$	$\tilde{P}_{17,18}=0.9525$	$\tilde{P}_{18,18}=0.0209$	$\tilde{P}_{18,19}=0.9791$
$\tilde{P}_{19,19}=0.0877$	$\tilde{P}_{19,20}=0.9913$	$\tilde{P}_{20,20}=0.0018$	$\tilde{P}_{20,21}=0.9982$	$\tilde{P}_{21,21}=0.1259$	$\tilde{P}_{21,22}=0.8741$
$\tilde{P}_{22,22}=0.4263$	$\tilde{P}_{22,23}=0.5737$	$\tilde{P}_{23,23}=0.4999$	$\tilde{P}_{23,24}=0.5001$	$\tilde{P}_{24,24}=1$	

3）降雨 3 天主对角线元素值

$\tilde{P}_{1,1}=0.1159$	$\tilde{P}_{2,2}=0.3019$	$\tilde{P}_{1,2}=0.8841$	$\tilde{P}_{2,3}=0.6981$	$\tilde{P}_{3,3}=0.5857$	$\tilde{P}_{3,4}=0.4143$
$\tilde{P}_{4,4}=0.4003$	$\tilde{P}_{4,5}=0.5997$	$\tilde{P}_{5,5}=0.3846$	$\tilde{P}_{5,6}=0.6154$	$\tilde{P}_{6,6}=0.3298$	$\tilde{P}_{6,7}=0.6702$
$\tilde{P}_{7,7}=0.3045$	$\tilde{P}_{7,8}=0.6955$	$\tilde{P}_{8,8}=0.2765$	$\tilde{P}_{8,9}=0.7235$	$\tilde{P}_{9,9}=0.2212$	$\tilde{P}_{9,10}=0.7788$
$\tilde{P}_{10,10}=0.2065$	$\tilde{P}_{10,11}=0.7935$	$\tilde{P}_{11,11}=0.1259$	$\tilde{P}_{11,12}=0.8741$	$\tilde{P}_{12,12}=0.1015$	$\tilde{P}_{12,13}=0.8985$
$\tilde{P}_{13,13}=0.0932$	$\tilde{P}_{13,14}=0.9168$	$\tilde{P}_{14,14}=0.0715$	$\tilde{P}_{14,15}=0.9285$	$\tilde{P}_{15,15}=0.0533$	$\tilde{P}_{15,16}=0.9467$
$\tilde{P}_{16,16}=0.0439$	$\tilde{P}_{16,17}=0.9561$	$\tilde{P}_{17,17}=0.0353$	$\tilde{P}_{17,18}=0.9647$	$\tilde{P}_{18,18}=0.0306$	$\tilde{P}_{18,19}=0.9694$

续表

$\widetilde{P}_{19,19}=0.0077$	$\widetilde{P}_{19,20}=0.9923$	$\widetilde{P}_{20,20}=0.0065$	$\widetilde{P}_{20,21}=0.9935$	$\widetilde{P}_{21,21}=0.1367$	$\widetilde{P}_{21,22}=0.8633$
$\widetilde{P}_{22,22}=0.3341$	$\widetilde{P}_{22,23}=0.6659$	$\widetilde{P}_{23,23}=0.4409$	$\widetilde{P}_{23,24}=0.5591$	$\widetilde{P}_{24,24}=1$	

4）降雨 5 天主对角线元素值

$\widetilde{P}_{1,1}=0.1121$	$\widetilde{P}_{1,2}=0.8879$	$\widetilde{P}_{2,2}=0.2938$	$\widetilde{P}_{2,3}=0.7062$	$\widetilde{P}_{3,3}=0.4592$	$\widetilde{P}_{3,4}=0.5418$
$\widetilde{P}_{4,4}=0.3885$	$\widetilde{P}_{4,5}=0.6115$	$\widetilde{P}_{5,5}=0.3246$	$\widetilde{P}_{5,6}=0.6754$	$\widetilde{P}_{6,6}=0.3093$	$\widetilde{P}_{6,7}=0.6907$
$\widetilde{P}_{7,7}=0.2867$	$\widetilde{P}_{7,8}=0.7133$	$\widetilde{P}_{8,8}=0.2702$	$\widetilde{P}_{8,9}=0.7298$	$\widetilde{P}_{9,9}=0.2186$	$\widetilde{P}_{9,10}=0.7814$
$\widetilde{P}_{10,10}=0.1989$	$\widetilde{P}_{10,11}=0.8011$	$\widetilde{P}_{11,11}=0.1479$	$\widetilde{P}_{11,12}=0.8521$	$\widetilde{P}_{12,12}=0.1184$	$\widetilde{P}_{12,13}=0.8816$
$\widetilde{P}_{13,13}=0.0797$	$\widetilde{P}_{13,14}=0.9203$	$\widetilde{P}_{14,14}=0.0494$	$\widetilde{P}_{14,15}=0.9506$	$\widetilde{P}_{15,15}=0.0427$	$\widetilde{P}_{15,16}=0.9573$
$\widetilde{P}_{16,16}=0.0408$	$\widetilde{P}_{16,17}=0.9592$	$\widetilde{P}_{17,17}=0.0318$	$\widetilde{P}_{17,18}=0.9682$	$\widetilde{P}_{18,18}=0.0249$	$\widetilde{P}_{18,19}=0.9751$
$\widetilde{P}_{19,19}=0.0057$	$\widetilde{P}_{19,20}=0.9943$	$\widetilde{P}_{20,20}=0.0001$	$\widetilde{P}_{20,21}=0.9999$	$\widetilde{P}_{21,21}=0.0387$	$\widetilde{P}_{21,22}=0.9613$
$\widetilde{P}_{22,22}=0.3210$	$\widetilde{P}_{22,23}=0.6790$	$\widetilde{P}_{23,23}=0.4429$	$\widetilde{P}_{23,24}=0.5571$	$\widetilde{P}_{24,24}=1$	

5）降雨 7 天主对角线元素值

$\widetilde{P}_{1,1}=0.1066$	$\widetilde{P}_{1,2}=0.8934$	$\widetilde{P}_{2,2}=0.2645$	$\widetilde{P}_{2,3}=0.7355$	$\widetilde{P}_{3,3}=0.4524$	$\widetilde{P}_{3,4}=0.5476$
$\widetilde{P}_{4,4}=0.3634$	$\widetilde{P}_{4,5}=0.6366$	$\widetilde{P}_{5,5}=0.3181$	$\widetilde{P}_{5,6}=0.6819$	$\widetilde{P}_{6,6}=0.3067$	$\widetilde{P}_{6,7}=0.6933$
$\widetilde{P}_{7,7}=0.2564$	$\widetilde{P}_{7,8}=0.7436$	$\widetilde{P}_{8,8}=0.2393$	$\widetilde{P}_{8,9}=0.7607$	$\widetilde{P}_{9,9}=0.2097$	$\widetilde{P}_{9,10}=0.7903$
$\widetilde{P}_{10,10}=0.1922$	$\widetilde{P}_{10,11}=0.8078$	$\widetilde{P}_{11,11}=0.1387$	$\widetilde{P}_{11,12}=0.8613$	$\widetilde{P}_{12,12}=0.1073$	$\widetilde{P}_{12,13}=0.8927$
$\widetilde{P}_{13,13}=0.0659$	$\widetilde{P}_{13,14}=0.9341$	$\widetilde{P}_{14,14}=0.0439$	$\widetilde{P}_{14,15}=0.9561$	$\widetilde{P}_{15,15}=0.0311$	$\widetilde{P}_{15,16}=0.9689$
$\widetilde{P}_{16,16}=0.0362$	$\widetilde{P}_{16,17}=0.9638$	$\widetilde{P}_{17,17}=0.0274$	$\widetilde{P}_{17,18}=0.9726$	$\widetilde{P}_{18,18}=0.0114$	$\widetilde{P}_{18,19}=0.9886$
$\widetilde{P}_{19,19}=0.0043$	$\widetilde{P}_{19,20}=0.9957$	$\widetilde{P}_{20,20}=0.0001$	$\widetilde{P}_{20,21}=0.9999$	$\widetilde{P}_{21,21}=0.1909$	$\widetilde{P}_{21,22}=0.8191$
$\widetilde{P}_{22,22}=0.2881$	$\widetilde{P}_{22,23}=0.7119$	$\widetilde{P}_{23,23}=0.4273$	$\widetilde{P}_{23,24}=0.5727$	$\widetilde{P}_{24,24}=1$	

由滑坡渐进破坏传播矩阵可知：

1）无论在何种状态下，开始时，条块 1 向条块 2 发生破坏的传递概率较大，表明滑坡破坏开始于滑坡的后缘，后缘因拉裂破坏后开始不断向坡脚传递发展。

2）以降雨 1 天为例，破坏传播矩阵第二主对角线上的值 $\widetilde{P}_{i,\ i+1}$ 显示，破坏传播趋势为先增大后减小至第 6、7 条块，扩展概率为 55.15%，然后增大，直至第 20、21 条块，扩展概率为最大 99.62%。这表明一旦第 1 条块发生破坏后，渐进破坏就很有可能向其邻近条块传递，滑坡破坏的可能性越来越大。整体看来，第 16 条块到第 20 条块，它们之间破坏传播的概率要大于其他条块，这说明滑坡最危险的部位在第 16～20 条块之间，它们之间破坏传播的可能性最大，因此，抗滑支护时，支挡物应优先考虑加固此处。

3）不同降雨条件下，传播矩阵表明，相同条块间的概率，随降雨量的增加，滑带土不断饱水软化及孔隙水压力增加，导致土体抗剪强度不断减小，从而扩展概率相应地增大。随着上部破坏条块的增加，下部条块承受的下滑力越来越大，故发生破坏的可能性变大，在滑坡下滑段，矩阵中扩展概率不断增大，传播矩阵可以合理描述滑坡的渐进破坏过程。

4）随着降雨时间增加，降雨量增大，滑坡一次渐进破坏的规模增大，但渐进破坏有着相同的转移路径。最大破坏的转移路径均为 1→2→3→6→7→8→9→11→13→14→15→(16)→(17)→(18)→(19)→(20)→21→24；一次渐进破坏的规模分别为 94.3314m、114.6842m、131.6087m、149.2111m、153.6924m。

（3）滑坡渐进破坏模糊概率

由式（5-58），不同降雨情形下，滑坡渐进破坏模糊概率分别为：

降雨 1 天，$\widetilde{P}(E_{24})=\widetilde{P}_{f_1}\widetilde{P}_{1,2}\widetilde{P}_{2,3}\cdots\widetilde{P}_{23,24}=0.003517325$

降雨 2 天，$\widetilde{P}(E_{24})=\widetilde{P}_{f_1}\widetilde{P}_{1,2}\widetilde{P}_{2,3}\cdots\widetilde{P}_{23,24}=0.000785247$

降雨 3 天，$\widetilde{P}(E_{24})=\widetilde{P}_{f_1}\widetilde{P}_{1,2}\widetilde{P}_{2,3}\cdots\widetilde{P}_{23,24}=0.003520253$

降雨 5 天，$\widetilde{P}(E_{24})=\widetilde{P}_{f_1}\widetilde{P}_{1,2}\widetilde{P}_{2,3}\cdots\widetilde{P}_{23,24}=0.006498598$

降雨 7 天，$\widetilde{P}(E_{24})=\widetilde{P}_{f_1}\widetilde{P}_{1,2}\widetilde{P}_{2,3}\cdots\widetilde{P}_{23,24}=0.008016685$

基于简化的 Bishop 法，当抗剪强度参数 c、φ 取均值时，采用蒙特卡罗模拟，取 $N=5000$ 次，可满足精度要求。计算不同降雨条件下滑坡的整体可靠性指标，见表 5-9。

不同降雨条件下滑坡整体稳定性指标 **表 5-9**

降雨持时	稳定性系数 F_S		可靠性指标 β	破坏概率 P_f（%）
	平均值 μ_z	标准差 σ_z		
1天	1.061	0.162	0.435	33.633
2天	1.049	0.17	0.352	37.000
3天	1.037	0.167	0.270	39.733
5天	1.028	0.266	0.202	42.733
7天	1.016	0.241	0.154	44.667

从计算结果可以看出，滑坡整体破坏概率并不等于各条块的局部破坏概率，整体稳定性指标假设滑坡破坏是同整个滑面一起进行的，忽略了渐进破坏这一时空特点，不能反映滑坡破坏的真实过程。事实上，沿着滑面上各点应力及岩体强度等并非均匀分布，外界作用如孔隙水压力等也是非均匀的，因此滑面上各点的破坏概率（可靠指标）实际上是不同的。基于传统极限平衡法的定值法或可

靠性分析法，视坡体为一个整体，沿滑动面上各个条块的稳定系数或可靠性指标没有发生变化，且均等于整个滑坡的稳定系数或可靠性指标，这种分体思路实质上割裂了滑坡的孕育→变形→失稳破坏的内在演化规律。极限平衡法既不能用于模糊破坏的过程，也不能研究初始应力对滑坡稳定性的影响。滑坡破坏时的外观表现或破坏机理均表明，破坏往往始于一个局部，然后扩展至其他部位，即使外部尚未出现破坏迹象时，斜坡土体某一地段可能超载，破坏可能发生扩展了。

书中所提出的模糊渐进概率模型是从本质上研究滑坡空间破坏过程。它是根据局部破坏总是存在这一事实进行推导计算的，然而，实际滑坡工程中，破坏也常常从坡体的某个张裂缝部位开始，拉张裂缝的出现也增加了斜坡由坡顶开始破坏的趋势。早在 30 年前，Bishop 就注意到所谓安全的边坡，局部超限应力仍然存在，即使安全系数达 1.8，也有局部破坏的发生，这样的例子大量存在。承认并接受了滑坡破坏始于局部破坏的观点后，我们就可以选取恰当的模型计算破坏的扩张和传播过程。滑坡渐进破坏模糊随机可靠性研究的重点是计算分析滑坡各条块破坏的传递过程，找到破坏传递最严重及局部破坏概率最大的条块作为支护设计的重点考虑部位，至于计算求得的渐进破坏模糊概率值，现阶段并没有一个定量化的标准来判别滑坡的稳定状态，随着滑坡时空破坏规律的深入研究，以后可能会有相应的规范对此作出合理的规定。

5.4　滑坡模糊可靠性评价的单一指标评判方法

为了便于将滑坡渐进破坏可靠性计算结果与基于定值分析的稳定性计算方法相比较，本节采用响应面优化算法对白河土石混合体滑坡的稳定性进行研究。由于岩土工程中存在着大量的不确定性，可靠性理论已经广泛地被应用到岩土工程中去，在岩土工程方面较早论述可靠性理论的有：Leemis[8]、Whitman[9]、Pine[10]、Tyler[11]、Hatzor 和 Goodman[12]、Carter[13] 等，他们应用可靠性理论分析了地下采矿和土木工程中遇到的一些问题。20 世纪 90 年代，美国科学院下属的美国科学院研究委员会（National Research Council）的“岩土工程减灾防灾可靠度分析方法研究委员会”在其研究报告中指出，可靠度方法，如果不是把它作为现有传统方法替代物的话，确实可以为分析岩土工程中包括的不确定性提供系统的、定量的途径。在国内，陈祖煜等[14] 认为，岩土工程中应该采用考虑不确定性因素的可靠度分析方法。规范[15] 明确建议，对于一级边坡有条件时应进行可靠度分析，可见将可靠性理论引入到滑坡工程中已是大势所趋。

响应面法作为一种优秀的可靠性计算方法，是科学与工程问题中较早发展出的建立近似显函数的途径之一，国内外已有许多学者将响应面法应用于滑坡的可靠性评价中[16-19]，并取得了可喜的进展。然而综合国内外研究可以看出，目前基于响应面法的滑坡可靠度研究主要侧重于响应面函数表达形式及响应面拟合形状的研究，存在的问题主要有：①如何在某一点给出精确岩土参数样本值显示化响应面函数的问题。在每次功能函数目标值的寻优过程中，在一组样本点中选取哪个点作为最终的计算变量成为可靠性指标计算的关键问题。以往的研究中都认为选取中心点是最合理的作法，然而响应面法作为一种无偏估计，每个样本点算出的响应面值都存在一定的误差，中心点也不例外，从而导致迭代误差的累积且计算结果偏离优化约束条件。②以往基于响应面法建立的滑坡功能函数响应面模型，在中心展开点处，计算是精确的，然而离中心点越远，精度越差。因此响应法建立的近似模型并不是全局的，只有中心点附近的小范围内才能保证模型足够接近滑带的目标功能函数，才能代替真实模型进行计算。③最大的问题在于以往的响应面法迭代计算滑坡的可靠性指标时，基于传统的可靠性理论，然而，可靠性观念基于二值逻辑基础，它反映了人们的精确思维模式，将复杂的、模糊的系统可靠性问题简单地视为精确的数学问题并不能真实地反映客观实际，特别是在滑坡工程中，不是所有的不确定性都是随机的，基于认知的不完全信息导致的不确定性就不能完全用概率理论来处理。由于斜坡岩土体的分类具有模糊性，滑坡的变形破坏特征也具有模糊性，斜坡岩土体的力学参数也具有模糊性，由于模糊性带来的不确定性不得不考虑到功能函数中去。鉴于以上问题，本书提出过中心展开点的改进响应面模型，克服传统响应面法在中心设计点拟合值不够准确的缺陷，同时，采用基于理性运动极限的近似估计，人为地给近似响应面模型加一些限制条件，使得优化解不超出近似模型的有效范围。把每次寻优的空间减小，在建立近似显函数展开点或构造点的邻域进行功能函数响应面解的寻优。在对功能函数进行约束限制时，采用样本力学参数的随机-模糊处理方法对参数进行模糊化处理，反映滑带土力学参数模糊变异性的影响，隶属函数选用符合岩土参数分布的正态模糊数。不考虑土体重度的模糊性，计算 c 和 f 为服从正态分布的模糊随机数，求解得到模糊随机参数的概率分布，将其作为目标函数的约束条件，采用二次规划算法进行优化计算。最后，在求得的极限状态方程的基础上，采用一次二阶矩法（JC）求解滑坡的可靠性指标，通过有限元强度折减法的计算得出了滑坡的位移场和滑面塑性区的分布，通过与其他计算方法的对比分析，证明了该方法的合理性。

5.4.1 改进的响应面模型

假定参数或设计点是 n 维向量 $x \in E^n$ ，它是待求功能函数的自变量，函数关系为 $y=y(x)$ 。精确的函数关系式可能是未知的，然而在参数值或设计点值 x^j 已知的情形下，总可通过数值试验得到相应的性能值 $y^{(j)}=y(x^{(j)})$ ，该值即为设计样本点的一个响应值。在多个样本点参与的试验下，由待定系数法求出函数 $y=y(x)$ 的近似函数 $\tilde{y}=f(x)$。由于性能响应与变量间的函数关系是未知的，因此必须事先选取 $f(x)$ 的函数形式。函数选取要满足以下两个要求：①函数表达式在基本能够描述真实函数的前提下应尽可能简单；②响应面函数的待定系数应尽可能地少以减小试验或数值分析的计算量。滑坡工程常采用的是线性或二次多项式形式[16-17]。

线性型
$$\tilde{y}=\alpha_0+\sum_{i=1}^{n}\alpha_i x_i \tag{5-59}$$

不含交叉项的二次型
$$\tilde{y}=\alpha_0+\sum_{i=1}^{n}\alpha_i x_i+\sum_{i=1}^{n}\alpha_{ii}x_i^2 \tag{5-60}$$

含交叉项的二次型
$$\tilde{y}=\alpha_0+\sum_{i=1}^{n}\alpha_i x_i+\sum_{i=1}^{n}\sum_{i=j}^{n}\alpha_{ij}x_i x_j \tag{5-61}$$

为了便于推导，可令：

$$\begin{cases} x_0=1 \\ x_1=x_1, x_2=x_2, \cdots, x_n=x_n \\ x_{n+1}=x_1^2, x_{n+2}=x_2^2, \cdots, x_{2n}=x_n^2 \\ x_{2n+1}=x_1x_2, x_{2n+2}=x_1x_3, \cdots, x_{n(n+3)/2}=x_{n-1}x_n \end{cases}$$

从而：

$$\begin{cases} w_0=\alpha_0 \\ w_1=\alpha_1, w_2=\alpha_2, \cdots, w_n=\alpha_n \\ w_{n+1}=\alpha_{n+1}, w_{n+2}=\alpha_{n+2}, \cdots, w_{2n}=\alpha_{2n} \\ w_{2n+1}=\alpha_{12}, w_{2n+2}=\alpha_{13}, \cdots, w_{n(n+3)/2}=\alpha_{(n-1)n} \end{cases} \tag{5-62}$$

于是，得到统一函数形式为：

$$\tilde{y}=\sum_{i=0}^{k-1}w_i x_i \tag{5-63}$$

式中：w_i 为待定系数。

传统的响应法在中心设计点拟合值不够精确，为了克服这一的缺陷，提出过无差点的改进响应面模型。过无差点的改进响应面模型的指导思想主要有两点：①在试验点中选取一点 $x^{(0)}$，响应面函数在该点的取值恰好等于试验值 $y^{(0)}$，即 $\tilde{y}(x^{(0)})=y^{(0)}$；②近似响应面函数在除中心展开点以外的试验点处的取值与性能值的误差满足最小二乘法原理。因响应面函数在 $x^{(0)}$ 点无误差，称其为无差点（或中心展开点）。将无差点代入式（5-63），得到：

$$w^{(0)}=y^{(0)}-\sum_{i=1}^{k-1}w_i x_i^{(0)} \tag{5-64}$$

代入式（5-59）～式（5-63），得到：

$$\tilde{y}=y^{(0)}+\sum_{i=1}^{k-1}w_i(x_i-x_i^{(0)})w_i \tag{5-65}$$

定义响应面函数值与真实值之间的误差 $\varepsilon=(\varepsilon_1,\varepsilon_2,\cdots,\varepsilon_{m-1})^{\mathrm{T}}$，则：

$$\varepsilon_1=\tilde{y}^{(1)}-y^{(1)},\cdots,\varepsilon_{m-1}=(\tilde{y}^{(m-1)}-y^{(m-1)}) \tag{5-66}$$

对除无差点以外的点做试验拟合得：

$$S(w)=\varepsilon^{\mathrm{T}}\varepsilon=\sum_{j=1}^{m-1}\Big(\sum_{i=1}^{k-1}(x_i^{(j)}-x_i^{(0)})w_i-(y_i^{(j)}-y_i^{(0)})\Big)^2\rightarrow\min \tag{5-67}$$

由驻值条件求微分得到：

$$\frac{\partial S}{\partial w_l}=2\sum_{j=1}^{m-1}\left\{(x_i^{(j)}-x_i^{(0)})\left[\sum_{i=1}^{k-1}(x_i^{(j)}-x_i^{(0)})w_i-(y_i^{(j)}-y_i^{(0)})\right]\right\}$$

$$(l=1,\cdots,k-1) \tag{5-68}$$

上式为含有 $k-1$ 个方程和 $k-1$ 个未知数的线性方程组，转化为矩阵形式为：

$$X^{\mathrm{T}}Xw-X^{\mathrm{T}}y=0$$

解得：

$$w=(X^{\mathrm{T}}X)^{-1}X^{\mathrm{T}}y \tag{5-69}$$

求得 w 后可由式（5-64）求得 w_0，代入式（5-63）即得到近似响应面函数的表达式。

5.4.2 设计变量优化的理性运动极限

滑坡的可靠性评价当中，拟合的近似响应面函数虽然在一定程度上接近滑坡真实工作状态的功能函数，但是近似函数相对于真实功能函数来说精确度并不是很高。改进的响应面法所建立的模型，只有在中心点是精确的，离无差点越远，其精度值越不容预测。从这种意义上来讲，响应面近似模型的有效性并不是全局的，而是在一个中心展开点周围一个小的范围内能够保证近似模型足够接近原始模型，能够代替原始模型进行优化计算。因此必须人为地给近似模型增加一些限制，使得优化的解不超过近似模型的有效范围，人为限制常用的形式便是设计变量的上下限。运动极限可以解决近似的目标函数或约束函数在足够精度条件下迭代求解，迭代时把每次寻优的空间缩小，在建立近似显函数展开点或构造点的邻域进行寻优[20]。

对于 $x\in E^n$，在优化的第 v 次迭代过程中，运动极限可以分量的形式表示为 $\underline{d}_i^{(v)}\leqslant x_i\leqslant\overline{d}_i^{(v)}$，其中 $\underline{d}_i^{(v)}$，$\overline{d}_i^{(v)}$ 为设计变量第 i 个分量的运动极限上下限。若 $\underline{x}_i$ 与 $\overline{x}_i$ 分别为设计变量第 i 个分量的上下限值，则有 $\underline{x}_i\leqslant\underline{d}_i^{(v)}$，$\overline{x}_i\geqslant\overline{d}_i^{(v)}$。工程中多采用准则型运动极限对设计变量进行约束，准则型运动极限根据某一准则在当前设计点 $x_i^{(v)}$ 附近指定一个范围作为运动极限，其表达式为：

$$\begin{cases}\underline{d}_i^{(v)}=x_i^{(v)}-\Delta_i^{(v)}\\ \overline{d}_i^{(v)}=x_i^{(v)}+\Delta_i^{(v)}\end{cases}(i=1,2,\cdots,n) \tag{5-70}$$

其中 $\Delta_i^{(v)}$ 的计算主要有以下两种方法：

$$\Delta_i^{(v)}=\min[\mu(x_i^{(v)}-\underline{x}_i),\mu(\overline{x}_i-x_i^{(v)})](\mu\in(0,1]) \tag{5-71a}$$

$$\Delta_i^{(v)}=\mu(x_i^{(v)}-x_i^{(v-1)})(\mu\in(0,1])(\mu>0) \tag{5-71b}$$

然而，准则型运动极限中评价函数的二次项只有一个待定系数，为不完全的二次项函数，逼近原函数的精度不够高。本书所介绍的理性极限运动方法重复运用旧的计算信息，代替增加新的计算信息，可以确定自适用能力的运动极限，在不增加样本点个数的情况下，提高了逼近精度，进而使运动极限估计更加准确[21,22]。

设近似模型的某一原约束函数为 $c(x)$，它的第 $k-1$ 次和 k 次的线性近似函数分别为：

$$c_{k-1}(x)=\nabla_c(x^{k-1})^{\mathrm{T}}(x-x^{k-1})+c(x^{k-1}) \tag{5-72}$$

$$c_k(x)=\nabla_c(x^k)^{\mathrm{T}}(x-x^k)+c(x^k) \tag{5-73}$$

利用近似函数上一次迭代的一阶信息 $\nabla_c(x^{k-1})$，本次的零阶信息 $c(x^k)$ 和一阶信息 $\nabla_c(x^k)$，构造累积函数信息的约束二阶估计近似显式：

$$c_e(x)=c(x^k)+\nabla_c(x^k)^{\mathrm{T}}(x-x^k)+\frac{1}{2}(x-x^k)^{\mathrm{T}}H(x-x^k) \tag{5-74}$$

式中 H——$n\times n$ 的对角阵，对角线元素为 h_1，h_2，…，h_n。

由 $\nabla_{c_e}(x^{k-1})=\nabla_{c_{k-1}}(x^{k-1})$ 得：

$$\nabla_c(x^k)+H(x^{k-1}-x^k)=\nabla_c(x^{k-1}) \tag{5-75}$$

即

$$\begin{Bmatrix}\nabla_c(x_1^k)\\ \vdots\\ \nabla_c(x_n^{k-1})\end{Bmatrix}+\begin{bmatrix}h_1 & & 0\\ & \ddots & \\ 0 & & h_n\end{bmatrix}\begin{Bmatrix}x_1^{k-1}-x_1^k\\ \vdots\\ x_n^{k-1}-x_n^k\end{Bmatrix}=\begin{Bmatrix}\nabla_c(x_1^{k-1})\\ \vdots\\ \nabla_c(x_n^{k-1})\end{Bmatrix} \tag{5-76}$$

解得：

$$h_i=\nabla_c(x_i^{k-1})-[\nabla_c(x_i^k)]/(x_i^{k-1}-x_i^k) \tag{5-77}$$

用累积信息的二阶估计式（5-74）代替准确的原约束 $c(x)$，取当前的一阶近似与评价函数的相对差的绝对值不大于指定的误差限 $\varepsilon(0<\varepsilon<1)$，得到运动极限的理性估计式：

$$\left|\frac{c_k(x)-c_e(x)}{c_e(x)}\right|\leqslant\varepsilon \tag{5-78}$$

为了求出每个变量的运动极限，取

$$x^{d_i}=\begin{cases}x_j^c+d_j(i=j)\\ x_j^c(i\neq j)\end{cases}(i,j=1,\cdots,n) \tag{5-79}$$

其中 d_i 可以取负值，$|d_i|$ 即理性运动极限（$x_i^c-|d_i|\leqslant x_i\leqslant x_i^c+|d_i|$）。

将 x^{d_i} 代入式（5-73）与式（5-74），分别得：

$$c_k(d_i)=f_c+c_id_i \tag{5-80}$$

$$c_e(d_i)=f_c+c_id_i+b_id_i^2/2 \tag{5-81}$$

其中 $c_k=c(x^k)$。

将式（5-80）和式（5-81）代入式（5-78）得：

$$\delta(d_i)=\left|\frac{c_k(d_i)-c_e(d_i)}{c_e(x)}\right| \tag{5-82}$$

$$\delta(d_i)=\left|\frac{c_k(d_i)-c_e(d_i)}{c_e(x)}\right|=\left(\frac{|d_i|d_i^2}{2}\right)/(c_e^2)^{1/2}\leqslant\varepsilon \tag{5-83}$$

由式（5-81）知，$d_i=0$ 时，$c_e=f_c$，对式（5-81）分别求一阶、二阶导函数，并代入得：

$$\delta(0)=\delta'(0)=0,\delta''(0)=|b_i|/|f_c|\geqslant 0 \tag{5-84}$$

可知 $\delta(d_i)$ 在 $d_i=0$ 邻域为单谷函数（图 5-17a），故必定存在 $\underline{d}_i<0$，$\overline{d}_i>0$，使 $\forall d_i\in[\underline{d}_i,\overline{d}_i]$，均有 $0<\delta(d_i)<\varepsilon$。

试取 $c_e=d_i^2+5d_i-4$，$c_k=-4$，$\varepsilon=0.2$，作出 $\delta(d_i)$ 的图像，如图 5-17（b）所示。可以看出，$\delta(d_i)$ 是单值函数，$\delta(0)=0$，存在间断点，且除间断点外，函数是连续的。显然存在区间 $\forall d_i\in[d_i^{\mathrm{L}},d_i^{\mathrm{U}}]$，使 $0<\delta(d_i)<\varepsilon$。

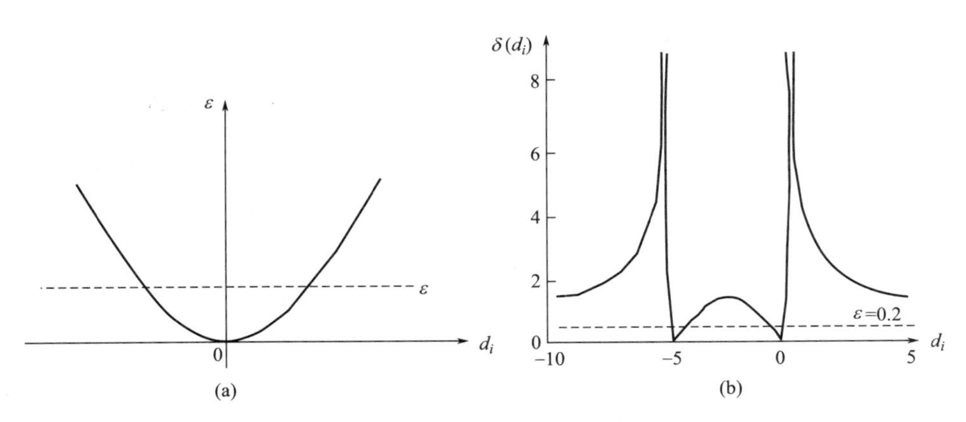

图 5-17　函数 $\delta(d_i)$ 图形

虽然可以通过解不等式的方法求得 $\underline{d}_i$ 和 $\overline{d}$，但需要确定区间，比较麻烦，最好求解方程。

为此，可令：

$$\delta(d_i)=[c_k(d_i)-c_e(d_i)]/c_e(d_i)=\varepsilon \tag{5-85}$$

将式（5-81）、式（5-82）代入式（5-85）并去掉绝对值号整理得：

$$(1/\varepsilon - 1)b_i d_i^2 - 2c_i d_i - 2c_k = 0 \tag{5-86}$$

$$(1/\varepsilon + 1)b_i d_i^2 + 2c_i d_i + 2c_k = 0 \tag{5-87}$$

以上两个一元二次方程的判别式分别为：

$$\begin{aligned}\Delta_1 &= (-2c_i)^2 - 4 \times (1/\varepsilon - 1)b_i(-2c_k) \\ &= 4 \times [c_i^2 + 2(1/\varepsilon - 1)b_i c_k]\end{aligned} \tag{5-88}$$

$$\Delta_2 = 4 \times [c_i^2 - 2(1/\varepsilon + 1)b_i c_k] \tag{5-89}$$

若 $b_i c_k > 0$，可知 $\Delta_1 > 0$，且由一元二次方程根与系数的关系式知 $\underline{d}_i \overline{d}_i < 0$，式（5-85）有一对异号实根：

$$\underline{d}_i, \overline{d}_i = (2c_i \pm \sqrt{\Delta_1})/2(1/\varepsilon - 1)b_i \tag{5-90}$$

若 $b_i c_k < 0$，可知 $\Delta_2 > 0$，且由一元二次方程根与系数的关系式知 $\underline{d}_i \overline{d}_i < 0$，式（5-86）也有一对异号实根：

$$\underline{d}_i, \overline{d}_i = -(2c_i \pm \sqrt{\Delta_2})/2(1/\varepsilon + 1)b_i \tag{5-91}$$

由以上可知，式（5-84）至少有两个实根，且不同号。定义最大的负根为 $\underline{d}_{i\max}$，最小的正根为 $\underline{d}_{i\min}$，对于 $\forall d_i \in [\underline{d}_{i\max}, \overline{d}_{i\min}]$，均有：

$$0 \leqslant \delta(x^{d_i}) \leqslant \varepsilon \tag{5-92}$$

综上所述，设计变量第 i 分量的运动极限上下限可以表示为：

$$x_i + \underline{d}_{i\max} \leqslant x_i \leqslant x_i + \overline{d}_{i\min} \tag{5-93}$$

依次对设计变量所有分量求解，即可得到全部运动极限 $x + \underline{d} \leqslant d \leqslant x + \overline{d}$，以上是单约束的情形，多约束的情况按上述方法分别计算，然后取交集作为最终的理性运动极限。

5.4.3 滑带功能函数优化模型的建立

1. 岩土样本参数的随机模糊处理

样本力学参数的性质涉及样本容量，对同一样本进行反复抽样测试，随着试验次数的增大样本的力学性质就可以无限逼近于母本；样本的模糊关系可以反映母本参数的内在信息，它标定了样本对模糊论域的隶属程度。因此，对样本进行随机模糊处理，求得样本随机-模糊变量的均值和方差显得很有必要。岩土体物理力学参数均为同时含有随机性和模糊性的随机-模糊变量，它们之间的关系是模糊关系。由于实际试验中数据点有限，随机方法得到的样本只是总体的模糊反映，为了真实地反映总体，必须进行模糊分析，求出真值，经计算推导并结合已有的研究成果[21-23]，选用正态模糊分布作为隶属函数，其公式分布形式为：

$$\mu_{\tilde{A}}(x_i) = \exp[-k(x_i - X)^2] \quad k > 0 \tag{5-94}$$

式中：$x_i (i = 1, 2, \cdots, n)$ 为试验值。

为使样本最大程度逼近真值，必须使样本的整体隶属度最大，即：

$$J=\sum_{i=1}^{n}\mu_{\tilde{A}}(x_i)=\mathrm{Max} \tag{5-95}$$

对式（5-95）求导，得：

$$\frac{\mathrm{d}J}{\mathrm{d}X}=\sum_{i=1}^{n}\mu(x_i)\left[2k(x_i-X)\right] \tag{5-96}$$

令式（5-96）为零，得样本参数均值的模糊化表达式为：

$$\overline{x}=\frac{\sum_{i=1}^{n}\mu(x_i)\cdot x_i}{\sum_{i=1}^{n}\mu(x_i)}=\frac{\sum_{i=1}^{n}\exp\left[-k(x_i-X)^2\right]\cdot x_i}{\sum_{i=1}^{n}\exp\left[-k(x_i-X)^2\right]} \tag{5-97}$$

式中：$k=1/\left[(d_{\max}-d_{\min})/2\right]$；$d_i=(x_i-X)^2$。 (5-98)

按同样的方法可以求得样本方差的模糊化表达式，求得岩土样本均值和方差隶属函数的具体函数表达式。根据模糊截集理论，引入模糊状态约束水平α，$\alpha\in(0，1]$，通过约束方程$\mu_{\tilde{c}}=\alpha$，$\mu_{\tilde{f}}=\alpha$可对优化模型进行约束，对方程两边取对数可得到线性约束函数表达式。

2. 功能函数优化问题的近似模型

滑坡的稳定系数函数$F(x)$，功能函数$G(x)=F(x)-1$是设计变量的复杂函数，对于功能函数采用二次函数，它是滑带土力学参数c、φ的复杂函数，而$g_j^{c}(x)$和$g_j^{\varphi}(x)$通常是样本变量的隐函数，直接求解滑坡的模糊可靠性指标往往很困难，本书通过二次规则将上述函数转化为具有简单形式的近似显函数。由于目标函数的构造不涉及可靠性计算，计算成本小，采用多个试验点构造二次多项式，从而得到功能函数$G(x)$的表达式，约束函数在每个试验点处均需要对力学参数进行一次模糊化处理，故转化为线性响应面函数，优化模型采用如下二次规则形式：

$$\begin{cases}\text{求 } x\in E^n\\ \text{使 } G(x)=\dfrac{x^{\mathrm{T}}Hx}{2}+f^{\mathrm{T}}x\rightarrow\min\\ \text{s.t. } A_{\tilde{c}}x+B_{\tilde{c}}\leqslant 0\\ A_{\tilde{\varphi}}x+B_{\tilde{\varphi}}\leqslant 0\\ 0.7\leqslant\lambda\leqslant 1.0\end{cases} \tag{5-99}$$

式中：$G(x)$为功能函数；$A_{\tilde{c}}x+B_{\tilde{c}}$为黏聚力约束近似函数；$A_{\tilde{\varphi}}x+B_{\tilde{\varphi}}\leqslant 0$为内摩擦角约束近似函数；$A_{\tilde{c}}$，$B_{\tilde{c}}$，$A_{\tilde{\varphi}}$，$B_{\tilde{\varphi}}$为约束系数；$\lambda$为隶属度。

将优化模型转化为近似模型后，需要对隐函数进行近似的显式化。滑坡模糊随机目标功能函数的求解优化过程中黏聚力和内摩擦角往往都是计算变量的复杂隐式函数，非线性较高，不能在大范围上进行近似，而只能在较小的局部区域对其进行近似处理。工程中常采用最小二乘法进行局部近似处理，得到高维空间下的一阶和二阶泰勒展开式，然而一阶导数和二阶导数的求解过程是非常复杂的，加之黏聚力和内摩擦角的模糊离散化程度较高，线性转化十分困难，采用响应面法建立近似模型可较容易地解决这一问题。

3. 改进响应面法的近似优化模型建立

功能函数近似优化模型的建立是反复迭代的过程，每次寻优得到的结果都是对上一次结果的改进，响应面的建立及其寻优都在设计点周围较小的范围内进行。每一次迭代，需要构造目标函数和约束函数的近似响应面。改进的响应面需要指定中心展开点，响应面在该点是准确的，并在周围小范围内足够精确。根据二次规则的要求，功能函数采用完全二次函数作为响应面近似函数，而约束函数采用线性函数作为响应面近似函数。目标响应面的试验设计采用核心试验点与拉丁超立方相结合的方案，以得到最精确的响应面。约束响应面设计采用中心扩展设计，取 $n+2$ 个试验点，这样既可以节省可靠性分析计算迭代次数，又可获得原函数最基本曲率信息，为接下来运动极限的确定创造条件。

考虑到滑坡真实响应函数的高度非线性，选用完全二次函数作为响应面近似函数。若 $x^{(0)}$ 为当前的设计点，将其作为中心展开点。定义 $\delta=(\delta_1,\delta_2,\cdots,\delta_n)$，其中 $\delta_i>0(i=1,2,\cdots,n)$，以 $x^{(0)}$ 为对称中心建立边长为 2δ 的空间：

$$\{x\,|\,x_i^{(0)}-\delta_i\leqslant x_i\leqslant x_i^{(0)}+\delta_i\}\ (i=1,2,\cdots,n)\tag{5-100}$$

并以此作为试验点分布范围，称 $\delta=(\delta_1,\delta_2,\cdots,\delta_n)$ 为拟合半径向量，其分量分别为 x_1，…，x_n 方向上的拟合半径。拟合半径的大小可按式（5-101）来确定。

$$\delta=\lambda(x^{(v-1)}-x^{(v-2)})\tag{5-101}$$

式中：v 为当前的迭代步；$x^{(v-1)}$ 为第 $v-1$ 步迭代设计点；$x^{(v-2)}$ 为第 $v-2$ 步迭代设计点；λ 为拟合半径比，取很小的正数。

对于滑带功能函数，采用较多的试验点构造高精度的响应面。拉丁超立方法是一种试验点少、分布均匀性较好的设计方法，而且其试验点数目没有限制，适用于构造二次响应面。但是拉丁超立方抽样的设计点是随机的，在中心点附近缺乏对称性和稳定性，因此考虑采用一系列在中心展开点附近对称分布的试验点对拉丁超立方抽样进行补充。核心试验点的分布形式如下：

$$\begin{cases}
x_1^{(0)} & x_2^{(0)} & \cdots & x_{n-1}^{(0)} & x_n^{(0)} & y^{(0)}\\
x_1^{(0)}-\delta_1 & x_2^{(0)} & \cdots & x_{n-1}^{(0)} & x_n^{(0)} & y^{(1)}\\
\vdots & \vdots & & \vdots & \vdots & \vdots\\
x_1^{(0)} & x_2^{(0)} & \cdots & x_{n-1}^{(0)} & x_n^{(0)} & y^{(n+1)}\\
x_1^{(0)}+\delta_1 & x_2^{(0)} & \cdots & x_{n-1}^{(0)} & x_n^{(0)}-\delta_n & y^{(n)}\\
\vdots & \vdots & \cdots & \vdots & \vdots & \vdots\\
x_1^{(0)} & x_2^{(0)} & \cdots & x_{n-1}^{(0)} & x_n^{(0)}+\delta_n & y^{(2n)}
\end{cases}\tag{5-102}$$

核心试验点的个数为 $2n+1$ 个。完全二次函数至少需要 $(n+1)(n+2)/2$ 个试验点，除去核心试验点，至少还需要 $t=(n+1)(n+2)/2-(2n+1)=n(n-1)/2$ 个试验点。这些试验点通过拉丁抽样法获取，将两部分试验点组合在一起，形成设计矩阵 X，然后按改进的响应面求解方法得到 β，即得到二次响应面的表达式。建立了极限状态方程后，就可以进行可靠度指标的计算，可靠性指标的计算采用 JC 法求解。

4. 程序求解及实现过程

根据上述方法可以得到滑带土功能函数 $G(x)$ 的响应面模型，应用 JC 法求解模糊随机可靠性指标。为了评价响应面函数对响应值（试验数据）的拟合程度，将从目标值和设计变量的收敛性两方面进行评价。

（1）目标函数的收敛标准。采用 JC 法求解可靠性指标及相应的验算点，若计算

$$\varepsilon_{\mathrm{obj}}^{k}=\| f(x^{(k)})-f(x^{(k-1)}) \| / \| f(x^{(k-1)}) \|$$

给定收敛精度 $\varepsilon>0$，若有 $\varepsilon_{\mathrm{obj}}^{k}\leqslant\varepsilon$，则退出循环，求解过程停止。

（2）设计变量收敛判断标准。考虑设计变量向量作为一个整体来计算其收敛度，定义设计变量收敛度为：

$$\varepsilon_{\mathrm{var}}^{k}=\| x^{(k)}-x^{(k-1)} \| / \| x^{(k-1)} \|$$

其中

$$\| x \| =\sqrt{x^{\mathrm{T}}x}=\sqrt{\sum_{i=1}^{n}x_i^2}$$

给定收敛精度 $\varepsilon>0$，若有 $\varepsilon_{\mathrm{var}}^{k}\leqslant\varepsilon$，则退出循环，求解过程停止。功能函数优化及可靠性指标的计算流程见图 5-18。

5.4.4 基于改进响应面法的滑坡稳定性评价

以白河滑坡为例，采用基于改进响应面法的模糊可靠度评价方法对坡体的稳定性进行定量研究，值得注意的是，采用这种方法得出的稳定性评价指标为单一定值。

1. 功能函数优化及可靠性计算

书中采用通过中心展开点的改进的响应面法拟合功能函数的近似模型，约束条件分别为滑带土黏聚力和内摩擦系数的隶属函数。约束函数的建立如下：

根据室内试验并结合参数模糊随机处理计算方法，对滑带土，天然状态下 $\gamma=19.4\mathrm{kN/m^3}$，饱和状态下 $\gamma_{\mathrm{sat}}=21.2\mathrm{kN/m^3}$，黏聚力的模糊均值为 18.4kPa，内摩擦系数的模糊均值为 0.31，变异系数分别为 $\delta_{\mathrm{c}}=0.2$，$\delta_{\mathrm{f}}=0.1$，约束近似函数分别为：

$$\mu_{\tilde{c}}=\exp[-(c-18.4)^2/1.2^2] \qquad \mu_{\tilde{f}}=\exp[-(f-0.31)^2/0.03^2]$$

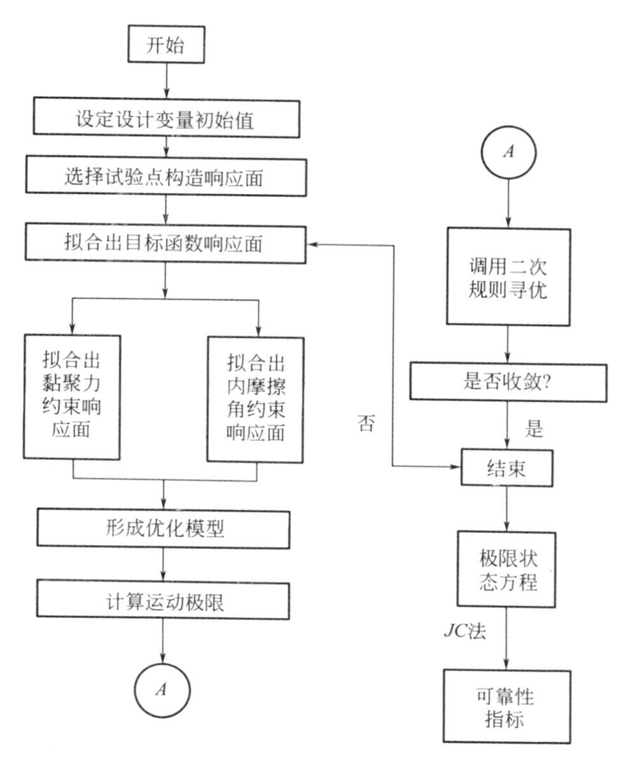

图 5-18　计算流程图

标准差分别为 $\sigma_c=3.68$，$\sigma_f=0.031$，相关系数 $\rho_{c,f}=-0.2$。为了便于计算分析，只考虑力学参数均值的模糊性，认为其方差是一个确定的常数。之前的计算中多采用取多个离散模糊状态水平 α，用加权平均的方法计算可靠性指标[23]，计算结果往往受 α 的影响较大。本书中引入模糊状态水平 $\alpha\in(0.7, 1]$，用它来对黏聚力和内摩擦角的取值进行连续函数约束，约束近似函数表示为：

$$\mu_{\tilde{c}}=\exp[-(c-18.4)^2/1.2^2]=\alpha \qquad \mu_{\tilde{f}}=\exp[-(f-0.31)^2/0.03^2]=\alpha$$

目标功能函数收敛精度取 0.005，响应面控制精度 2%，拟合半径比 $\lambda=0.01$，初始步长取设计变量上下限之差的 0.5。功能函数近似显示化过程及结果见表 5-10。

目标函数优化过程及结果　　　　**表 5-10**

迭代步	$G(x)$	计算变量	
		c	φ
0	0.06500	18.447	17.276
1	0.05512	17.439	17.265
2	0.05236	17.451	17.261

续表

迭代步	$G(x)$	计算变量	
		c	φ
3	0.05083	17.433	17.263
4	0.04921	18.409	16.719
5	0.04884	18.349	16.508
6	0.04821	17.227	16.538
7	0.04785	16.876	16.928
8	0.04737	15.710	17.032
9	0.04716	16.331	15.979
10	0.04682	16.043	15.856
11	0.04571	16.023	15.821
12	0.04568	16.017	15.668
13	0.04565	16.157	15.142
14	0.04564	16.029	15.861
15	0.04563	16.074	15.816
16	0.04562	16.388	15.769
17	0.04566	16.541	15.673
18	0.04567	16.491	15.677

图 5-19 可以看出，经过较少的迭代次数（18 次），目标函数值趋于稳定，表明此时的极限状态方程已得到最优的函数解。得到了稳定性极限状态方程的表达式，便可采用常用的可靠性计算方法计算滑坡的可靠性指标，本书采用国际安全委员会推荐的 *JC* 法计算滑坡的可靠性指标，*JC* 法的计算步骤不再赘述，可参考文献［16，17］，经计算，可靠性指标 $\beta=0.301$，破坏概率 $P_{\mathrm{f}}=38.17\%$。

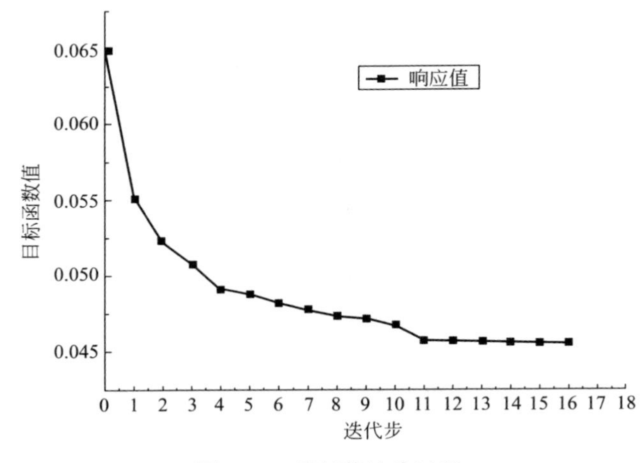

图 5-19 目标值迭代过程

根据理性极限运动优化方法得出的结果（$c=16.491$kPa，$\varphi=15.677°$），并取滑带土饱和重度为 21.2kN/m^3，弹性模量为 5000kPa，泊松比为 0.33，应用有限元强度折减法优化计算滑坡的剪应变塑性区分布和最大总位移云图分别如图 5-20、图 5-21 所示。计算得出该滑坡的稳定系数为 1.05，处于欠稳定状态，与书中的计算结果基本吻合，同时也说明了理性运动极限优化得出滑坡力学参数的可靠性。

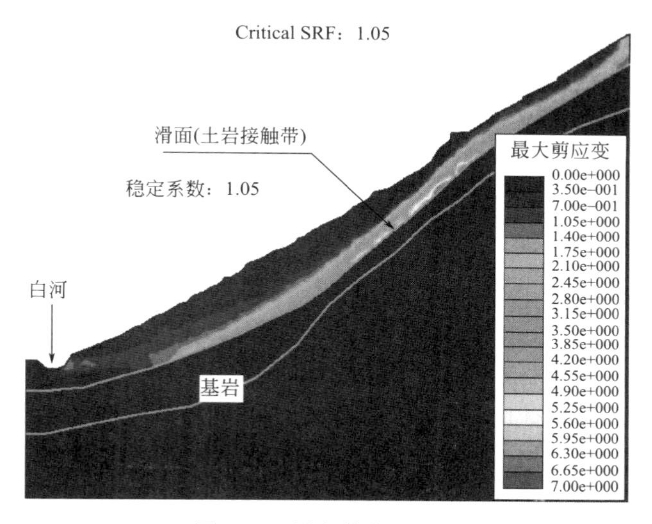

图 5-20 最大剪应变云图

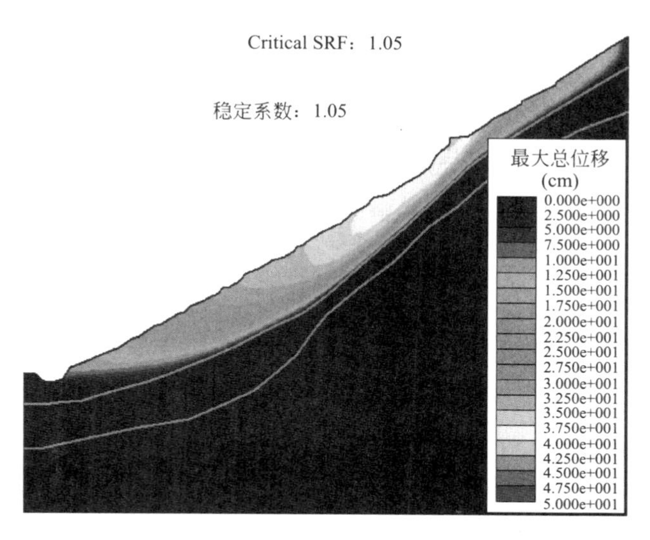

图 5-21 最大总位移云图

为了便于说明计算结果的可靠性，采用其他方法计算了白河滑坡的常规可靠性指标，计算对比见表 5-11。

可靠性计算对比 **表 5-11**

计算项目	本书计算方法	常规响应面法	蒙特卡罗(10^4 次)	点估计法
可靠性指标 β	0.301	0.872	0.557	0.641
破坏概率 P_f	0.3817	0.1916	0.2888	0.2608

对比以上计算结果，过无差点的改进响应面法得出的可靠性指标偏小，应用于工程设计偏安全，改进响应面法得到的结果更为科学合理。究其原因：(1) 过中心展开点的改进响应面法，拟合得到的响应面经过中心点，其他的试验点可以围绕中心点展开分布，优化过程可以收敛到精确的局部最优解；(2) 约束函数选取力学参数的模糊正态隶属函数，考虑了随机变量的模糊随机不确定性，可靠性评价更加客观合理；(3) 基于改进响应面的理性运动极限是具有自适用能力的运动极限，它可在不增加分析量的前提下，从原函数的曲率信息出发评价响应面的有效范围，可提高逼近精度，使估计更加精准。

2. 结果讨论与分析

基于过中心展开点改进响应面算法的最大优点在于理性运动极限的应用，合理的运动极限改进了优化模型的准确度，大大增加了算法的稳定性。拟合半径 λ 和参数 μ 对程序的收敛性十分敏感。表 5-12 给出了采用不同 μ 值的三种方法求极限状态响应面最优解及可靠性指标的比较。方法 1 采用泰勒展开式构造近似优化模型，使用式 (5-71a) 作为运动极限的计算方法；方法 2 采用原始的响应面方法构造近似优化模型，使用式 (5-71b) 作为运动极限的计算方法；方法 3 采用改进的响应面法构造近似优化模型，使用理性运动极限计算方法。目标的收敛精度取 0.005，响应面控制精度 2%，拟合半径比 $\lambda=0.01$，初始步长取设计变量上下限之差的 0.5 倍。

三种算法计算结果对比 **表 5-12**

所用方法	μ	$\lambda=0.01$			
		迭代次数	目标值	可靠性指标	约束误差(%)
方法 1	0.3	11	0.07128	0.386	16.21
	0.6	30	0.07710	0.403	13.78
方法 2	0.3	8	0.06821	0.377	5.34
	0.6	30	0.08647	0.459	3.97
方法 3	—	18	0.04567	0.301	0.13

由表 5-12 可知，参数 μ 对目标函数收敛性影响极大，如果选取不当，程序很

可能得到错误解。μ 较小时，方法 1 和方法 2 可以稳定收敛，且迭代步较小，只不过得到的目标函数值较大；参数 μ 较大时，方法 1 和方法 2 得到了异常的结果，应用它们拟合出的最优响应面极限状态方程，得到的滑坡可靠性指标偏大。基于 μ 值的准则型运动极限是一种比较粗糙的估计方法，仅适用于非线性程度较小的问题。对于滑坡极限状态方程的拟合问题，因为影响滑坡稳定性的因素较多，且大部分因素同时具有随机性和模糊性双重特性，非线性程度较高，若 μ 值较大，经常出现严重的震荡和误差过大的问题；若 μ 值较小，则会出现收敛速度慢或收敛不到极值点等问题。本书中使用的理性运动极限估计方法着眼于表达原函数的曲率信息，计算量较小的情况下，构造约束函数的不完全二次函数，利用该函数代替原函数对线性响应面的有效范围作出评价，计算得到的误差较小，且稳定性最好。为了讨论拟合半径 λ 对计算结果的影响，采用一系列的 λ 值代入程序中进行了计算，迭代 18 次，计算结果见表 5-13。

拟合半径 λ 对结果的影响 **表 5-13**

λ	目标值	可靠性指标(β)	约束误差(%)
0.01	0.04567	0.301	0.13
0.02	0.04569	0.313	0.12
0.03	0.04571	0.316	0.13
0.04	0.04551	0.291	0.18
0.05	0.04555	0.292	0.17
0.06	0.04569	0.301	0.13
0.07	0.04535	0.297	0.20
0.08	0.04577	0.308	0.05
0.09	0.04581	0.311	0.05
0.10	0.04587	0.314	0.03

由于极限状态方程响应面的最终结果，取决于迭代步的设计点，有必要对设计点上的响应面误差展开讨论。第 v 次迭代，当前的设计点为 $x^{(v)}$ 。在设计点周围选取试验点构造响应面，建立优化模型并利用二次规则得到 $x^{(v+1)}$ ，在 $x^{(v+1)}$ 处进行极限状态方程的拟合得到该点处的响应值，通过计算 $x^{(v+1)}$ 处响应值与真实值的绝对误差，以检验约束响应面的逼近效果。设控制精度 $\varepsilon=0.01$，三种优化方法下的响应面误差见图 5-22。从图 5-22 中可以看出，随着迭代过程的进行，理性运动极限方法约束值被较好地控制在 1%左右，采用方法 1 误差明显较大，且出现无规律的震荡现象。采用方法 2，约束响应面的逼近效果好于方法 1，误差随迭代时步的增大而减小，然而减小的原因并不是极限状态方程达到最优状态，而是由于步长的减小导致运动极限不断缩小，直至收敛到非极点值的过程。

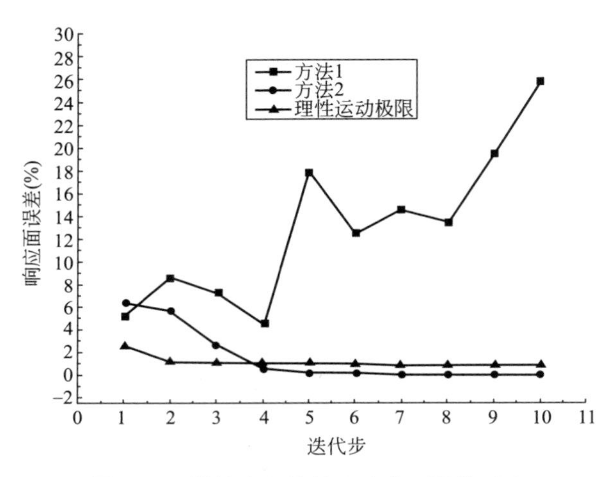

图 5-22 设计点上的约束响应面误差对比

参考文献

[1] D. G 弗雷德隆德，H. 拉哈尔佐. 非饱和土土力学 [M]. 陈仲颐等译. 北京：中国建筑工业出版社，1997.

[2] 吴宏伟，陈守义. 雨水入渗对非饱和土坡稳定性影响的参数研究 [J]. 岩土力学，1999，20 (1).

[3] 吴梦喜，高莲士. 饱和-非饱和土体非稳定渗流数值分析 [J]. 水利学报，1999，12.

[4] 李建华. 土坡渐进破坏模糊概率模型 [J]. 贵州工学院院报，1994，23 (1)：83-89.

[5] 贾小峰，谢晓利，贺丽娜. 伊河"嵩县段"7·24 洪水重现期的界定及水文资料分析 [J]. 河南水利与南水北调，2011，(4)：31-34.

[6] Skempton A W. Long-term stability of clay slopes [J]. Geotechnique，1964，14 (2)：77-102.

[7] 王宇，李晓，张搏等. 降雨作用下滑坡渐进破坏动态演化研究 [J]. 水利学报，2013，44 (4)：416-425.

[8] Harr M E. Reliability-based Design in Civil Engineering [M]. New York：McGraw-Hill Companies，1987.

[9] Whitman R V. Evaluating calculated risk in geotechnical engineering [J]. Journal of Geotechnical Engineering，1984，110 (2)：145-186.

[10] Pine R J. Risk analysis design applications in mining geomechanics [J]. Transaction Institute of Mining and Metallurgy，1992，101 (Sect. A)：149-158.

[11] Tyler D B，Trueman R，Pine R J. Rockbolt support design using a probabilistic method of key block analysis [C]//The 32nd US Symposium On Rock Mechanics (USRMS). American Rock Mechanics Association，1991.

[12] Hatzor Y，Goodman R E. Determination of the 'design block' for tunnel supports in

highly jointed rock [M]//Analysis and Design Methods，1995：263-292.

[13] Carter T G. Prediction and uncertainties in geological engineering and rock mass characterized assessments [C]//Proc. 4th Int. Rock Mechanics and Rock Engineering Conf，1992.

[14] 陈祖煜，陈立宏，王玉杰等. 滑坡和建筑物抗滑稳定分析中的可靠度分析和分项系数设计方法 [C]// 水利水电工程风险分析及可靠度设计技术进展. 北京：中国水利水电出版社，2010：27-39.

[15] 中华人民共和国行业标准. 水利水电工程边坡设计规范 SL386—2007 [S]. 北京：中国水利水电出版社，2007.

[16] Bucher C G，Bourgund U. A fast and efficient response surface approach for structural reliability problems [J]. Structural Safety，1990，7 (1)：57-66.

[17] Rajashekhar M R，Ellingwood B R. A new look at the response surface approach for reliability analysis [J]. Structural Safety，1993，12 (3)：205-220.

[18] 谭晓慧，王建国，刘新荣. 改进的响应面法及其在可靠度分析中的应用 [J]. 岩石力学与工程学报，2005，24 (2)：5876-5879.

[19] 李典庆，周创兵，陈益峰. 边坡可靠性分析的随机响应面法及程序实现 [J]. 岩石力学与工程学报，2010，29 (8)：1514-1522.

[20] 隋允康. 建模、变换、优化—结构综合方法新进展 [M]. 大连：大连理工大学出版社，1996.

[21] 李胡生，熊文林. 岩土工程随机-模糊可靠度的概念和方法 [J]. 岩土力学，1993，2 (14)：26-33.

[22] 王宇，李晓，张搏等. 降雨作用下滑坡渐进破坏动态演化研究 [J]. 水利学报，2013，4 (44)：416-425.

[23] 熊文林，李胡生. 岩石样本力学参数值的随机-模糊处理方法 [J]. 岩土工程学报，1992，14 (6)：101-108.

第6章 白河滑坡渐进破坏运动过程模拟

滑坡是一个岩土体随时间缓慢变形和突发性崩塌的过程，滑坡过程具有时变性与破坏的渐进性特征。滑坡过程涉及岩土体的滑动、平移、转动一系列复杂运动形式，具有宏观上的不连续性和单个块体运动的随机性。采用颗粒流离散元模拟滑坡的变形破坏全过程，不需要假定滑动面的位置和形状，根据颗粒所受到的接触力调整其位置，最终从抗剪强度最弱的面发生剪切破坏。白河滑坡是受强降雨影响诱发的上部顺层、下部微切层的大型古基岩滑坡，滑坡的发生是内外因共同作用的结果。本书根据现场调查资料，总结了滑坡的成因与形成机制。采用基于离散元法的颗粒流（PFC）程序，引入平行粘结模型，通过数值试验，确定滑带土细观参数与宏观力学性质的关系，据此建立滑坡模型，运用颗粒流离散元法对滑坡运动渐进全过程进行数值模拟，对滑坡不同关键部位进行位移、孔隙率变化及应变监测，表明其渐进发展过程，明确了其时空演化规律。模拟结果表明，上部的土体沿基岩面先出现开裂，导致中部滑体产生剪胀，对下部古滑体产生推挤作用，导致新老崩积堆积区及白河中学食堂地区的失稳，形成整体滑动。

鉴于此，本书采用二维颗粒流程序（Particle Follow Code，PFC^{2D}）数值模拟技术，研究土石混合体滑坡的渐进变形过程应更为恰当。PFC^{2D} 程序可用于颗粒团粒体的稳定、变形及本构关系等力学性态的分析，用于模拟固体力学大变形问题。它通过圆形（或异形）离散单元来模拟颗粒介质的运动及其相互作用。本书首先采用颗料 PFC^{2D} 程序，通过双轴压缩数值试验，确定滑带土细观参数与宏观力学性质的关系，得到给定细观力学参数试样的宏观力学反映；然后，引入平行粘结模型，通过数值试验建立滑坡地质模型，模拟分析白河滑坡发生→发展→渐进破坏的全过程，通过设置监测圆，重点对滑坡坡顶、坡中、坡脚三个不同部位进行变形研究，对模糊渐进可靠性分析结果作进一步的验证。

6.1 颗粒流程序 PFC^{2D} 简介

岩土材料可视为一个由单粒、集粒或凝块等颗粒单元相互组合构成的结构系统，这些颗粒系统之间的粘结状态，比如颗粒大小、组合特征、嵌固咬合状态、颗粒体的变形特性及强度性质等影制约着岩土材料的应力和变形特征。PFC 颗粒流离散元采用位移分析法，颗粒流理论在整个计算循环过程中，交替应用力-位移定律和牛顿运动定律，通过力-位移定律更新接触部分的接触力，通过运动定律，更新颗粒与墙边界的位置，构成颗粒之间的新接触，可以实现岩土介质力学行为的真实计算模拟。

6.1.1 颗粒流法的基本思想

作为离散元分析方法的一种，颗粒流法在对颗粒材料的力学特性进行模拟分析时，研究颗粒介质的运动方式及相互间的作用。PFC^{2D} 基于颗粒单元相互作用，在解决具有复杂变形模式的实际问题时，采用非连续的数值方法[1] 来解决包含复杂变形模式的实际问题[2]。从岩土体的细观方面分析，岩土介质具有颗粒特征，岩土细观力学研究可以借用颗粒流程序，实现从物理范畴到力学范畴的力学响应计算。因此，我们可以从细观力学即细观力学特征出发，将材料的力学响应问题从物理域映射到数学域内进行数值求解。反之亦然，基于数学范畴的颗粒集合体同样也是其物理领域的具体表现，采用不同的颗粒类型可以构造不同形状的几何体，程序中的接触本构模型可以实现颗粒间相互作用的响应，数值模拟边界条件的选取和模型的初始应力响应状态经过不同时步的分析计算给出，通过反复迭代，改变参数，最终实现数值试验由细观到宏观的工程特性和力学行为。程序在模拟分析时基于以下几点假定：①不考虑颗粒的变形，将其视为刚体；②颗粒间的接触为点接触，发生在相对很小的范围内；③允许在接触时颗粒间有一定的重叠，即所谓的柔性接触；④不同的“重叠”量表明了颗粒间接触力的差异，但是“重叠”与颗粒的体积相比很小；⑤颗粒接触相互作用遵循特定的接触本构关系；⑥PFC^{2D} 程序中将颗粒视为圆盘，PFC^{3D} 程序则将颗粒视为小球。

6.1.2 颗粒流法的特点

颗粒流程序可以用来分析颗粒间相互作用的不同响应。程序中生成的颗粒可以是如砂粒这样的离散颗粒，或者是某些具有粘结特征（如岩石或混凝土）的固体材料。当颗粒集合体的破坏模式为渐进方式时，颗粒可以模拟破裂的过程。颗粒流程序生成的集合体可以是粘结在一起的各向同性的粒子，也可以是 UDEC 和 3DEC 模拟的角状块体颗粒。

PFC 颗粒流程序在模拟计算时具有以下优点：

（1）由于角状物体间的接触没有圆形物体间的接触简单，因此它的模拟计算效率极高。

（2）可以处理大变形或小变形问题，对分析模型的变形没有要求。

（3）因为模型是颗粒粘结在一起生成的，模拟过程中集体可以破裂，克服了

UDEC 和 3DEC 在处理块体单元时不能破裂的缺点。

(4) PFC 颗粒程序基于显式时步计算，计算过程中所有矩阵临时生成，即使规模比较大的分析模型占用计算机内存也较小。

除此之外，PFC 软件应用于岩土工程中，还具有以下优点：(1) 能够模拟岩土介质基质力学特性随应力环境的变化；(2) 可以编写监测圆命令，实现岩土介质历史应力-应变记忆特性的数值分析；(3) 反映岩土材料剪胀特性与所受应力历史的时间规律；(4) 能够自动模拟岩土材料的非线性力学应力-应变关系的强度准则和材料的应变硬化及应变软化特征；(5) 可以模拟循环加载条件下，受疲劳荷载作用时的弹性后效效应；(6) 描述随围压增大，岩土介质的由弹脆性→弹塑性→应变硬化的渐进破坏过程；(7) 能考虑刚度增加对应力历史和中间应力的依赖性；(8) 能体现当应力-应变路径发生变化时，介质强度和刚度的非线性、各向异性；(9) 可以描述破坏强度包线的非线性力学特性；(10) 岩土介质受荷情况下微裂缝的自然产生及扩展过程。

6.2 平行粘结接触本构模型介绍

在颗粒流程序 PFC^{2D} 中，程序内置的接触本构模型定义了材料的本构特征。程序中定义的颗粒本构模型有：①接触刚度模型：实现了颗粒间位移与接触力的弹性关系。②滑动模型：在切向力和法向力的作用下，实现了颗粒间的相对滑动。③粘结模型。$PFCD^{2D}$ 提供了两种粘结模型，即：接触粘结模型（Contact-bond model）和平行粘结模型（Parallel-bond model）。接触粘结认为粘结只发生在接触点很小范围内，而平行粘结发生在接触颗粒间圆形或方形有限范围内。接触粘结只能传递力，而平行粘结能同时传递力和力矩[3-5]。

平行粘结模型是由法向刚度 $\bar{k}^{n}$、切向刚度 $\bar{k}^{s}$、法向强度 $\bar{\sigma}_{c}$、切向强度 $\bar{\tau}_{c}$ 和粘结半径 $\bar{R}$ 定义的。使用平行粘结模型时，颗粒间的接触力用力 $\bar{F}_{i}$ 表示，力矩用 $\bar{M}_{3}$ 表示，按照惯例，颗粒 B 受到的总接触力以力和力矩的形式粘结在上面，见图 6-1。沿接触面将总的接触力可分解为法向分量和切向分量：

$$\bar{F}_{i}=\bar{F}_{i}^{n}+\bar{F}_{i}^{s} \tag{6-1}$$

式中，$\bar{F}_{i}^{n}$ 表示法向分量；$\bar{F}_{i}^{s}$ 表示切向分量。

法向分矢量 $\bar{F}_{i}^{n}$ 可由标量 $\bar{F}^{n}$ 表示为：

$$\bar{F}_{i}^{n}=(\bar{F}_{j}n_{j})n_{j}=\bar{F}^{n}n_{i} \tag{6-2}$$

当粘结形成时，$\bar{F}_{i}$ 和 $\bar{M}_{3}$ 均初始化为零，以后在接触处由位移增量和旋转增量引起的弹性力和力矩的增量将叠加在当前值中。在一个时步 Δt 内，转化为弹

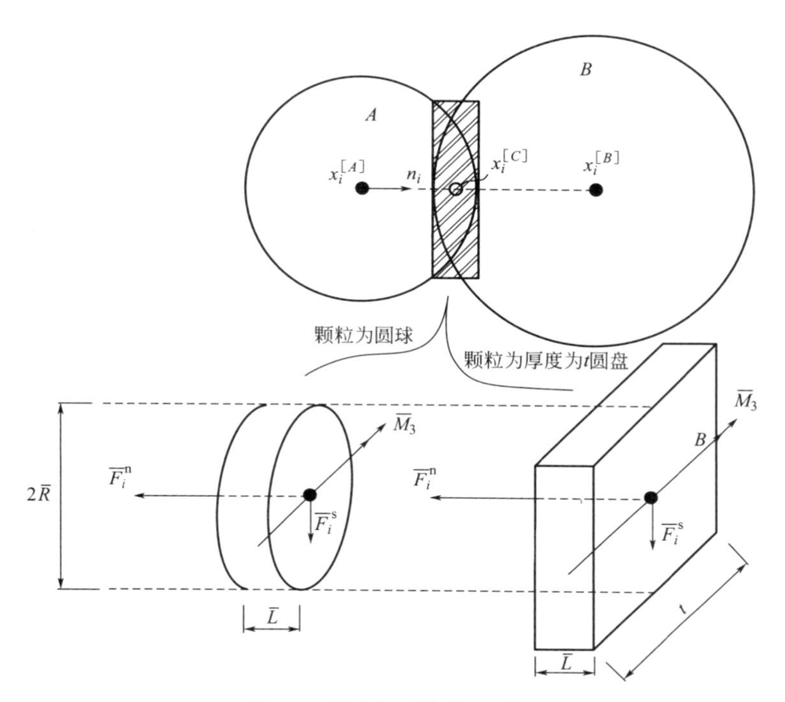

图 6-1　颗粒间平行粘结模型

性力和弹性力矩增量，如式（6-3）、式（6-4）所示。

$$\left.\begin{aligned}\Delta\overline{F}_i^{n} &= (-\overline{k}^{n} A \Delta U^{n}) n_i \\ \Delta\overline{F}_i^{s} &= -\overline{k}^{s} A \Delta U_i^{s} \\ \Delta U_i &= V_i \Delta t\end{aligned}\right\} \tag{6-3}$$

$$\left.\begin{aligned}\Delta\overline{M}_3 &= -\overline{k}^{n} I \Delta\theta_3 \\ \Delta\theta_3 &= (\omega_3^{B} - \omega_3^{A}) \Delta t\end{aligned}\right\} \tag{6-4}$$

式中：$\overline{k}^{n}$ 、$\overline{k}^{s}$ 分别为平行粘结的法向刚度和切向刚度；n_i 为接触点法向矢量；A 为平行粘结截面面积；I 为接触面相对于过接触点沿 $\Delta\theta_3$ 方向轴的惯性矩；V 为粘结速度。有了力和力矩的初值及增量，得到新的力和力矩：

$$\left.\begin{aligned}&\overline{F}_i^{n} \leftarrow \overline{F}^{n} n_i + \Delta\overline{F}_i^{n}, \overline{F}_i^{s} \leftarrow \overline{F}_i^{s} + \Delta\overline{F}_i^{s} \\ &\overline{M}_3 \leftarrow \overline{M}_3 + \Delta\overline{M}_3\end{aligned}\right\} \tag{6-5}$$

根据梁理论分析，在平行粘结周围分布的最大拉应力和最大剪应力分别为：

$$\sigma_{\max} = \frac{-\overline{F}^{n}}{A} + \frac{|\overline{M}_3|}{I}\overline{R}\ ,\ \tau_{\max} = \frac{|\overline{F}_i^{s}|}{A} \tag{6-6}$$

当最大拉应力和最大剪应力分别超过法向与切向粘结强度时，平行粘结发生破坏。相应地，在滑坡破坏过程中表现为张拉破坏和剪切破坏。

6.3 数值计算及结果分析

在利用PFC模糊白河滑坡渐进破坏过程前，应首先进行颗粒流数值试样试验，以获得岩土宏观力学参数与细观参数的反应；在细观参数已知的情况下，建立数值分析模型，进行后继的分析工作。

6.3.1 颗粒离散元模型细观参数标定方法

从理论上分析，为了能够得到符合客观事实的力学模型参数，比如强度特性、变形特性等，可以通过对颗粒模型赋予材料参数来实现。倘若想要得到预期的物理模型，建立与颗粒细观参数相对应的颗粒宏观力学参数的过程是相当复杂的，因为影响颗粒细观力学参数的因素间相互影响较大[1-4]，且多呈现较强的各向异性、非线性。比如与材料有关的细观参数有颗粒之间的法向刚度、切向刚度、法向强度和切向强度等，若要得到材料宏观强度的变化规律，通过同时变化多个细观参数很难做到。如果要使所期望的宏观物理力学行为通过构建颗粒流模型来实现，就必须联系模型宏观力学响应或行为和一系列与之相对应的颗粒细观特性（细观结构力学参数）。由此可知，得到与岩土材料宏观强度（如 c、φ）指标相当的细观力学参数是计算模拟的关键。

岩土材料宏观、细观参数的标定可按照如下步骤进行模拟：

构建试样模型。实际操作中可分为生成试样、固结和加载三个步骤。①在指定的边界内，根据实际要求选取合适的粒径大小和粒径比生成颗粒集合体。颗粒单元半径的选取应当根据研究问题的精度要求和问题的复杂程度来确定。一般情况下，为了提高计算结果的精度，颗粒半径一般取小不取大。颗粒数目根据考虑问题的规模来确定，例如一般的室内土工试验，取 $n=3000\sim10000$，这时模拟精度可以满足需要。也可通过膨胀法、半径扩大法、颗粒排斥法等不断改变粒径大小或改变其分布规律来满足要求。②颗粒集合体的峰值强度可以通过不断调整颗粒摩擦系数 μ 试算确定。颗粒集合体的峰值强度受试样围压及摩擦系数的影响较大，摩擦系数制约着试样的峰值强度。在给定围压情况下，反复调整颗粒摩擦系数值通常可以获得满足精度要求的峰值强度。调整颗粒间的孔隙比也会引起峰值强度的变化，但变化速度并不明显。应当特别指出的是，随着颗粒试样的摩擦系数的增大，压缩试验中的应力-应变（σ-ε）曲线趋近于材料的应变软化特性。③ σ-ε 关系曲线的初始弹性模量可通过改变颗粒的刚度 k 来确定。因为改变颗粒峰值强度一定程度上并不依赖于刚度值，我们可以在一定范围不断调整颗粒间的刚度，可由它来控制已知峰值强度的曲线形状及应变值大小。通过上述步骤，可以初步地模拟一些室内试验曲线，建立岩土体宏观力学参数与细观力学参数间的关系。颗粒细观力学参数的确定过程如图 6-2 所示。

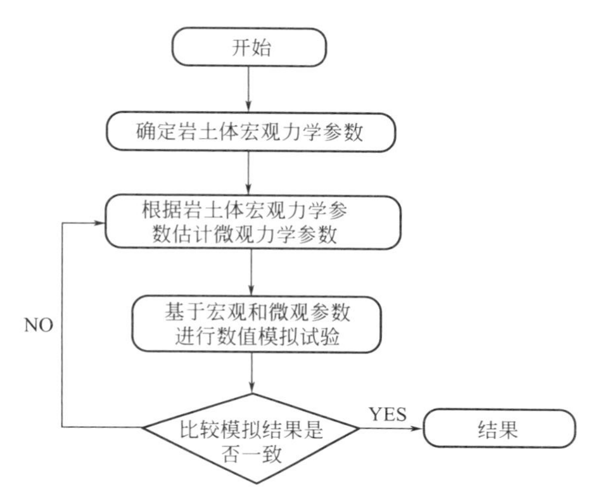

图 6-2 颗粒细观力学参数的确定过程

6.3.2 白河滑坡岩土体试样试验

没有具体的数学表达式来建立岩土宏观力学参数和细观力学参数之间的关系，而宏观参数又不能直接应用于 PFC^{2D} 中。双轴压缩数值试验可以得到给定细观力学参数试样的宏观力学反映。降雨是白河滑坡的主要诱因，因滑坡由土石混合体构成，混合体空隙大，降雨使滑坡自重增加；另外，滑带土在饱水作用下发生软化，抗剪强度降低，使坡体不断产生蠕滑-拉裂变形至失稳。因此，获得考虑模糊性的滑带土饱和残剪抗剪强度指标相当的细观力学参数是模拟分析工作的关键。建立双轴压缩试验模型，模型尺寸为 40mm × 20mm，见图 6-3。给定顶部、底部墙的移动速度模拟应变控制加载方式，两侧墙的速度设定后可由程序自动控制，使整个试验过程的约束保持恒定。在双轴数值模拟试验中，设定颗粒由不同半径的颗粒单元组成。半径 R 的分布采用从 R_{min} 到 R_{max} 的高斯分布，输入接触强度参数，反复调试颗粒微观参数，使其能够反映岩土体的宏观力学参数，与室内滑带土饱水残剪试验相吻合。以粉质黏土数值试验为例，PFC^{2D} 模型输入参数见表 6-1。

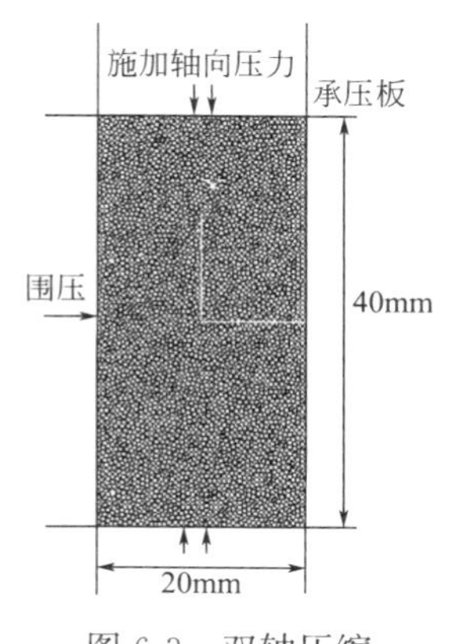

图 6-3 双轴压缩数值试验模型

PFC^{2D} 模型输入参数[5] 表 6-1

输入参数模型强度(kPa)	粒径 R_{min}(mm)	$\frac{R_{max}}{R_{min}}$	摩擦系数	颗粒法向接触刚度 EC(MPa)	颗粒刚度比	接触强度偏差	初始锁定应力(kPa)
1	0.65	2.66	0.65	25	1.5	0.2	80
5	0.65	2.66	0.65	25	1.5	0.2	80
10	0.65	2.66	0.65	25	1.5	0.2	80
15	0.65	2.66	0.65	25	1.5	0.2	80
20	0.65	2.66	0.65	25	1.5	0.2	80
25	0.65	2.66	0.65	25	1.5	0.2	80

根据表 6-1 参数，由程序模拟可以得到典型粉质黏土在输入围压下的全应力-应变曲线，典型应力-应变曲线如图 6-4 所示，与室内试验吻合。

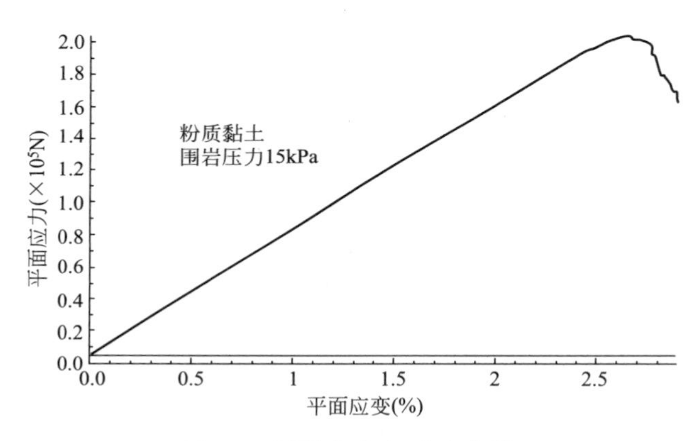

图 6-4 试样全应力-应变曲线

6.3.3 计算模型的建立

采用由数值试样试验得到的细观参数（表 6-2）建立计算模型（图 6-5），颗粒间采用颗粒元程序中的平行粘结模型，该模型不但能抗拉、抗剪，还能承受弯矩，能很好地模拟具有黏聚力的岩土材料。强、弱风化角闪片岩层的细观参数通过工程类比及试算获得。不同颗粒间的接触面可以看作是岩体中的节理。边界墙体法向刚度取 $k_n=1.0\times10^8$N/m，$k_s=1.0\times10^8$N/m，摩擦系数为 0.5，粉质黏土饱和容重 $\gamma=22.8$kN/m^3，让颗粒在自重作用下达到平衡状态，从而模拟得到滑坡的初始应力场（图 6-6）。黑色线代表颗粒间压应力，线越粗，代表压应力越大，最大应力位于滑坡底部，经试算与实际情况基本一致。

平均不平衡接触力变化曲线见图 6-7，从图中可以看出，经过迭代运算后，体系最大不平衡接触力随迭代计算的运行，逐渐逼近 0，表明体系最终达到了平衡状态，滑坡的初始应力场已形成。再用表 6-2 中的与滑带土饱和残剪抗剪强度指标相当的细观力学参数进行渐进破坏的模拟分析。

岩土体微观参数取值　　表 6-2

岩性	摩擦系数 f_{ric}	平行粘结参数				
		法向刚度 k_n(N/m)	切向刚度 k_s(N/m)	法向强度 σ_n(N)	切向强度 σ_s(N)	半径系数
粉质黏土夹碎块石	0.25	3.0×10^6	3.0×10^6	5.0×10^5	3.5×10^5	0.25
强风化角闪片岩	0.3	7.5×10^8	7.5×10^8	5.0×10^7	5.0×10^7	0.25
弱风化角闪片岩	0.5	9.0×10^8	8.0×10^7	8.0×10^8	8.0×10^8	0.27

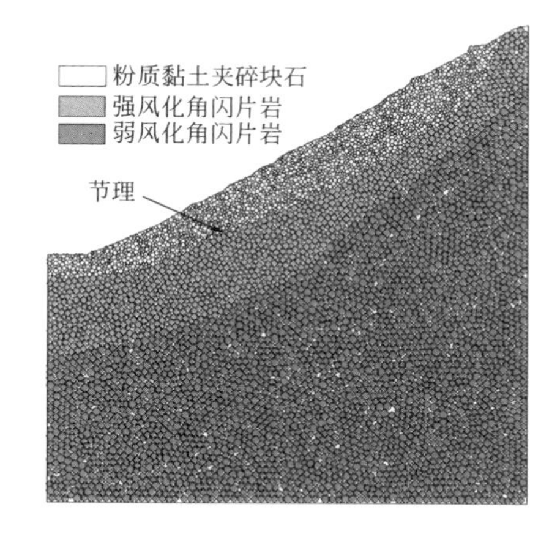

图 6-5　数值计算模型图

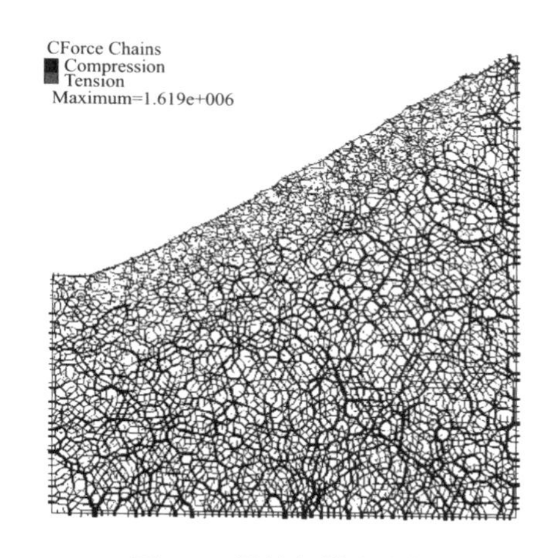

图 6-6　滑坡初始应力场

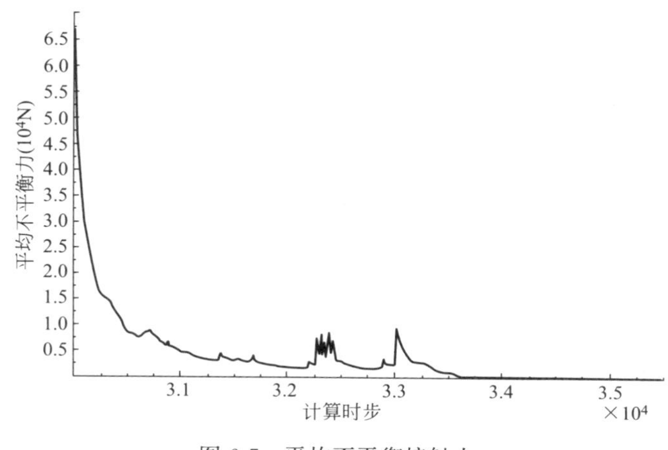

图 6-7　平均不平衡接触力

6.3.4 模拟结果及分析

采用 PFC^{2D} 程序对滑坡的变形和位移进行计算，对滑坡发生、发展的全过程进行仿真模拟。在模拟过程中，分别对坡顶、顶中和顶底进行位移变形监测、孔隙度及最大剪应力-剪应变监测，以追踪滑坡渐进破坏的全过程。

模拟计算到 5000 时步时，如图 6-8（a）所示，坡顶面出现拉张拉裂缝，并且裂缝有不断扩张的趋势，说明坡体开始发生破坏。此时宏观表现为滑坡条分的第 1 条块，对应于后缘的拉张裂缝。到达 10000 时步时，如图 6-8（b）所示，因坡脚位移增大，导致上部裂缝扩大，滑移加剧，颗粒间的接触变得不规则，滑坡中部出现鼓胀变形，坡体中出现剪切滑动，滑坡上部颗粒翻滚滑落。到达 20000

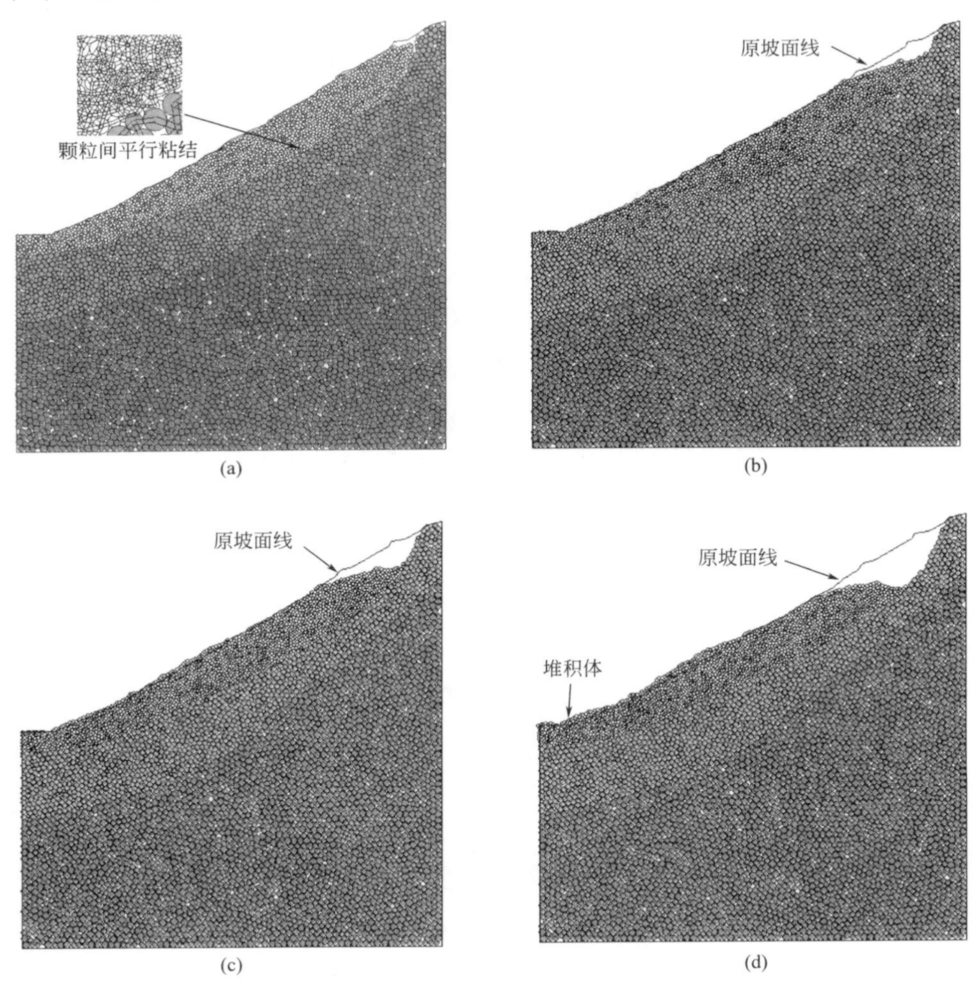

图 6-8　模拟结果

（a）t=5000 时步；（b）t=10000 时步；（c）t=20000 时步；（d）t=31000 时步

时步时，如图 6-8（c）所示堆置体中部出现剪切滑动，底部颗粒受上部重压开始错位，整个滑体间颗粒粘结破坏效应进一步加剧，但滑坡后缘滑移长度并未发生明显变化，说明滑坡处于蠕滑变形阶段，由于坡体下部的锁固作用，中部鼓胀变形加剧。到达 31000 时步时，裂缝遍布滑坡体，分布规律是滑坡前缘和滑面裂缝密集，滑体内中部裂缝稀疏，滑体产生了大幅的滑动变形，后缘与原坡面线相比，产生明显错落，从渐进破坏观点来看，宏观破坏发生部位对应于 16～18 分条，见图 6-8（d）。

随计算时步的增加，滑坡变形不断增大，滑坡破坏始于后缘的拉张裂缝，裂缝扩大在重力作用下推动下部滑体滑移，滑坡变形经历了后缘拉裂、蠕滑、变形加剧的过程。图 6-9 为滑坡剪切带贯通时的位移图，滑坡沿基岩面发生向下的滑移破坏。

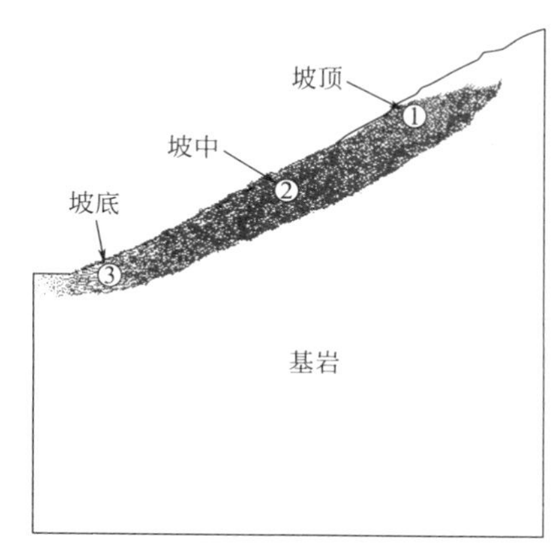

图 6-9　滑坡位移矢量图

模拟分析时颗粒间接触模型采用颗粒元程序中的平行粘结模型，该模型不但能抗拉、抗剪，还能承受弯矩，可以很好地反映颗粒的变形情况。滑坡剪切带渐进扩展过程中平行粘结力的变化情况为：模拟时步较小时，坡体内平行粘结力以拉为主，剪切力较小，时步增加时，平行粘结力发展为以剪力为主，随着计算时步不断加大，剪切滑动面向贯通趋势发展。图 6-10 为剪切带贯通时，由三个监测圆得到的应变随时步变化曲线图。在滑坡渐进破坏过程中，应变由受拉变为受剪，直到剪切带贯通。坡体中应变变化速率依次为：坡中、坡底和坡顶。由于滑坡上部土体的挤压，坡中应变变化剧烈，颗粒旋转、平动不断调整位置，以致剪切带贯通，而后缘坡顶处因颗粒不断滑落，颗间接触松散，应变发展不明显。图 6-11 为模型不同位置的监测圆中孔隙率变化过程。在初期，各个监测圆中的孔隙率都接近初始给定值。模拟初期，受重力作用，颗粒挤密，3 个监测圆内的孔隙率变小。随着滑体上部土体颗粒的滑动，材料发生剪胀效应，3 个监测圆内的孔隙率值整体呈缓慢增长的趋势，由于坡底土体锁固作用，土体被继续压密。剪切带贯通后，剪胀作用消失，孔隙率变小。其中，坡体中部位置孔隙率增长较快，伴有颗粒弹性变形、磨粒、挤密的产生与迁移，颗粒间变化更为复杂，说明滑坡土石混合体在该处变形较剧烈。相对于坡中，坡顶和坡底处颗粒孔隙率增长幅度相对较小，变形活动相对缓和。图 6-12 为坡顶和坡中颗粒滑移在同一个坐标系中的记录，坡顶颗粒滑落速度明显大于坡中，由于坡面临空面较陡，裂缝的扩张导致坡顶颗粒迅速下滑，由于坡中颗粒的剪胀作用，此处颗粒滑移速度较慢，颗粒间的旋转、剪切作用使位移变小，趋于稳定。

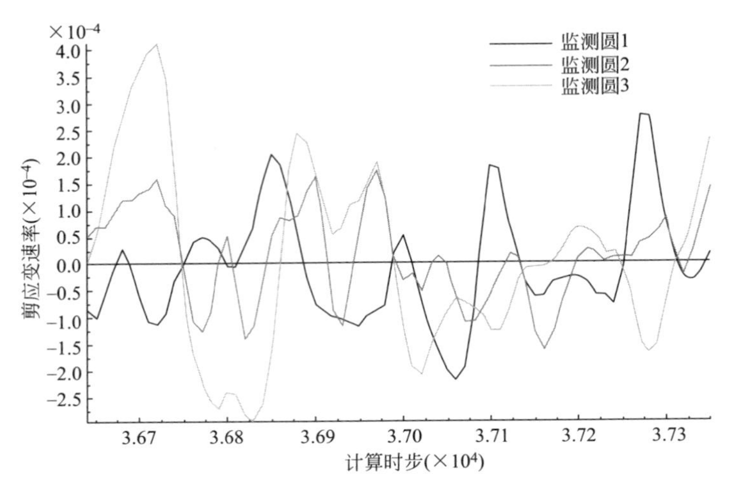

图 6-10 监测圆剪应变速率曲线

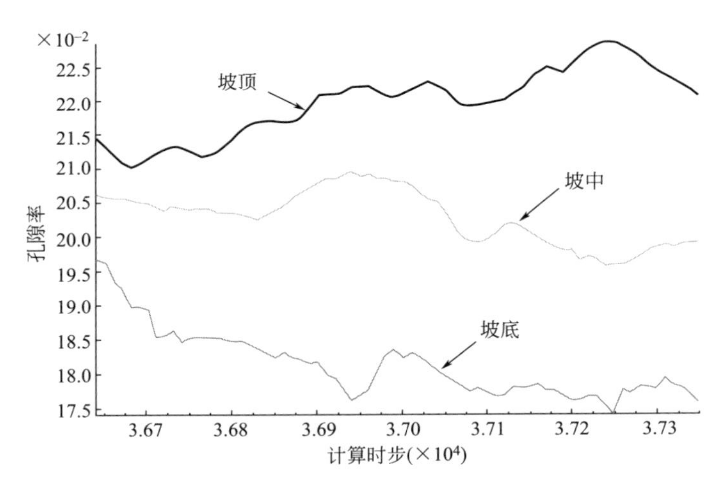

图 6-11 坡体不同位置孔隙率变化曲线

利用基于颗粒流理论的 PFC^{2D} 程序对其白河滑坡进行数值模拟，再现了滑坡土石混合体滑移、变形、破坏的整个过程，并得出了以下结论：

(1) 通过颗粒元平行粘结模型，采用数值试验的手段，很好地模拟了土石混合体堆积体滑坡的渐进性破坏过程，对滑坡的变形特点及成因机制有了更深的认识，这一结果为滑坡后续加固处治方案的确定提供了理论依据。

(2) 滑坡的直接诱发因素是降雨，滑坡土体强度不足造成滑坡破坏。首先从坡

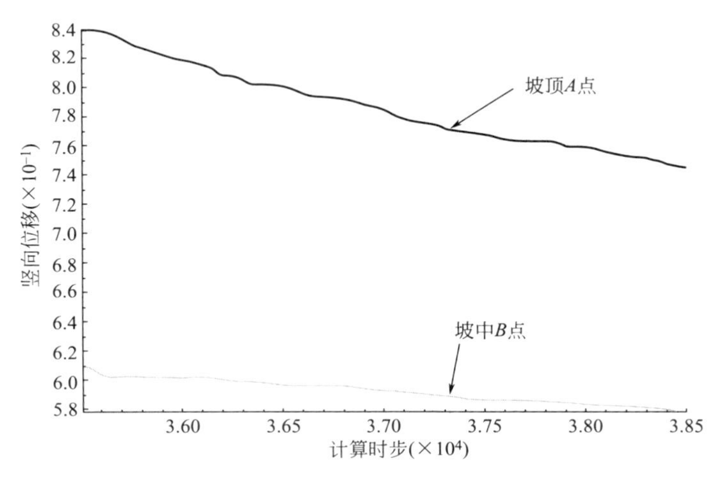

图 6-12　监测点竖向位移曲线

顶处产生裂缝，继而发生小型的滑塌开始，而后演变成大的滑坡，破坏形式表现为上部拉裂，中部剪切，底部挤压破坏，分析结果与模糊破坏概率得出了较一致的结论，从而也说明了模糊随机可靠性理论应于用滑坡渐进变形分析的合理性。

(3) 对于含有土石混合体的堆积体滑坡来说，滑坡具有明显的土-石混合介质的特征，具有高度非均质、非连续、非线性等特点，在力学特性上表现出显著的独特性，导致堆积层滑坡与土质或岩质滑坡有不同的发育模式与变形破坏特征。下一步的工作，应在野外及室内试验的基础上，确定土石混合比，建立更符合实际情况的滑坡模型进行模拟分析。

颗粒流理论及其数值方法，克服了传统连续介质力学模型的宏观连续性假设，从细观层面上分析岩土工程特性，并通过细观力学参数研究分析宏观力学行为，尤其适用于土石混合体的堆积体滑坡稳定性分析问题。

参考文献

[1] Itasca Consulting Group. PFC^{2D} user's manual (version3. 1) [M]. Minneapolis, Minnesota: Itasca Consulting Group, Inc, 2004.

[2] Itasca Consulting Group. PFC^{2D} theory and background [M]. Minnesota, Minneapolis: Itasca Consulting Group, 2004.

[3] 周健，池毓蔚，池永等. 砂土双轴试验的颗粒流模拟 [J]. 岩土工程学报，2000，22 (6): 702-704.

[4] 王明年，魏龙海，刘大刚. 卵石地层中地下铁道施工力学的颗粒离散元法模拟技术及应用 [M]. 成都：西南交通大学出版社，2010.

[5] 王宇，李晓，王声星等. 滑坡渐进破坏运动过程的颗粒流仿真模拟 [J]. 长江科学院院报，2012，29 (12): 46-52.

第7章 结论与展望

7.1 结 论

本书以嵩县白河土石混合体滑坡为依托，在野外资料收集、现场调查及长期监测的基础上，紧紧围绕白河滑坡推移式渐进破坏的力学特征及表现形式，从滑坡区工程地质条件、坡体结构、滑带土特性、降雨等方面入手，重点对降雨对滑坡的稳定性影响开展较深入的研究。通过对滑坡渐进破坏变形特点、影响因素的分析，总结其渐进破坏机理，采用模糊随机理论和颗粒流数值模拟技术对滑坡的发生→发展→破坏机理进行研究。本书重点研究内容为：分析滑坡区地质条件、坡体结构变形特征影响因素等，阐述其渐进破坏机理；开展模糊数学与可靠性理论的研究，重点对隶属函数的类型，不同类型的应用范围及其确定方法进行研究；应用随机-模糊处理方法确定滑带土的力学参数，选取隶属函数对边坡稳定极限状态方程进行模糊化处理，建立了具有二维渐进破坏面边坡的随机模糊可靠度模型，并对相关公式进行推导；对白河滑坡进行基于模糊随机可靠性理论的渐进破坏稳定性分析，并将其结果与传统的稳定系数法、可靠性计算方法以及不考虑模糊性的渐进破坏计算结果行对比分析；借用数值模拟技术，采用颗粒流离散元法，选取适合滑坡地质特征的本构模型，通过数值试样试验，获得等效于滑坡宏观力学参数的细观力学参数，再现滑坡的渐进破坏过程，并与模糊随机可靠性的计算结果进行对比分析。通过本书的研究可得出以下结论：

（1）基于滑坡受力特征及渐进破坏模式的分析，将滑坡渐进破坏分为三种典型渐进破坏模式：渐进推移式滑坡、渐进牵引式滑坡、渐进平移式滑坡。为了便于对滑坡渐进破坏模式准确合理地识别，从地表裂缝类型、地表裂缝的受力特征出发，总结了两类渐进破坏滑坡变形演化阶段的地表裂缝发育特征。在此基础上，根据白河滑坡的地质背景及影响因素，分析了白河滑坡的基本特征，从地表裂缝发育情况的实际调查结果及滑坡渐进破坏的时间演化规律和空间演化规律，并结合各个阶段裂缝的发育特征，分析白河滑坡渐进推移式破坏机理。

（2）将可靠性理论与模糊数学相结合，研究二者之间的结合点，以建立随机理论与模糊理论相统一的可靠性分析方法。应用模糊数学描述岩土的模糊性时，最核心的问题之一就是隶属函数的确定。通过分析，探讨了模糊随机理论应用于滑坡工程时常用的隶属函数的形式、隶属函数构造的基本原则，并给出了滑坡工程中稳定系数与岩土参数（均值、方差及协方差）的隶属函数形式及构造方法。

（3）针对可靠性分析的局限性，对滑坡这样一个复杂的系统，单纯用可靠性理论来评价是远远不够的，有必要发展既考虑随机性，又考虑模糊性的评价方法，即模糊随机可靠性分析方法。滑坡工程中模糊不确定性主要表现在：①岩土体本身所具有的模糊性；②岩体的变形和破坏也具有模糊性；③岩体力学参数也具有模糊性，同一工程地质岩组中的岩体力学参数具有较强的空间变异性，没有客观存在的唯一真值；另外，由于同时融进了人的主观判断的模糊性和岩体客观性态模糊性这两个因素，也导致了岩体力学参数的模糊性。探讨了滑坡稳定可靠性分析中，岩土力学参数及极限状态方程的模糊性因素，并分别提出岩土力学参数和极限状态方程模糊性处理的基本手段。对滑坡工程中常用的基于显式功能函数和隐式功能函数的滑坡渐进破坏稳定可靠性问题进行了研究，介绍了几种常用的模糊随机可靠性计算方法，提出了基于隐式功能函数求解问题的新思路。

（4）推导了天然条件、考虑孔隙水压力条件、降雨条件下的基于不同计算方法的滑坡条块安全余量功能函数表达式。依照局部破坏模糊概率计算→扩展破坏模糊概率计算→渐进破坏模糊概率计算这一思路，对白河滑坡推移式渐进变形破坏进行模糊随机可靠性分析。从滑坡渐进破坏传播矩阵中可得出：①滑坡破坏开始于滑坡的后缘并不断向前传递发展的破坏模式；②这表明一旦第1条块发生破坏后，渐进破坏就很有可能向其邻近条块传递，滑坡破坏的可能性越来越大。整体看来，第16～20条块，它们之间破坏传播的概率要大于其他条块，这说明滑坡最危险的部位在第16～20条块之间，它们之间破坏传播的可能性最大，因此，抗滑支护时，支挡物应优先考虑加固此处。③不同降雨条件下，随降雨量的增加，相同条块间的扩展概率相应地增大，故发生破坏的可能性越大。④随着降雨时间增加，降雨量增大，滑坡一次渐进破坏的规模增大，但渐进破坏有着相同的转移路径。最大破坏的转移路径均为1→2→3→6→7→8→9→11→13→14→15→(16)→(17)→(18)→(19)→(20)→21→24；一次渐进破坏的长度规模分别为94.3314m、114.6842m、131.6087m、149.2111m、153.6924m。

（5）从渐进式滑坡变形演化阶段出发，针对土石混合体滑坡，采用颗粒流PFC程序，再现了白河滑坡发生→发展→破坏的全过程。数值模拟仿真计算结果印证了模糊随机可靠性分析的科学合理性，得出滑坡推移式渐进破坏这一力学模式。

7.2 展 望

滑坡渐进破坏理论的研究，既涉及滑坡稳定可靠性评价的相关问题，同时也是滑坡预测预报课题的重要研究方向。滑坡体作为一个复杂的地质系统，岩土材料是其主要组成物质，它在长期的构造应力场下，形成于特定的地质环境中，表现出多变和宽广的材料响应特征，岩土材料表现为：①结构上的非均匀、非线性、各向异性和不连续性；②物理力学性质上的非线性；③模糊性、随机性和不确定性；④工程地质岩组的复杂性；⑤整个工程地质系统的非线性特性。正是由于岩土介质的这些区别于其他固体材料的特性，加之滑坡区地质条件和工程背景的复杂性，用确定性方法或纯可靠性分析是不够的，有必要发展即考虑随机性又考虑模糊性的广义可靠性评价方法，即模糊随机可靠性分析方法。滑坡体作为一种复杂的地质体属于非连续介质，坡体的不同部位的力学性质、应力状态、位移的规律等是不同的。尤其在对主要成分为土石混合休的堆积层滑坡进行模拟分析时，土石混合体由于具有高度非均质、非连续、非线性等特点，在力学特性上表现出显著的独特性，导致堆积层滑坡与土质或岩质滑坡有不同的演化模式与变形破坏特征，应当采用块体离散元程序对其进行准确分析，反演其变形演化过程。由于时间仓促，且笔者水平有限，在本书研究和撰写过程中发现了一些问题和不足，针对本书中存在问题和不足之处，对下一步的工作做出如下展望：

（1）同时考虑岩土力学参数和滑坡稳定功能函数的模糊性可以尽可能地反映坡体的实际工作状态，它将是滑坡渐进破坏研究的趋势。为了考虑力学参数模糊性和功能函数的模糊性，隶属函数的选取及确定是研究的关键问题所在。书中选用零点附近的一个有界闭模糊数-三角隶属函对极限状态方程作模糊化处理；考虑到岩土参数样本的实际分布概型，选取正态隶属函数对力学参数进行模糊化处理。下一步的研究工作是建立更加符合滑坡渐进破坏模式的极限状态方程隶属函数；根据力学参数的样本取值，确定小样本→大样本的隶属函数，对其参数进行模糊化处理。

（2）书中研究了降雨条件下，考虑基质吸力的滑坡渐进破坏计算问题。条块安全余量功能函数的选取和计算是基于二维刚体极限平衡法，下一步的工作可以开展三维极限平衡分析法，建立三维地质模糊，更加准确地计算滑坡的渐进破坏概率。在计算条块局部渐进破坏传播矩阵时，本书建立了脆性滑带土渐进破坏模糊，将滑带土材料作为理想的脆性体来考虑，一旦土条破坏后没有考虑残余值及下滑力，这种情况更为合理和普遍。然而针对不同性质的滑带土，下一步的研究工作可以考虑其应变软化特性，建立应变软化滑坡的渐进破坏概率模型。

（3）对于土石混合体堆积体滑坡来说，滑坡具有明显的土-石混合介质特征，具有高度非均质、非连续、非线性等特点，在力学特性上表现出显著的独特性，导致堆积层滑坡与土质或岩质滑坡有不同的发育模式与变形破坏特征。下一步的工作，应在野外及室内试验的基础上，确定土石混合比，开展不同含石量的土石混合体试样宏细观力学试验，揭示土石混合体结构损伤劣化的内在机制；采用数字图像方法建立更符合实际地质情况的滑坡模型，以便进行仿真模拟计算。笔者通过文献调研发现，土石混合体滑坡稳定性评价考虑块石结构因子的文献极少见，Napoli[1] 等（2018）考虑了块石含量对土石混合体边坡稳定性的影响，分别采用极限平衡法和有限元法对边坡的稳定性进行了定量研究，研究指出：土石混合体必须视为非均质材料，块石对边坡稳定性的影响必须考虑进去，块石含量对滑面的位置及稳定系数的影响不可忽略。

参考文献

[1] Napoli M L，Barbero M，Ravera E，et al. A stochastic approach to slope stability analysis in bimrocks [J]. International Journal of Rock Mechanics & Mining Sciences，2018，101：41-49.